一本关于丛林社会生存的实战指南
滋润亿万心灵的暖心之作

修心三不

不生气 不计较 不抱怨

Xiuxin Sanbu
Bu Shengqi Bu Jijiao Bu Baoyuan

| 端木自在◎编著 |

3堂课30个步骤120种方法
让你**获得**圆满与富足的**积极能量**

写给在现实生活中苦苦挣扎、独自奋斗着的都市夜归人

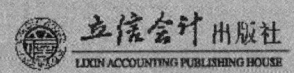

立信会计 出版社
LIXIN ACCOUNTING PUBLISHING HOUSE

图书在版编目（CIP）数据

修心三不：不生气不计较不抱怨 / 端木自在编著.
—上海：立信会计出版社，2014.6
　（去梯言）
　ISBN 978-7-5429-4200-5

　Ⅰ.①修… Ⅱ.①端… Ⅲ.①情绪—自我控制—通俗
读物　Ⅳ.①B842.6-49

中国版本图书馆CIP数据核字（2014）第062694号

策划编辑　蔡伟莉
责任编辑　蔡伟莉　彭秋龙
封面设计　久品轩

修心三不：不生气不计较不抱怨

出版发行	立信会计出版社			
地　　址	上海市中山西路2230号	邮政编码	200235	
电　　话	（021）64411389	传　　真	（021）64411325	
网　　址	www.lixinaph.com	电子邮箱	lxaph@sh163.net	
网上书店	www.shlx.net	电　　话	（021）64411071	
经　　销	各地新华书店			

印　　刷	北京柯蓝博泰印务有限公司			
开　　本	720毫米×1000毫米	1/16		
印　　张	20.5	插　　页	1	
字　　数	269千字			
版　　次	2014年6月第1版			
印　　次	2019年6月第12次			
书　　号	ISBN 978-7-5429-4200-5/B			
定　　价	36.00元			

PREFACE

前 言

人的一生究竟要怎样度过？这恐怕永远也无法正确解答。许多人一生都在感叹：我这一辈子，没有一刻让自己安宁过。直到死时，才悟出一点道理：原来是自己"杀"死了自己。

一些人之所以感到处世艰难并不是因为外在的原因，而是自己的思维观念和处世方法出现了问题，愤世嫉俗、圆滑世故、投机取巧、烦闷、暴躁、怨忿、折腾等，好像整个世界都在跟自己过不去。

这个世界是很公平的，没有人一辈子都辉煌，也没有人一辈子都落魄，辉煌与落魄只是一时的，关键是看我们用怎样的心态去面对。

智慧的人始终秉持不生气、不抱怨、不折腾的态度，积极进取，努力奋斗，为开创自己的美好未来而不断前行。

(一)不生气

人与人之间由于性格、修养、思维方式、生活方式以及所处的生活环境等不尽相同，发生某些摩擦或冲突是难免的，情感的冲动甚至失控的出现也可以理解。然而，若是经常处于容易冲动、点火就着的状态，则会使人的身心健康受到损害。《内经》说"百病生于气也"，是有道理的。近代科学研究证明，情绪失控、暴怒、大喜大悲等来自心理和情感的负面因素能击溃人体生物化学保护机制，使人体抵抗力下降，进而使人体为疾病所侵袭。

聪明人如果生气，则在情感失控、冲动的情形下，比普通人更危险一些。正如美国先哲爱默生所言："聪明人比庸人更懂得避免祸事；但在冲动的时候，聪明人吃的亏比庸人更大。"一个只会冲动的人是蠢人，一个能驾驭自己的情感，做到尽

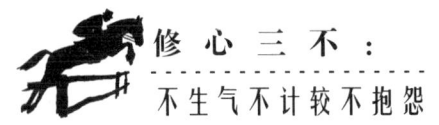

量不冲动做事的人是真正聪明的人。所以，你要想真正发挥自己智力的潜能，就要学习运用理智的原则驾驭情感、控制怒气。

不生气还是区分强者与弱者的方法之一。真正的弱者不在于战胜不了别人，而在于战胜不了自己。他们或多或少地充当着情感的奴隶、受着情感的驱使，少有克制自己的勇气和信心。真正的强者都是驾驭情感的高手，他们控制情感冲动、内心欲望的过程也正是战胜自我、超越自我的过程，而战胜了自我的人多为生活中的强者。所以弱者之弊正在于受驭于情感。如果愤怒之时，你能冰释掉心中的火焰；消沉之时，你能寻回奋斗的力量；无聊之时，你能够将时间用于有意义的忙碌；空虚之时，你能够充实自我；懦弱之时，你能够找回信心，扬帆起程……那么，孤独、忧心、失望、丧气、沉沦永远不能打扰你。东边是光明的彼岸，你扬帆向东，西边是成功的港口，你挥桨朝西，如此，你不为强者，谁为强者？

能否理智地驾驭自己的情感，也是一个人是否走向心智成熟的重要标志。感情用事者不仅会远离成功，还会因为自己的不成熟给别人带去伤害、给自己招来祸端。西楚霸王项羽不采纳亚父范增的建议，感情用事地放走刘邦，终难成大事，虞姬玉陨，霸王自刎。这样的例子不胜枚举。不把自己的意志强加于人，不因自己的悲喜而改变生活的原则，以宽容的态度对待别人的言行，以成熟的心智判断生活中的是是非非，这是一种高尚的人格修养，也是一种百炼成钢的大智慧。

(二)不计较

很多人时常郁郁寡欢，时常唉声叹气，时常坐卧不宁，时常寝食难安，时常感到身心疲惫，时常怒不可遏……为什么会这样呢？原因很简单——他们太计较了。由于心存计较，在一些人的生活中，总会充满着矛盾和怨气，自己会感觉活得很累、很不幸福。

通常情况下，计较之人容不得自己吃亏，容易被他人或外界环境所干扰，容易与他人发生矛盾、对立，甚至陷入无谓的争执与纠纷中，认为自己不能受辱，或是看不惯什么、听不得什么。他们时常抱怨自己没有显赫的家庭背景，抱怨自己空怀一身绝技却没有伯乐赏识自己，抱怨命运待自己太薄，总将快乐赐予他人，而将悲伤、痛苦、失意留给自己；他们郁郁寡欢，总觉得生活不遂自己心意，经常是看什么都觉得不顺眼，不想学习，不想工作，干活就烦……

人生没有什么事情是值得大惊小怪的，更没有什么事情值得我们斤斤计较。很多时候，人生就好比一条锁链，倘若我们计较太多，那么这条锁链就会越来越重,心中的烦恼也会丛生。一旦我们挣脱开了,轻松与畅快的感觉会油然而生,进而感到快乐与幸福。

幸福其实就在一念之间。我们懂得不抱怨,懂得无贪欲,懂得淡泊生活,懂得知足常乐,懂得乐观,懂得宽容,懂得忍耐,懂得糊涂与吃亏的智慧,懂得感恩,懂得放下,懂得珍惜……就会发现幸福就在身边。只要我们调整好自己的心态,放下计较之心,理性而豁达地去面对人生,那么,幸福与快乐的光芒将时刻沐浴着我们。

说得更明确一些,幸福本是一种心境,很多人之所以感觉不幸福,乃在于他们存有过于计较之心。其实,在现实中,没有一种生活是绝对完美无遗憾的,也没有一种生活会让一个人百分之百地称心如意。一个倍感幸福的人,不是因为他拥有得多,而在于他计较得少。倘若你果断地去尝试,将计较抛至九霄云外,你就能感受到世界充满鸟语花香。

(三)不抱怨

你觉得自己现在心情愉快吗?你数过自己每天会为几件事劳神费心吗?你是否经常抱怨碰到郁闷的事儿并因此牢骚满腹?

生活中,每个人都会面临不同的压力,每天都有人不是抱怨这个人就是抱怨那件事,甚至有的人从早到晚不停地抱怨:早上上班挤公车跟人吵架,心情不爽;合租的人一身烦人的生活恶习,不好明说;老板最近常给自己脸色看,内心纠结;老婆每天都会用琐事烦自己,没完没了……我们不仅会针对某个人,也会针对某件事抱怨,一旦找不到知心人倾诉心中的抑郁,我们就会在脑海里抱怨给自己听。长此以往,抱怨也就成了一种不自觉的习惯。

当抱怨成为坏习惯后,它就像紧箍咒一样令我们苦不堪言、无法自拔,对他人、对自己都没有任何好处。心灵一旦成了"抱怨"编织的牢笼,就会看谁都不顺眼,对任何事都不满。实际上,没有一种生活是完美的,或许真的是我们的心灵太过沉重了,需要减点压,放轻松。

遇到不顺心的事儿,发发牢骚、吐吐苦水很正常,但千万不要让负面的抱怨情绪和不顺心的状态把心情变得越来越糟糕,使心态变得更坏。比如,当你总是抱怨世界上没有一个好老板的时候,就已经在心里种下一个"不相信有好老板"的结论。即使遇到了相对好的老板,你也会从心底对他产生怀疑,这样一来,你还能在公司安心工作吗?如果给心灵减点压,换成另一种心态,以专注和感恩之心

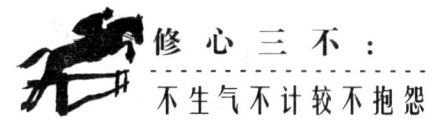

在职场工作,你就会自然营造出有利的工作氛围。

为什么我们总是活得很累?因为我们的压力太大了。过于沉重的心灵负担,让我们变得小心眼,过分在乎自己的付出,而没有看到自己的所得,或是偏执地认为自己的所得远远小于付出。

生活是一面镜子,不抱怨的人从镜子中看到的是不抱怨的生活,心灵轻盈的人看到生活总是绿树成荫、阳光倾泻。世界上每一件事都是公平的,得与失总是交替存在的。停止抱怨、放开心灵,让生活继续流动,让周围的一切不如意之事都因为你的不抱怨而改变。

不妨这样去想:如果因为自己的事抱怨,就试着学会接纳自己的错误;如果因为别人的事而抱怨,就试着把抱怨转化成宽恕。这样过了一段时间,你的生活便会有巨大的改观。

俄国有一句老谚语:"打扫全世界,先从打扫你家门前的台阶开始。"给心灵减点压,就是一种不抱怨的智慧。每天保持这种智慧,不论在工作还是生活上,无论面对同事还是家人,你都会充满微笑,拥有一颗乐观、平和之心。

也许我们做不到永不抱怨,但至少应该让自己的心灵少一点抱怨,多一点轻松。拥有好心态从不抱怨开始,放下心灵包袱才能自在每一天。就让书中这些充满不抱怨智慧的故事,告诉大家如何正确驾驭自己的心灵和人生。

在现在这个功利社会,没有一个人希望自己是一个庸庸碌碌的人,更不希望自己的一生无所作为,于是,一些人动起来了。教师扔下课本去卖茶叶蛋,孩子辍学去学做买卖,公务员撇下铁饭碗下海经商,商人抛开生意去当官……结果每个人都变得面目全非,在失败的泥潭中苦苦挣扎。

人的生命只有一次,它就像一块易碎的玻璃,稍不注意就会哗啦一声变成碎片。因此,我们的生命是经不住折腾的。但是,我们毕竟只是凡人,不可能一生都只做正确的事而不做无意义的事,这就需要我们具备一定的人生智慧,尽量少做一些瞎折腾的事。

世上所有的人都有一个美好的心愿,那就是一辈子能平平安安、快快乐乐、健健康康、安安稳稳、轻轻松松地度过。要实现这个美好的愿望,就让我们从不生气、不计较、不抱怨开始吧!

CONTENTS

目录

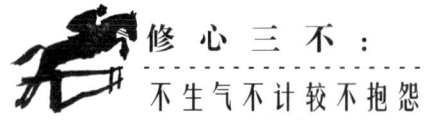

不 计 较

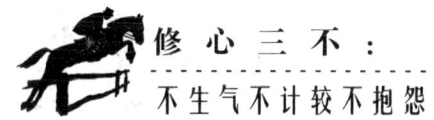

修心三不：
不生气不计较不抱怨

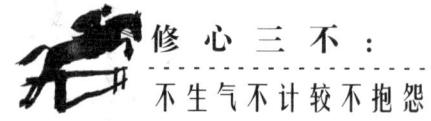

不生气

　　人生好比一出戏，相扶到老不容易。别人生气我不气，气出病来无人替。为了小事发脾气，回头想想又何必。人生的悲与喜都源自于你对它的态度。就像照镜子一样，当你斤斤计较时，你会看到一个小肚鸡肠的世界；当你豁然开朗时，你会看到一个宽宏大量的世界；当你咬牙切齿时，你就会看到一个横眉怒目的世界……

第一章 不生气，
为小事郁闷不值得

生气，对自己、对别人都是有百害而无一利。尤其是当你为小事而生气时，不妨先冷静地想一想：我这样做真的值得吗？

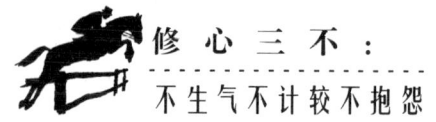

生气没有好结果

我们每天都会遇到很多让人心情不愉快的事，这些事情多数都是不起眼的小事，但有时候正是这些小事却能酿成一场大的灾祸。

新闻中曾报道过一起命案，事件的导火索竟然是开空调这样的小事。犯罪嫌疑人是一个22岁的小伙子，在餐馆就餐时要求开空调，遭到了女服务员的拒绝，两人就此开始争吵。经众人拉开后，小伙子愤然离去，不过他越想越生气，冲动之下就跑到商场里买了一把钢刀，回到餐馆对着这位跟自己同样年纪的女服务员连刺数刀，导致女服务员当场死亡。

这一时的生气和不冷静，毁了两个家庭，也毁了两个年轻人的未来。事后小伙子追悔莫及，但无奈事情已无可挽回，他因故意杀人罪被判处死刑。临刑之前，小伙子为了表达他悔罪的心意，同时也为了警示血气方刚的年轻人，他咬破手指，在纸上写下了"生气没有好结果"这几个字。

人在生气时，交感神经兴奋，通常会肌肉紧张，毛发竖起，鼻孔开大，横眉张目，咬牙切齿，双拳紧握……总之是调动了身体里所有的能量储备，这时的人就好比是一个炸药桶，一旦爆发，后果可想而知。

在民间，有一种"男戴观音女戴佛"的说法，这虽然在佛经上没有依据，却是中国人培养"做人不生气"这一好习惯的宝贵经验。男人多戴观音，是为了让阳刚之气中少一些残忍和暴力，多一些像观音菩萨一样的慈悲与善心；女人多戴弥勒佛，是为了让阴柔之气中少一些嫉妒和斤斤计较，多一些宽容和包容，像弥勒佛一样肚量宽广。如果这一美好的愿望能够实现，社会不就和谐了吗？家庭不就幸福了吗？

身上不戴观音和佛像，我们也可以做到为人理性不生气。清代的东阁大学士阎敬铭为了平时能浇灭心中的怒火和怨气，就写了一首文字朴实却道理深刻的《不气歌》：

他人气我我不气，我本无心他来气。

倘若生病中他计，气下病来无人替。

请来医生将病治，反说气病治非易。

气之为害大可惧，诚恐因病将命废。

我今尝过气中味，不气不气真不气。

"急则有失，气则无智"，遇事冲动、动辄生气，不仅有损身体健康，又容易让人丧失理智，作出一些疯狂的举动，令自己失去金钱、友谊甚至是生命。同时，经常冲动、爱生气的人，他的心脏、大脑和肠胃都会受到损害，严重者还会致死。

由此看来，生气实在是有百害而无一利、损人又不利己的愚蠢行为。我们遇事时千万不要生气，要用平常的心态、大度的胸怀、理智的思维去对待，把"生气"这个魔鬼赶得无影无踪。这既是正确的做人之道，也是和谐的处世之法。

我们遇事时千万不要生气，要以平常的心态、大度的胸怀、理智的思维去对待，赶走"生气"这个魔鬼，让它消失得无影无踪。

气大伤身：生气有损健康

你是爱生气、容易暴怒的人吗？是不是经常为了一点小事就大动肝火，甚至气得脸红脖子粗、全身发抖呢？

当你觉得那些糟糕的事情让你心情不佳时，会不会觉得生气才是最佳的发泄方式，而且已经习惯这种方式了呢？可是，动不动生气会导致一个直接的后果，那就是——它会损害你的健康！

美国生理学家爱尔玛为研究生气对人健康的影响，进行了一个很简单的实

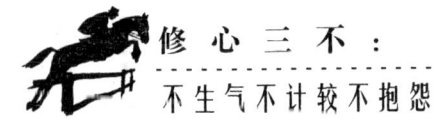

验：把一只玻璃试管插在有冰有水的容器里，然后收集人们在不同情绪状态下的"气水"。结果发现，同一个人，当他心平气和时，所呼出的气变成水后，澄清透明，毫无杂色；悲痛时的"气水"有白色沉淀；悔恨时有淡绿色沉淀；生气时则有紫色沉淀。爱尔玛把人生气时的"气水"注射在大白鼠身上，只过了几分钟，大白鼠就死了。他进而分析认为，如果一个人生气10分钟，其所耗费的精力不亚于参加一次3 000米的赛跑；人生气时，很难保持心理平衡，这时体内还会分泌出带有毒素的物质，对健康不利。

美国心脏协会发行的《循环》杂志指出，暴躁易怒的人心脏病发作或是突然暴毙的几率比冷静、不易生气的人高两倍以上。

由马里兰大学的心理学家阿恩沃尔夫·西格曼领导的一个研究小组对101名男性和95名女性进行了研究，其中包括44名已经确诊有心脏病的人和99名没有得心脏病的人。研究包括测量每个人在运动之后心脏的血流量。

研究结果表明，与没有统治欲和性情平和的人相比，有统治欲的人得心脏病的风险会增加47%，易怒的人得心脏病的风险会增加27%。

研究还发现，不善于表达自己愤怒的女性，更容易得心脏病。而倾向于淋漓尽致地表达自己愤怒的男性，也更容易得心脏病。这就说明，无论是男性还是女性，如果他们经常发怒，便容易得心脏病。

研究人员同时表示：这项研究相当重要，因为如果长期处于情绪不佳、易动怒的情形之下，对于身体健康具有绝对的负面影响。

虽然本研究并没有明确指出高血压与心脏病之间的关系，但可以确定的是，血压正常而容易生气的人，他们罹患心脏病的几率比其他人高，相对地也增加了危险性。

中国传统医学也认为生气有损健康。《黄帝内经》明言告诫："怒伤肝。"肝在生理功能上的作用举足轻重，不仅能分泌胆汁，调节蛋白质、脂肪、碳水化合物的新陈代谢，而且有解毒造血和凝血的作用。

怒伤脑。气愤至极，可使大脑思维突破常规活动，往往作出鲁莽或过激举动，反常行为又形成对大脑中枢的恶劣刺激,气血上冲,还会导致脑出血。

怒伤神。生气时由于心情不能平静,难以入睡,致使神志恍惚,无精打采。

怒伤肤。经常生闷气会让你颜面憔悴、双眼水肿、皱纹多生。

怒伤内分泌。生闷气可致甲状腺功能亢进。伤心气愤时心跳加快,出现心慌、胸闷的异常表现,甚至诱发心绞痛或心肌梗塞。

怒伤肺。生气时的人呼吸急促,可致气逆、肺胀、气喘咳嗽,危害肺的健康。

怒伤肾。经常生气的人,可使肾气不畅,易致闭尿或尿失禁。

怒伤胃。气懑之时,不思饮食,久之必致胃肠消化功能紊乱。

看来,为一点点小事生气,代价也太大了吧?生气对人体健康有百害而无一利。为了健康,我们要学会收敛自己的脾气。

气极伤心:生气的极端是绝望

当一个人遭遇尴尬、侮辱、被拒绝、不公正的时候,便会产生极大的愤怒,如果反抗未果,则会变成失望,最后变成绝望。

这方面最典型的例子就要数屈原了。

心怀政治理想的屈原,在内政上提倡变法,主张限制贵族特权,选贤举能,发展经济;在外交上,坚持联齐抗秦的合纵政策。屈原的政治主张符合楚国的长远利益,却触犯了某些贵族阶层的既得利益。在楚国内部,以上官大夫公子兰为代表的贵族阶层,或出于妒贤嫉能,或出于维护自身政治或经济利益的目的,相继成为屈原的政敌。

公元前313年,秦国重臣张仪贿赂了楚国的一批权贵宠臣,并欺骗楚怀王说:"楚国如果能和齐国绝交,秦国愿意献出商、于一带600多里土地给楚国。"楚怀王不顾屈原的强烈反对,与齐国断绝了关系,从而瓦解了合纵抗秦的联盟,并罢了屈原的官。

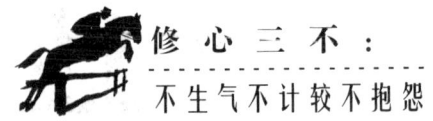
屈原很愤怒,愤怒楚怀王的昏庸。

当楚怀王知道张仪只是戏弄自己时,很生气,先后两次兴师伐秦,却因失去合作伙伴齐国的接应,被秦国打败了。此时的楚怀王稍有醒悟,"悔不用屈原之策"。于是,屈原复出。

而此时,还是那个张仪,贿赂了楚国王后郑袖等贵族,他们在楚怀王面前一番花言巧语之后,楚怀王竟与秦王结下婚姻关系。待出使齐国的屈原回来后,木已成舟。这次,屈原遭到了流放。屈原愈加愤怒。

公元前299年,秦国又攻打楚国,夺取了楚国的8座城市。趁此形势,秦昭王"邀请"楚怀王在武关相会。屈原此时已从汉北的流放地返回,他力劝楚怀王不要赴会,楚怀王不听。结果,楚怀王一进入武关,就被秦军扣留,并劫往咸阳。不久,楚襄王即位。

屈原斥责公子兰不该劝楚怀王进入秦国,以致楚怀王死在秦国,又斥责公子兰不该怂恿楚襄王向秦国屈膝投降。不甘处于政治下风的公子兰向楚襄王进谗言,楚襄王听信公子兰的话,屈原便第二次被流放到南方的荒僻地区。至此,屈原愤怒到了极点。

合纵抗秦,进而统一六国,是屈原胸中的政治理想。然而,残酷的现实将这一理想撞得粉碎。如果说屈原第一次被流放心中虽有愤怒,但对楚怀王还心存一丝幻想,那么到了第二次被流放时,这种愤怒已经演化为绝望。屈原觉得别无选择,于是投汨罗江而死。

现实中这样的例子也有很多。例如,当一个"成功人士"突然间发现自己拥有的一切都不再真实,所有在乎的人和事,随时都会化为灰烬,这时哪怕一个毫不相关的人漫不经心的一句话,都会刺伤他。他万念俱灰,自己生命中永远不可替代、无法复制的那一部分,就会从此消失。留给自己的,只有无尽的悲伤、悔恨——为什么当时自己没有作出另一种选择:不要让儿子去参加这次比赛,不要去那个加油站,不要打开自己的远光灯……随后,在彻底的绝望中,诅咒这个世界,诅咒信仰的神明,诅咒自己。

翻翻报纸的社会新闻版,我们会看到类似的故事:被解雇的职员闯进办公室,持刀刺伤自己的上司;看上去唯唯诺诺的丈夫,杀害自己的妻子之后自杀身亡;品学兼优的留学生,持枪袭击同胞,震惊校园……他们的亲朋好友总会在事后感叹:"他看起来是个很不错的人,真不敢相信会作出这样的事来。"他们没有看到,那些积压在人心里的愤怒,是如何在长期压抑中逐渐膨胀,最终变得不可收拾的。

内心压抑的愤怒始于否认、沉默和回避,积压久了会让人从心里面垮掉。在冲突之后我们经常听到这样的话:"我没有生气,只是挺失望的。"心理学家告诉我们,说这话的人,确确实实是生气了,只是他自己不愿意承认而已。但是否认并不能让他的怒气消失,他们更愿意躲开惹自己生气的那个人和那种场景,刻意保持距离。

这是被压抑的愤怒。郁积的愤怒通常会以一种被称为"消极攻击"的行为表现出来,比如,对别人的要求不理不睬——你让他干什么,他偏不干什么;你指东,他偏要往西。

愤怒是为了让人们能积极地去面对那个伤害了自己的人或事,如果人们没有这么做,愤怒就会累积。

心理学家称:"如果多年来我们一再遭遇委屈,我们情感的承受力就会耗尽。"这时就会出现两种情况:其一,我们会把多年来积压在心里的愤怒发泄在身边的人身上;其二,我们会变得抑郁,感情会渐渐枯萎,失去了对生命的热情,变得对什么都不感兴趣。第一种情况会产生破坏性的行为,第二种情况就是绝望了。

生活中,愤怒无处不在:夫妻间吵架拌嘴,员工对老板的抱怨指责,孩子顶撞父母或者父母责骂孩子,甚至下班路上的拥堵,也能让我们坐在车里,一边狂按喇叭,一边破口大骂……

从小到大我们被一再告知发怒是不好的,那些直接或者间接的生活经验也让我们知道,发怒的"破坏力"有多大——失去朋友,得罪亲人或者丢掉饭碗。可问题是,当我们"怒从心头起"的时候,如果没有适当的渠道发泄的话,我们就会走向另一个极端:绝望。

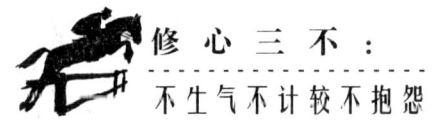

因此,有了怒气的时候,不要憋在心里,而应当想办法进行疏导。在一些情况下,我们能作出的最好反应,就是承认自己受了委屈,并承认再与那个伤害自己的人争论也无济于事,于是决定接受这个事实,拒绝让已经发生的事情侵蚀自己的幸福感。这是处理愤怒的最佳方法。

气易失和:脾气太大影响人际关系

陈、黄两家邻居,为10平方米的一块晒麦场发生争执,陈将黄家麦子一脚踢开,黄一气之下捡起砖块将陈打得头破血流,因伤势严重,黄被依法判刑1年6个月。当问及他犯罪的动机时,回答却是惊人的简单:"我咽不下这口气!"现实生活中,因"咽不下这口气"走上犯罪道路的屡见不鲜。如有的街坊邻居,为一寸地基、一只鸡鸭乃至一句闲话,动辄吵嘴打架,非要争个山高水低不可。俗话说"小事是大事的根","小不忍则乱大谋",打架斗殴无赢家,往往两败俱伤,给家庭带来不幸,给社会增添不安定因素。居家过日子,邻里之间,瓜藤瓜蔓连连扯扯,少不了结点疙瘩,低头不见抬头见,也难免碰了肩膀踩了脚。这些小事,只要心胸开阔些,彼此谦让谅解,自然烟消云散。但遗憾的是,一些人心胸狭窄,为鸡毛蒜皮的小事斤斤计较,动怒争气,提刀弄杖,打架斗殴,最后酿成悲剧,后悔晚矣。

与人相处,无论是因公还是因私,都最忌扯着嗓子,怒气冲冲地大声争吵。

有散文家说:"善良的天性比机智更令人愉快,稳重的心态比伶牙俐齿更让人佩服。"假如你与别人意见有分歧,完全可以讨论,但不要争吵。只要出于善意,讨论时对事不对人,同样会令双方有所收获。相反,那种毫无分寸和理智的争吵,一方激烈地攻击另一方,拼命地维护自己,这是有良好教养的人所不为,也不该为的事。

信念与偏见的本质区别就在于,信念不需要动怒就可以阐述清楚,征服人心;而偏见则往往不得不靠声音来虚张声势。

不是说凡是发怒的人,看法都是错误的,而是说他根本不懂得如何表述自己的见解。讨论问题的原则是,要从容镇定用无可辩驳的事实,努力不让对方厌烦,不迫使对方沉默而达到说服对方的目的。

保持冷静、理智和幽默感。只要你能够听我说,我也愿意听你讲;如果我们能让自己专注于问题的讨论而不是引向感情用事或固执己见,那么讨论就不至于降格为争吵。

如果我们的声音渐渐提高,说出"我认为这种想法愚蠢透顶"这样的话,就是一种伤害他人的反驳了。这时,旁观者焦虑不安,朋友们躲到背后去,也就不足为奇了。为赢得一场争吵而失去一位朋友,实在是得不偿失的事情。

争吵使人们分离,而讨论却能使人们结合在一起。争吵是野蛮的,讨论则是文明的。

一位所得税顾问为了一笔不该收所得税的款子和税务稽核整整争论了一个小时,那位稽核傲慢而又顽固。顾问决定不再同他论理,改变了另一个话题。顾问说:"比起其他要你处理的重要事情来,这件事实在不足挂齿。我也研究过税务问题,但那是书本上的死知识,你的知识却是从实践中来的。有时,我也真想有份像你这样的工作。"这下,稽核在椅子上伸直了身子,开始和顾问谈起他的工作,态度慢慢地友善起来。三天后,顾问接到了他的电话,说是那笔所得税决定不征了。

这位稽核要的是一种重要人物的感觉。顾问越和他争论,他越要强调职务上的权威。一旦承认了他的权威,争论自然偃旗息鼓了,而他也同样变成了一位态度宽容和富有同情心的人。

林肯有一次斥责一位和同事发生激烈争吵的青年军官。他说:"任何决心有所作为的人,绝不肯在私人争执上耗费时间。在跟别人争论正误参半的问题上,你要多一点让步;如果你确实是对的,就少一点让步。总之,不能失去自制。与其跟狗争道,被它咬一口,不如让它先走。就算宰了它,也治不好你的咬伤。"

美国著名的成人教育家戴尔·卡耐基认为,"在多数情况下,同事间争论的结果只会使双方比以前更相信自己是绝对正确的,你赢不了争论。要是输了,当然

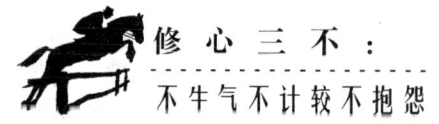
你就输了；如果你赢了，还是输了。为什么？如果你的胜利，使同事的论点被攻击得千疮百孔，证明他一无是处，那又怎样？你会觉得洋洋自得。但他呢？你使他自惭。你伤了他的自尊，他会怨恨你的胜利，即使口服，心里也不服。最糟糕的是，转过身来，你们还不得不同在一个屋檐下共事。"

你要衡量一下：你宁愿要一种字面上的、表面上的胜利，还是别人对你的好感？正如睿智的本杰明·富兰克林所说的："如果你老是争辩、反驳，也许偶尔能获胜，但那是空洞的胜利，因为你永远得不到对方的好感。"

气易误事：效率在生气中被降低

每个人身上都有惰性。事情不急的时候，都爱往后拖一拖。现在大家的学习、工作都很忙，有时缓一缓再做有助于调节紧张的神经。可是如果凡事都要"以后再做"，往往计划落空，生活一片混乱。自责、后悔、烦躁的情绪也会随之而来。

可见，时间上的压力给人带来一个又一个焦虑，让你天天在着急上火中生活。为此，人们开始生起了"时间"的气：时间不够了会生气，时间被延误了会生气，时间太漫长了也要生气……一边在生气中抱怨着时间的流逝，一边在时间流逝的过程中继续生着气，于是，所有的事情都被安排在了后面。人们往往会这样说："等我消消气再说……""算了，不干了，气都气饱了，还干什么啊？""真是倒霉透顶，剩下的活明天再干！"如此一来，必定会大大降低工作的效率。

效率在生气中被降低，是不值得的。想想，一生气就撂挑子，只顾自己发泄、生气，生完了气还得继续干活，这不等于给自己找事吗？

生命是由时间和精力组成的，人生的时间和精力是有限而宝贵的。鲁迅先生就曾说过："生命是以时间为单位的，浪费别人的时间等于谋财害命；浪费自己的时间，等于慢性自杀。"

美国人的时间观念相当强，凡事都讲效率，大多数人始终处于奔忙之中，在以最快的速度完成一件事之后，又迅速转向别的事情。大多数美国人走路快，办事快，很少讲废话，并且都有一个时间登记表，每天的事情安排得满满的。由于时间观念强，美国人常给人一种缺乏耐心、脾气暴躁的印象，他们无法容忍那些浪费时间和精力的行为，对这样的行为往往会暴跳如雷、怒不可遏，甚至会破口大骂或出手打人。

珍惜时间资源的最大好处，就是办事效率高，实际用于办事的时间多，办事效果当然好。可以想象，一个干脆利落、工作时总是步履匆匆的人怎么可能没有效率？

一切收获都来自科学地管理时间和精力。美国人告诉我们，管理时间和精力，你应该有这样的意识：合理安排时间和精力。把时间和精力合理配置到各种事情上，不浪费时间。多数成功者都把工作与闲暇、工作与日常生活划分得清清楚楚，这样就能够享受各种活动并达到转换情绪的目的。比如进餐时，保持轻松，别无杂念，绝不牵涉工作中的烦心事。娱乐和运动时，应充分放松身心，以享受其中的欢乐。

一天减少一点精力浪费，一时的好处或许不大，但长期积累，对于健康长寿、享受生活及事业发展都非常有利。伟人们视精力为生命，哪怕是一点点的精力，他们也从不轻易浪费。而生活中很多人把精力看得比垃圾还不值钱，从来就没有节约精力的观念。胡乱使用精力不仅影响他们的成才、发展、享受生活，而且严重地损害他们的身心健康。

充分利用时间和精力，提高时间和精力的利用效率。很多人的失败归根到底是没有利用好时间和精力，同样，很多人的成功，是很好地利用了时间和精力。

精力是宝贵的，如果用在没有意义或意义很小的事情上，实在是一种巨大的浪费。当然，人非神仙，有时浪费精力是不可避免的，但要尽量减少。如果能把一生的大部分精力都用于比较有意义的事情上，肯定不枉此生。

把握好最佳时间和最佳状态。最佳时间通常是指办事的最好时间段或时间点。把握好最佳时间，通常可以取得良好的效益，比如提高效率或降低代价。普通

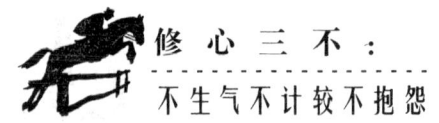
人往往只知道应该去做什么事,但不知道在什么时候做最好。高手常常在最佳时间办事,这对于发展十分有益。对于重要的事情,要尽量安排在精力旺盛的时候做。投入同样的时间,如果精力旺盛,实际投入的精力就比较多;反之,实际投入的精力就比较少。把握最佳时间有一定的难度,因此,很多时候只能争取在较佳的时间办事。每个人都要把"在最佳时间办事"当作一种信念,长期如此,自然会成为习惯。

根据事情的重要性付出相应的时间和精力。事情越重要,越要付出较多的时间和精力,以求取得好的效果;反之,则要尽量节省自己的时间和精力。比如,当精力充足而做的只是简单的事情时,要自然地以较低的精力消耗办事。以大量的精力消耗处理小事,通常是不值得的。当精力不足而又偏偏碰上紧要的事情时,要迅速提高精力,并全力以赴。在重大的事情来临之前,要先适当放松身心,以积蓄体能面对挑战。如果没有足够的体能积蓄,当巨大的压力到来时,很可能一下子被击垮。

休息的时候,应保持轻松的休息状态。工作或学习的时候,应保持旺盛的状态。或者说,工作要有工作的样子,学习要有学习的样子,玩也要有玩的样子。不这样,就会影响效果,而且浪费时间和精力。

气易坏事:小不忍则乱大谋

《孙子兵法》指出:"主不可以怒以兴师,将不可以愠而致战,合于利而动,不合于利而止。"孙武认为,国君不可以因一时的愤怒而兴兵打仗,将帅不可凭一时的怨愤而与敌交战,一切都要以是否有利为转移,合于利则动,不利则止,这才是理智的行为。

三国时期,蜀国名将关羽败走麦城,被东吴擒杀。张飞闻讯,悲痛欲绝,严令三军赶制孝衣,为关羽戴孝,逼得手下将官无奈,最后铤而走险,将其刺杀。刘备为报东吴杀害关羽之仇,举兵伐吴。诸葛亮、赵云等人苦苦相谏,都无济于事。这时的刘备已完全失去了理智,结果被吴将陆逊一把火烧得溃不成军,数万军士丧生,刘备本人带着残兵败将退归白帝城,羞愧交加,一命呜呼。蜀军从此一蹶不振了。而与刘备、张飞相反的是,一个人因为能忍常人所不能忍,最后获得了成功,他就是司马懿。

司马懿多谋善变,遇事极为冷静,从不为自己的情绪所左右。公元231年,诸葛亮兵出祁山伐魏。司马懿知道蜀军远来缺粮,求战心切,加之诸葛亮足智多谋,难以对付,于是据险扼守。诸葛亮求战不能,果然引兵退回。魏将张郃请求截击蜀军后路,司马懿不允,只是尾随观察。到达祁山后,诸将纷纷请战,司马懿登山修寨,依然不允。众将当面指责他畏蜀如虎,他不加理会。5月,众将向司马懿施压,伺机进攻蜀军,结果战败,只得退守营寨。6月,诸葛亮退军,张郃追击,结果中伏身亡。面对诸葛亮咄咄逼人的进攻,司马懿从来不与其争锋,甚至在诸葛亮赠送他妇人首饰羞辱他时,他也欣然接受,忍辱负重,仍旧按兵不动。诸葛亮无奈最后在壮志未酬的忧愤中死去。失去诸葛亮的蜀国,再也无法对魏国构成严重威胁。

由蜀国失败的例子可见,是否能理智地处理事情,有时就是事情成败的关键。大事是这样,小事也是这样。

司马懿在权力上的争斗也善于使用"忍"字。魏明帝死后,太子曹芳即位,就是魏少帝。曹爽当了大将军,司马懿当了太尉。两人各领兵三千,轮流在皇宫值班守卫。

曹爽手下有一批心腹提醒曹爽说:"大权不能分给外人啊!"他们替曹爽出了一个主意,用魏少帝的名义提升司马懿为太傅,实际上是夺去他的兵权。接着,曹爽又把自己的心腹、兄弟都安排在重要的职位。

对此,司马师和司马昭气得哇哇叫,准备带领人马去攻打曹爽。而司马懿看在眼里,却装聋作哑,并且向魏少帝上表说自己年纪老了,又浑身是病,请求从此不再上朝了。

曹爽听说司马懿生病,正合他的心意。但还是有点不放心,想打听一下司马

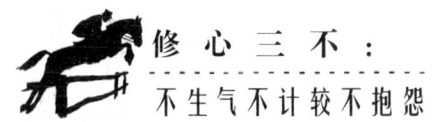

懿是真生病还是假生病。他派心腹李胜到司马懿家去探探情况。

李胜到了司马懿的卧室，只见司马懿躺在床上，旁边两个使唤丫头伺候他吃粥。他没用手接碗，只把嘴凑到碗边喝。没喝上几口，粥就沿着嘴角流了下来，流得胸前衣襟都是。李胜跟他说话的时候，他也说得颠三倒四，时不时还拼命地咳嗽几声。

曹爽听了李胜的报告后，甭提有多高兴了。此后，他就对司马懿放松了警惕。

后来，魏少帝曹芳到城外去祭扫祖先的陵墓，曹爽和他的兄弟、亲信大臣全跟了去。司马懿既然病得厉害，当然也没有人请他去。

谁知等曹爽一帮人一出皇城，太傅司马懿的病就全好了。他披戴盔甲，精神抖擞，带着他两个儿子司马师、司马昭，率领兵马占领了城门和兵库，并且假传皇太后的诏令，把曹爽的大将军职务给撤了。从此以后，司马懿成了魏国的实际掌权者。

在现实生活中，人们因一时的矛盾，头脑发热，失去理智，酿成惨祸的实事，屡见不鲜。总而言之，适宜的克制，理智的行动，是人们做事时智慧的表现。

在一些人办公桌的玻璃板下或床头上常常可以看到"制怒"两字，意在提醒自己不要发火。在这个问题上，严格要求自己，加强思想修养是非常必要的。清朝的林则徐官至两广总督。有一次，他在处理公务时，盛怒之下，把一只茶杯摔得粉碎。但他猛抬头，看到墙上挂着的牌匾上写着自己的座右铭"制怒"两字，意识到自己的老毛病又犯了，立即谢绝了仆人的代劳，自己动手打扫摔碎的茶杯，表示悔过。林则徐虽然有时控制不住自己的情绪，但随时注意克制，知错就改，这一点也非常难得。

有人认为和颜悦色、忍让无争、宽恕容忍，从不疾言厉色，就是十足的懦夫行径，殊不知这样的人才是真正具有大智、大仁、大勇的人物。有人更认为凡事忍耐、含垢受辱、承认过错及接受责罚便是懦夫，事实上，在衡量自身条件尚无绝对必胜把握时，暂时的忍辱负重是必要的。而死不认错，往往是怕负责任，这才是真正的懦夫。

气易失控：不能自控是不成熟的表现

人与人之间由于性格、修养、思维方式、生活方式以及所处的生活环境等不尽相同，发生某些摩擦或冲突是难免的，情感的冲动甚至失控的出现也可以理解。然而，若是经常处于容易冲动、点火就着的状态，则会使人的身心健康受到损害。

不善于驾驭情感不仅会伤身，还会使人远离真理。也就是说，"气"不仅会危害个人，还会贻误事业。《三国演义》中的刘备怒气难抑，率兵讨伐东吴，结果被火烧连营，导致惨败。第四次中东战争中，以色列第190装甲旅旅长阿萨夫·亚古里与埃军第二步兵师先头部队遭遇时，因三次进攻均未成功，便恼羞成怒，把剩余的85辆坦克孤注一掷，结果中计惨败，在3分钟内这85辆坦克便毁于一旦。这样的例子古今中外举不胜举。

聪明人如果不善于驾驭自己的情感，则在情感失控、冲动的情形下，比普通人更危险一些。正如美国先哲爱默生所言："聪明人比庸人更懂得避免祸事，但在冲动的时候，聪明人吃的亏比庸人更大。"不会冲动的人是死人，一个只会冲动的人是蠢人，一个能驾驭自己的情感，做到尽量不冲动做事的人是真正聪明的人。所以，你要想真正发挥自己智力的潜能，就要学习用理智驾驭情感，控制情绪。

能否理智地驾驭自己的情感，是一个人是否走向心智成熟的重要标志。感情用事者不仅会远离成功，还会因为自己的不成熟给别人带去伤害，给自己招来祸端。西楚霸王项羽不采纳亚父范增的建议，感情用事放走刘邦，终难成大事，虞姬玉陨，霸王自刎。这样的例子不胜枚举。

能否理智地驾驭自己的情感，也是区分强者与弱者的方法之一。真正的弱者不在于战胜不了别人，而在于战胜不了自己。他们或多或少地充当着情感的奴隶，受着情感的驱使，少有克制自己的勇气和信心。真正的强者都是驾驭情感的高手，他们控制情感冲动、内心欲望的过程也正是战胜自我、超越自我的过程，而

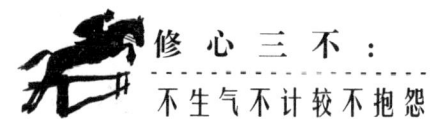
战胜了自我的人多为生活中的强者。所以，弱者之弊正在于受驭于情感。如果愤怒之时，你能冰释掉心中的火焰；消沉之时，你能寻回奋斗的力量；无聊之时，你能够将时间用于有意义的忙碌；空虚之时，你能够充实自我；懦弱之时，你能够找回信心，扬帆起程……那么，孤独、忧心、失望、丧气、沉沦永远不能打扰你。东边是光明的彼岸，你扬帆向东；西边是成功的港口，你挥桨朝西。如此，你不为强者，谁为强者？

不把自己的意志强加于人，不因自己的悲喜而改变生活的原则，以宽容的态度对待别人的言行，以成熟的心智判断生活中的是是非非。这是一种高尚的人格修养，也是一种百炼成钢的大智慧。

气易失足：别动不动就负气出走

在福建曾发生了这么一件奇事：一名男子胡某因为一点小矛盾竟然负气出走15年。胡某家住浙江省临海市白水洋镇西村。15年前，正在准备开办小型加工厂的胡某因和父母吵了几句便负气出走，一直不与家人联系。其家人四处寻找，多次在报刊上登载寻人启事，仍杳无音信。福建省东峰镇公安分局在对辖区内所有外来流动人口进行拉网式清理登记时，发现在镇内一个瓦片厂打工的胡某解释身份时吞吞吐吐，似有难言之隐。在民警的一再询问下，胡某不得不说出实情。分局立即向其出生地浙江省临海市白水洋镇派出所发出函调信，多次与他们联系，终于使胡某的家人得知他在东峰镇。当胡某的哥哥及叔叔专程赶到福建，看着十多年未见面的亲人，听着公安民警的耐心劝导，胡某终于消除了心中的怨气，抑制不住多年的思亲之情，叔侄三人热泪盈眶，紧紧相拥。等他回到家里，他那个没有亲手去办的加工厂已经在哥哥的手中颇具规模了。

未离家时壮志满怀，15年后回乡时仍是一个打工仔。一股怨气能生15年，还真是少见！

怨恨之气多因自认为遭遇不公而生。生怨气的对象多是自己的上级或其他有权势者,而受害者往往是自己最亲近的人。许多人为了形象,不方便在外人面前发泄气愤,只能带着一肚子的怨气回家爆发,使家人成了受气包,受害最深。靠生怨气发牢骚,什么问题也解决不了。心中装满怨气,今天怪这个,明天怨那个,让这种消极情绪经常困扰自己,不但会破坏自身的心理平衡,涣散自己的意志和进取心,进而还会引起身体生理功能的降低或紊乱。仔细观察一下周围,不难发现,那些牢骚满腹、怪话连篇、怨气冲天的人,几乎都与事业成功无缘。怨气,它只会误事,有百害而无一益。

在同样或相似的外界刺激下,为什么有人很少生怨气而有人却怨气十足呢?心理学告诉我们,情绪和情感的发生,不仅取决于环境刺激,还取决于人的认知水平,这两者同样重要。比如,对待车船票涨价一事,人们的反应相差悬殊。有些人愤愤不平,抱怨国家接连提高运费,增加群众负担;有些人则从国家发展经济的大局出发,认为现在能源不足,运价成本大幅度上升,人员的工资也增长许多,运费理应提价,因此,并无怨气。这表明,欲不生或少生怨气,必须不断地充实自己,提高自己对事物的认知水平。

气易伤情:绝情的"老死不相往来"

生气对健康的危害程度主要取决于气的强度和持续时间的长短。气憋在心里,不向外发泄,一般持续时间均较长。这种不良情绪压在心头不消散,可导致食不甘味,寝不安席,身体的抵抗力随之下降,从而有损健康。气憋在心里,则是越憋越重,达到难以承受的程度,这时再骤然发泄,如同山洪暴发,即大发雷霆,我们称为盛怒,而盛怒则会对身心造成更大的伤害。

但我们更想说的是气也会伤害人与人之间的感情。

最怕的是两个最亲或关系最密切的人相互生气。如夫妻之间因为一点鸡毛

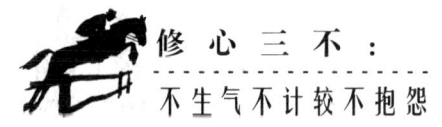

蒜皮的小事斗气，谁也不服输，谁也不先开口，久之不仅会对身心健康造成严重的损害，而且夫妻关系也会日益紧张，隔阂加深，双方感情受到伤害，甚至会招致严重的后果。

据调查研究，性格内向或孤僻者，以及平时很少与人交际，朋友甚少，不愿意与亲友同事谈心的人，都比较好生气。因此，这些人应该更加重视克服自己性格上的弱点，加强自身修养。诚然，改变性格并非易事，但也不是办不到的。这些人应该多参加一些有益身心的社会活动，走出狭小的天地，多结交一些朋友，培养一两项业余爱好，经常参加文娱和体育活动。这些都可以逐步优化自己的性格，开阔自己的心胸。特别是要逐步养成与熟人、朋友、同事谈心、聊天的习惯，心里不痛快就及时向外宣泄。在这方面，尤其需要得到其亲友和同事们的帮助，当发现他们有气憋着、闷在心里时，就应该想方设法引导其将心里话说出来。

人们应该学会控制自己，尽量做到不生气。碰上了不愉快的事，首先要学会自己给自己"消气"；确实遇到烦心的事，也要"戒"字当先，戒除恼怒。当然，这不是简单下个决心就能办到的事情，其中还有道德修养和陶冶情操的问题。古人把"责己严，待人宽"以及"温、良、恭、俭、让"视为人际交往的准则，这对现代人的身心健康也是十分有益的。遇事冷静、待人宽厚并能适当克制自己的情绪，这实际上体现着一个人的内在修养。

动辄生气，总是使家庭处于"战争状态"，或者总是和朋友冷言相对，你的生活会快乐，会轻松吗？生气于人无益，对己无利，既伤害了别人，也在"惩罚"自己，这样的后果该值得你去好好反思一下。

养身当以戒闷气为本。要养怡身心，就要下工夫修炼品行，宽厚待人，谦逊处世。要做到不生气、少生气，要心胸开阔，宽宏大量，不要对一些细枝末节的小事斤斤计较、耿耿于怀。"退一步"并非"懦弱"，而是化解矛盾的良策，或许还会由此冰释前嫌，换得海阔天空。要养怡身心，还要学会息怒，善于控制和调理自己的情绪，把"生气"这种不良情绪消灭在萌芽状态。

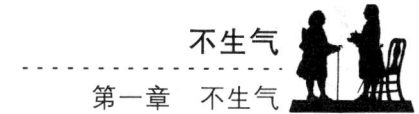

气易失机:"摔门而去",后悔的是自己

机会对于每一个人都是平等的。有很多人总是在埋怨上帝不给他机会成功,事实上,上帝也把苹果砸到了他的头上,可是他一边骂着,一边把苹果吃了。这就是为什么牛顿成了科学家,而同一时代的其他人却没有在那个世纪留下丝毫的印记。

生活中有许多人和事,就是因为当事人在突发情况下不理性,而使事情发生恶变,把自己变成了其中的受害者。

一位大学生毕业后应聘于一家公司搞产品营销,公司提出试用3个月。3个月过去了,这位大学生没有接到正式聘用的通知,于是,他一怒之下愤然提出辞职。公司的一位副经理请他再考虑一下,他越发火冒三丈,说了很多抱怨的话。于是对方也动了气,明明白白地告诉他,其实公司不但已经决定正式聘用他,还准备提拔他为营销部的副主任。这么一闹,公司无论如何也不能再用他了。这位涉世未深的大学生因自己的不理性而白白丧失了一个绝好的工作机会。

还有一名初探歌坛的歌手,满怀信心地把自制的录音带寄给某位知名制作人。然后,他就日夜守候在电话机旁等候回音。第1天,他因为满怀期望,所以情绪极好,逢人就大谈抱负。第17天,他因为情况不明,所以情绪起伏,胡乱骂人。第37天,他因为前程未卜,所以情绪低落,闷不吭声。第57天,他因为期望落空,所以情绪坏透,拿起电话就骂人。没想到电话正是那位知名制作人打来的。他为此而毁了自己,自断了前程。

人的生命是短暂的,在这短暂的一生中,机会能够出现的次数更是少之又少,抓住了,你的生命就会出现新的景象,错过了,只能是无尽的悔恨。如何才能抓住机会,不让自己的生命留下悔恨呢?这需要你有一双雪亮的眼睛、一颗敏锐的心,还有勤劳、敢于探索的品质。

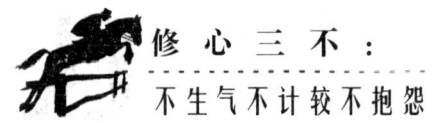

然而，错过一次机会并不可怕，可怕的是这种令人抱憾终生的错过，一次又一次在你身上重演，那么你的人生恐怕就没有转折了。所以，当你意识到上一个机会错过时，不能让后悔和遗憾完全左右你。短暂的遗憾会让你深刻体会到这次教训，以后不要再次重复相同的错误，但是倘若一直沉浸在这种悔恨的氛围中，便是一种没有意义的选择。

即使你再后悔，机会也回不来，不如吸取教训，把悔恨转换成探索的动力，转换成敏锐的洞察力，这样你才有可能在下一次机会到来的时候迅速地抓住它。永远记住，失去一次机会的时候，后悔一个小时就足够了，剩下的时间是对自己微笑一下，然后继续赶路。

气易失策：一生气，什么也想不出来

当你遇到难以解决的问题时，是只顾发泄不满，还是冷静地想出解决之道呢？只要你稍微思索一下，你会认识到这个困难正是改变现状、开发新天地的契机。

有很多化不满为创新的例子，给我们意外的启示。

加藤信三是日本狮王牙刷公司的小职员。作为一个小职员，尽管他前一天夜里加班加点，很晚回家休息，尽管他头晕目眩，想美美地睡上一觉，但是他必须马上起床，赶到公司去上早班。起床后，他匆匆忙忙地洗脸、刷牙，不料，匆忙中出了一些小乱子，牙龈被刷出血来！加藤信三不由火冒三丈。因为刷牙时牙龈出血的情况已不止一次地发生了。情绪不好的他怀着一肚子的牢骚和不满冲出了家门。

作为一个牙刷公司的职员，数次刷牙牙龈出了血，加藤的不满情绪越来越大了。他怒气冲冲地朝公司走去，准备向有关技术部门发一通牢骚。

走进公司大门后，走着走着，他的脚步渐渐地放慢了。加藤信三曾参加过公司组织的管理科学学习班。管理科学中有一条名言使他改变了自己的态度。这条训诫说："当你有不满情绪时，要认识到正有无穷无尽新的天地等待你去开发。"

当他冷静下来以后，和同事们想出了不少解决牙龈出血的好办法。他们提出了改变刷毛的质地，改造牙刷的造型，重新设计刷毛的排列等各种改进方案。经过论证后逐一进行试验。试验中加藤发现了一个为常人所忽略的细节：他在放大镜下看到，牙刷毛的顶端由于机器切割，都呈锐利的直角。"如果通过一道工序，把这些直角都锉成圆角，那么问题就完全解决了！"同事们都一致同意他的见解。经过多次实验后，加藤和他的同事们把成功的结果正式向公司提交。公司很乐意改进自己的产品，迅速投入资金，把全部牙刷毛的顶端改成了圆角。

改进后的狮王牌牙刷很快受到了广大顾客的欢迎。对公司作出巨大贡献的加藤从普通职员晋升为科长，十几年后成为公司董事长。

加藤的"幸运"正来自于不满，在不满中发现。很多时候，如果我们能打破常规，逆向思考，独辟蹊径，往往能产生全新的创意和惊人的成果。

"请你按下快门，其他的事由我来做。"这是"柯达第一号"小盒型照相机面市时的广告词。

照相机在它面世之初是被当作精密复杂的仪器来看的，一般大众与它无缘。但是，乔治·伊士曼——纽约罗彻斯特镇一家小银行的事务员却认定："照相机应像铅笔一样简单，谁都可以使用。"

1881年，伊士曼用5 500美元开办了自己的摄影器材公司，这就是今天名闻世界的柯达公司的前身。1888年6月，伊士曼把"柯达第一号"送进了市场。1963年，当柯达公司在27个国家同时推出大众化的"自动式"照相机时，全世界为之轰动。

跳伞运动员从飞机上跃出，在降落伞张开前的瞬间，他完成了胶卷的装卸。老人、儿童、妇女，全部都应付自如地摆弄柯达自动照相机。它的好处还在于售价便宜，在柯达自动照相机三种机型中，大半在50美元以下，最便宜的只售10美元。

这种"自动式"相机立即风靡世界，柯达公司大发其财。柯达成功的原因就在于"反其道而行之"。相机的功能开始并不复杂，可随着性能越来越好，操作使用也越来越繁琐，这对于专业摄影者来说当然无所谓，但对普通人来说就不同了。

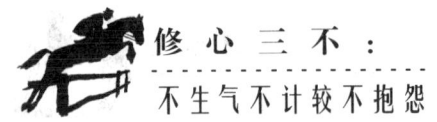
因此一反常规，让相机的操作简单得不能再简单——只需轻轻一按便可完成照相过程，就连"傻瓜"也能操作，这便获得了轰动性的创新成果。

然而，更出人意料的还在后头。就在柯达公司赢得大众市场的情况下，又进一步宣称："自动照相机的专利本公司绝不独占，我们同意所有厂商仿造它。"这绝对不是平常人愿意做的。一般人在自家产品畅销时，肯定会千方百计保守秘密，以专利垄断市场，独享其利。柯达的做法，让人疑惑它的目的所在。

而这正是柯达成功的又一诀窍。今天，提起柯达，人们首先想到的不是自动照相机，而是大名鼎鼎的柯达胶卷。原来，放弃专利让其他照相器材厂商共同拓展世界照相机市场，最终必然刺激胶卷的销售。

麻烦事有时候不一定就是坏事。遇到无法解决的事情时，多问自己"为什么"，仔细思考，你可能会有新的发现。

不生气的智慧

生活中的事情并不会因为你的生气而减少或自动消失，无论你是生气还是不生气，它都是存在的，任务仍然等着你去完成，活儿还得等你消完了气再去干。所以，与其带着气干活、做事，不如不生气，心平气和地做事，效率一定会比在生气时高出许多倍。

第二章　修养好，
不做坏情绪的奴隶

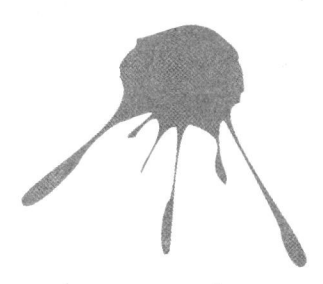

　　人这一辈子活的就是个心态。当你学会情绪管理这门功课，就能在不如意的时候保持一种好情绪，获得一种好心态。心态好了，事情自然就顺利了。

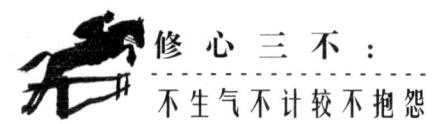
改变自己的心境

一座山上,有两块一模一样的石头。几年后,两块石头的境遇却截然不同:第一块石头受到众人的敬仰和膜拜,第二块石头始终默默无闻、无人理睬。不招待见的石头抱怨道:"为什么同样是石头,差距竟然这么大?"第一块石头微笑着说:"几年前,山里来了一个雕刻家,决定在我们身上雕刻。你害怕一刀一刀割在身上的疼痛,拒绝了;我却一刀一刀忍受下来,现在成了佛像。"抱怨的石头听完这句话,顿时哑口无言。

"天将降大任于斯人也,必先苦其心智,劳其筋骨,饿其体肤。"孟子的这句话,显然很有道理。社会是真实而残酷的,我们都被生活一刀一刀地雕刻,在艰苦日子的洗礼中,收获宝贵的人生经验,拥有更加成熟的心志,从而一步步走向富裕和成功。

《西游记》中的孙猴子不仅会72变,还能用金箍棒降妖除魔,甚至连玉帝老儿都不放在眼里,敢把天宫闹个天翻地覆,看起来他真的是要多牛有多牛。实际上,孙悟空并不是无所不能的,就像现实中的每个人,都曾以为可以无所不能,到头来却总要经历一番磨难和苦痛。

取经路上的九九八十一难,与其说是妖魔鬼怪作祟,不如说是上天的考验,只有经受住种种考验,通过不急不躁、自我完善和调整心境去解决问题,才能最终通过考验、取回"真经"。一路上,孙悟空开始慢慢省悟:我即使能耐再大也有解决不了的难题,需要四处请救兵帮忙;唐僧再怎么不对,毕竟还是师傅,如果我不能说服他、只顾蛮干,就得忍受紧箍咒越收越紧的疼痛;对付高智商的妖怪,不能光靠抡棒子,还得多动脑筋、多想办法;路是一步一步走出来的,心中充满目标和希望,才能慢慢地接近目的地……想必许多人都是在经历各自的"八十一难"后,方才醍醐灌顶,读懂一切的吧。

高晋是北京一家著名报社的副主编,他说:"不要看我今天这么风光,想当年刚开始做实习记者时可是受尽侮辱。有一次主编看过稿子后不满意,把我臭骂一顿,把稿子扔了一地,我只好趴在地上,从女同事脚边把稿子捡起来;新闻部主任也常这样训我:'咱这里是用人的地方,真想不明白你在学校里都学了什么东西,难道让我每天帮你修改那些文理不通的稿子吗?'……仔细想想,如果没有那段'窝囊'经历,我还真达不到今天这个水平。"

人生活在社会中,注定会面临太多太多的难题:出身不如别人,生存很艰难;生活的圈子太小,办事处处费心;感情上受到挫折,爱情至今难寻……似乎处处都有绊脚石,令你头疼不已。

这时候,你要具备一种"蘑菇"心态,学会忍受一些不公正的待遇,比如"被安排到不受重视的部门"、"总是做一些琐碎的小事"、"遭遇上司的冷嘲热讽"、"偶尔还代人受过"等。别人越是忽视你或自己越遭遇挫折,你越不要消沉。换个角度看,你会发现这是一件好事,会消除你不切实际的幻想,在无形中形成你的职业态度,使你认识到脚踏实地、用心努力,才能赢得别人的尊重,学到真本事。否则,一受到委屈,就叫嚷着"大不了不干了",只能被视为不成熟的表现,也难逃"光荣离职"的命运。

对于生活、事业上的种种困难,你是沮丧失望下去?继续郁闷下去?长吁短叹下去?还是改变心境,熬过去?有句歌词唱得好"没有人能够随随便便成功",风光的背后都是苦难和艰辛,好日子来之不易,它需要你不生气不抱怨,坚定不移朝着正确的方向走下去。

著名笑星赵本山在小品《我想有个家》里有一句经典台词:"人生就像一杯二锅头,酸甜苦辣别犯愁,往下咽。"话很风趣,道理也很实在。

没有饥饿的经历,你便不知道一粒米的可贵,不知道那些被太阳晒黑了皮肤的耕种者的可敬,当然更无从感受饿得头昏眼花或者伸手乞讨的可悲和可怕。终

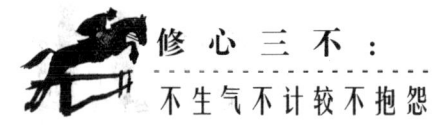
日打着饱嗝的人，除了需要一两根牙签剔剔牙齿，没有别的需求，爱心和同情对他们来说，都是多余的东西。

没有品尝过寄人篱下的滋味，听不到风凉话，看不到冷脸，过多的奉承让你形成发育不全的性格。突然某一天，你背靠的大树倒了，你开始失宠，在坑坑洼洼的路上，你绝对不如别人那样行走自如。

每天，我们都应该心平气和地面对生活中的种种苦难和不如意。苦，可以折磨人，也可以锻炼人。吃一番苦，可以使我们更加深切地领悟人生；吃一番苦，可以使我们更加珍惜现在拥有的一切；吃一番苦，可以使我们更具坚韧的品格和精神；吃一番苦，可以使我们对生活多一份感情，对他人多一份爱心，对弱者多一份怜悯。那么，从现在起，改变我们的心境，不生气、不抱怨地生活。

请随时保持微笑

在台湾的一个博物馆，有这样一个牌子，上面写了两句话。前面一句是："本馆有摄像监视"，按照我们通常的逻辑，后面的一句话应该是类似"如有偷盗，罚款×元"这样的警示语言，但实际上后面的一句话是"请你随时保持微笑！"出乎意料之余仔细想想，这两句话让我们不由地赞叹这种从容而有风度、充满善意的忠告。

给他人一个小小的微笑，就能传达"祝你快乐"的信息。如果我们脸上随时面带微笑，那么周围的人就会投桃报李，就会有更多的笑容向我们绽放。当人们置身在这微笑的海洋中，人与人之间的陌生和隔阂就会冰雪消融，就会感觉暖风习习、春意盎然，自然就不会做出顺手牵羊的行为了。

当你向别人微笑时，实际上就是以巧妙的方式告诉他，你喜欢他，你尊重他，这样就容易博得别人的尊重、喜爱与信任。人人多一点微笑，世界就会多一些安详、融洽、和谐与快乐。因此，英国诗人雪莱说："微笑，实在是仁爱的象征，快乐的

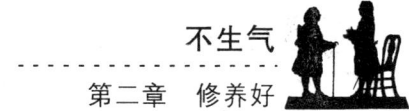

源泉,亲近别人的媒介。有了笑,人类的感情就沟通了。"

有一位叫珍妮的小姐去参加美国联合航空公司的招聘,她没有任何特殊关系,完全凭着自己的本领去争取。她被录用了,原因是:她的脸上总带着微笑。后来,那位人事经理微笑着对珍妮说:"我宁愿雇用一名有可爱笑容而没有念完中学的女孩,也不愿雇用一个摆着生硬面孔的管理学博士。小姐,你最大的资本就是你脸上的微笑。"

"一副微笑的面孔就是一封介绍信",我们处世要做到心态平和,乐观向上,善待人生,这样才会自然地流露出真诚的笑容。真诚的微笑最能打动人,会使我们产生一种无形的亲和力与人格的魅力,甚至还能给我们带来巨额的财富。卡耐基就这样说过:"微笑不花费什么,但却永远价值连城。"

装潢富丽的科尼克亚购物中心即将开业了,让经理犯难的是,导购小姐工作装的款式迟迟没有定下来。他望着7家服装公司送来的竞标样品,尽管设计得各有特色,但还是感觉缺了点什么。为此他不得不打电话向他的老朋友——世界著名时装设计大师丹诺·布鲁尔征求意见。这位83岁的老人听明白朋友的意思后,说:"穿什么制服并不重要,只要面带微笑就足够了。"凭借微笑的服务,科尼克亚成了巴黎最大的购物中心。

美国著名的"旅馆大王"希尔顿也是靠微笑发大财的。当初希尔顿投资5 000美元开办了他的第一家旅馆,资产在数年后迅速增值到几千万美元。此时,希尔顿得意地向母亲讨教现在他该干什么,母亲告诉他:"你现在要去把握更有价值的东西,除了对顾客要诚实之外,还要有一种更行之有效的办法,一要简单,二要容易做到,三要不花钱,四要行之长久——那就是微笑。"于是希尔顿要求他的员工,不论如何辛苦,都必须对顾客保持微笑。"你今天对顾客微笑了没有?"是希尔顿的名言。他有个习惯,每天至少要与一家希尔顿旅馆的服务人员接触,在接触中他向各级人员问及最多的也是这句话。即使在美国经济萧条最严重的1930年,全美的旅馆倒闭了80%,希尔顿的旅馆也连年亏损,希尔顿仍要求每个员工:"无论旅馆本身遭遇如何,希尔顿旅馆服务员的微笑永远是属于旅馆的阳光。"微笑

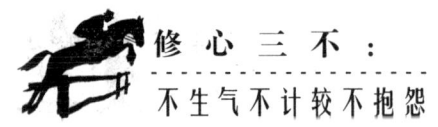

不仅使希尔顿公司率先渡过难关，而且带来了巨大的经济效益，使公司发展到在世界五大洲拥有70余家旅馆，资产总值达数十亿美元。

人什么时候最美？就是在脸上浮现出一丝微笑的时候。微笑是一种含意深远的身体语言，是沟通人与人心灵的渠道。它可以缩短人与人之间的距离，化解令人尴尬的僵局，可以使别人从见到你的第一分钟起，就自然而然地产生一种安全感、亲切感、愉快感。微笑就是如此富有魅力，如此招人喜爱。每一个发自内心的微笑，所具有的神奇力量往往是无法估量的。

玛丽小姐打开门时，发现一个持刀的男人正恶狠狠地盯着自己。玛丽灵机一动，微笑地说："朋友，你真会开玩笑！是推销菜刀吧？"边说边让男人进屋，接着说："你很像我过去的一位好心的邻居，看到你真的很高兴，你要咖啡还是茶？"本来面带杀气的男人慢慢地变得腼腆起来，有点结巴地说："哦，谢谢！"最后，玛丽真的买下了那把明晃晃的菜刀，男人拿着钱迟疑了一下走了，在转身离去的时候，他说："小姐，你将改变我的一生。"

如果说这个故事无法考证真伪的话，那么《小王子》的作者安东尼的经历却是真实发生的，微笑把他从鬼门关中拉了回来。

第二次世界大战前，安东尼参加西班牙内战，打击法西斯分子，后来陷入魔掌。在监狱里，看守监狱的警卫一脸凶相，态度极为恶劣。安东尼认为自己第二天绝对会被拖出去枪毙，于是陷入极度的惶恐与不安中。他翻遍口袋找到一支香烟，却找不到火柴。他鼓起勇气向警卫借火，警卫冷漠地将火递给了他。

那刻骨铭心的一瞬间，被安东尼那细腻的文笔记录了下来："当他帮我点火时，他的眼光无意中与我的相接触，这时我突然冲他微笑。我不知道自己为何有这般反应，在这一刹那，这抹微笑如同鲜花般打破了我们心灵之间的隔阂。受到我的感染，他的嘴角也不自觉地现出了笑意，虽然我知道他原无此意。他点完火后并没有立刻离开，两眼盯着我瞧，脸上仍带着微笑。我也以笑容回应，仿佛他是个朋友。他看着我的眼神也少了当初的那股凶气……"尔后，两人聊了起来，对家人的思念和对生命的担忧使安东尼的声音渐渐哽咽。后来，看守一言不发地打开狱门,悄悄带着安东尼从后面的小路逃走了……微笑,就这样创造了生命的奇迹。

笑容是一种令人感觉愉快的面部表情,它可以缩短人与人之间的心理距离,为深入沟通与交往创造温馨和谐的氛围。因此有人把笑容比作人际交往的润滑剂。而在笑容中,微笑最自然大方,最真诚友善,是人类最美的表情。微笑虽然只是一个简单的动作,却可以表达出多种积极的含义:歉意、支持、赞赏、安慰、关怀……因此,我们最应当问自己的一句话就是"我微笑着吗?"

为什么要随时面带微笑?因为保持微笑,至少有以下几个方面的作用:一是放松身体。当你在生活中遇到身体的紧张状态时,在脸上漾出一个微笑,就能够化解自己的紧张。二是能够放松人的心理,放松人的情绪,放松紧张的思维。三是能够缓解痛苦、哀伤、忧愁、愤怒、难过、压抑等不良情绪。四是能够使一直处于紧张、僵化状态的思维活跃起来,甚至激发出灵感。五是能增加你的魅力,给你带来朋友,为你增加人生的机会,让你更容易成为一个成功者。

现在的社会中,竞争越来越激烈,人们的压力也越来越大。这种情况下,很多人已经笑不出来了,即使勉强笑一下,也是皮笑肉不笑,笑得比哭还难看。只有那些心态平常、与人为善的人,才能真正从内心深处发出真诚的微笑。因此,想要用自己的微笑感染他人,还是先将心态调整好吧。

驾驭好情绪,没事不找事

庄子曾对他的弟子们说:"如果能顺着时令的变化而时进时退,顺应自然,主宰万物而不为外物役使。这样怎么会有祸患?这是神农和黄帝的处世之道呀!有聚合就有分离,有成功必有失败,贤能会被谋算,而无能也会被欺侮。怎可偏执一端呢?你们记住,处世一定要顺应自然。"这段话揭示了老庄思想的主旨——"无为而治,顺其自然"。

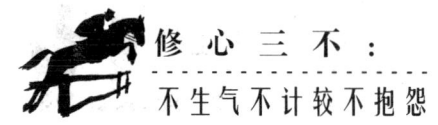
著名画家张大千先生是个大胡子,浓密的胡须铺垂近腹。据说有一人见此,顿生好奇,问:"张先生睡觉时,您的胡子是放在被子上面还是搁在里头的?"大千先生一愣:"这……我也不清楚。是啊,我怎么没在意这个呢?这样吧,明天再告诉你。"晚上就寝,大千先生将胡子摅在被子外头,好像不太对头;收进被子里面,又觉得不自然。折腾了半宿,都不妥当。这一下他自己也犯愁了,以前这可不是什么问题呀,现在怎么成了件头痛的事呢?

大千先生的烦恼源于他被一件莫名其妙的事扰乱了心绪,变得患得患失。老子的《道德经》虽有5 000多字,其实通篇的主旨也就四个字——顺其自然。顺其自然是一种做人的境界,就是没事不找事,对金钱、名利、地位和美色这些东西"拿得起,也能放得下"。

三国末期,大将王浚巧用火烧铁索之计,灭掉了东吴。三国分裂的局面至此方告结束,国家又重新归于统一,王浚的历史功勋是不可埋没的。岂料,王浚克敌制胜之日,竟是受谗遭诬之时。安东将军王浑以不服从指挥为由,要求将他交司法部门论罪,又诬王浚攻入建康之后,大量抢劫吴宫的珍宝。这不能不令功勋卓著的王浚感到畏惧,因为当年消灭蜀国的大功臣邓艾,就是在获胜之日被谗言构陷而死。他害怕重蹈邓艾的覆辙,便一再上书,陈述战场的实际状况,辩白自己的无辜。每次觐见皇帝,他都一再陈述自己伐吴之战中的种种辛苦以及被人冤枉的悲愤。

这时候,王浚的一个亲戚范通提醒他说:"足下的功劳可谓大了,可惜足下居功自傲,未能做到尽善尽美。"王浚问:"这话什么意思?"范通说:"当足下凯旋之日,应当退居家中,再也不要提伐吴之事。如果有人问起来,你就这样说:'是皇上的圣明,诸位将帅的努力,我有什么功劳可言?'这样,还会有谁议论你呢?"

后来,王浚就按范通说的那样做,谗言果然不止自息。王浚不仅没有获罪,而且还得到了晋武帝司马炎的奖赏。

不思八九，常想一二

民国元老于右任老先生，一生饱经沧桑，却能淡泊宁静，荣辱自安。他的高寿养生之道，就是悬挂在客厅中的一副对联："不思八九，常想一二。"横批："如意"。

人生数十年如一日，苦是一日，乐也是一日。一个乐观的人，可以把不如意的事看成是上天最美的恩赐。人生不如意事十有八九，要如意，何不"不思八九，常想一二"，多接受正面积极的信息呢？

生活中，很多事应当向好的方面看，好的情绪就会有好的导向，促成事情往好的结果发展。

古籍里记载过一个书生考科举的故事。这一年，有个书生已经是第三次进京赶考，住在一个经常住的店里。临考试的前一天晚上，他做了三个梦：第一个梦是梦到他在墙上种白菜；第二个梦是梦到下雨天，他戴了斗笠还打伞；第三个梦是梦到他跟心爱的表妹脱光了衣服躺在一起，但却是背靠着背。

这三个梦似乎都有些深意，第二天一早，书生马上去找会算命之人解梦。算命的人一听，连拍大腿说："请恕我直言，客官您这次考试不去也罢。"书生忙问为什么，算命的人说："您梦到在高墙上种菜，这不是白忙活吗？戴着斗笠打雨伞，不是多此一举吗？跟心爱的表妹都脱光了躺在一张床上，却背靠着背，不是没戏吗？"

书生听后，心灰意冷，很沮丧地开始收拾行囊，准备回家再苦读3年，希望自己下次会有好运气。正当他打点行装的时候，客店老板走过来问他："您是来赶考的士子吧，不是明天才考试吗？怎么今天就要回乡了？"

书生便将昨晚做的梦以及今天算命之人的解梦告诉了老板。老板听后，沉思一阵，对书生说："您这样想就错了，我倒觉得您这一次务必要留下来。"书生又问为什么，老板说："我也学过解梦，让我给你解解看。墙上种菜不是高中（种）吗？戴

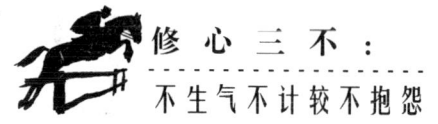
着斗笠打雨伞不是有备无患吗？跟你表妹脱光了衣服背靠背躺在床上，不是说明你翻身的时候就要到了吗？"

书生听后，精神振奋，信心大增地参加了考试，果然进士及第。成败不是一开始就注定的，全在你以什么态度去看这件事。

一次，美国总统罗斯福家中失盗，被偷去了许多东西，一位朋友闻讯后，忙写信安慰他，劝他不必太在意。罗斯福给朋友写了一封回信："亲爱的朋友，谢谢你来信安慰我，我现在很平安。感谢上帝！因为：第一，贼偷去的是我的东西，而没有伤害我的生命；第二，贼只偷去我部分东西，而不是全部；第三，最值得庆幸的是，做贼的是他，而不是我。"

失盗本来就是不幸的事了，如果因此生气、伤心或者埋怨，只能让烦恼雪上加霜。然而，罗斯福将这件事当作一件好事，并找出三条感恩的理由，这无疑是一种常人难以企及的境界。

别给自己心里添堵

天空，太蓝；大海，太咸；人生，太难；工作，太烦。人生是很难，工作也的确有很多烦心之处，正因为如此，我们才要找点乐趣，苦中作乐。换个角度说，很多的烦心事都是自己找的，一个人不让自己烦恼，别人很难让他烦恼，让他生气。

人的一生，活着的时间也就那么几万天，快乐过也是一天，郁闷过也是一天。因此无论是为人处世，还是干工作、过日子，都要时时保持一颗平常心，好运来了淡然一笑，麻烦来了平静面对，始终保持愉快的心情。人这一辈子，不就是要过得快乐、不生气吗？

凡事不能不认真，又不能太认真。什么时候认真，什么时候不能太认真呢？这要具体情况具体分析。做人做事、做学问、干工作要认真，面对大是大非的原则性问题要认真。而对于那些无关大局的琐事，就不必太认真和自找麻烦，只有这样

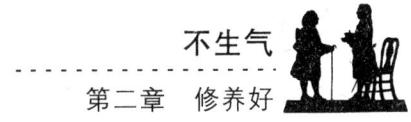

你才能排除心中的一切烦恼与杂念。

第二次世界大战时，范·拉塞尔在美国好莱坞经营一家影业公司。拉塞尔手下有一名技术专家名叫皮特·里弗斯，此人的脾气非常暴躁，无论是谁只要一不小心说错了话，便会被他训斥一番，连老板拉塞尔也不例外。好在拉塞尔为人宽宏大量不和他计较，况且里弗斯只是为人很固执，但是很敬业，专业能力是值得肯定的。

有一天，为了一件工作上的事，里弗斯同技术小组的一名助手吵了起来，最后他甚至拍着桌子骂起来，拉塞尔前去劝阻也没有用。正在局面闹得无法收场之际，里弗斯的小女儿突然跟着母亲来到了工作室，女儿见到父亲暴怒的可怕模样，吓得当场大哭起来。里弗斯见状，急忙跑过去哄女儿开心，刚才的怒火转眼间烟消云散了。

拉塞尔看到这一情景，突然心头一亮：原来里弗斯的"死穴"是他的宝贝女儿啊，对谁都不服的里弗斯只有面对女儿时才千依百顺。于是，拉塞尔打算从里弗斯的女儿身上做文章，设法使里弗斯尽量改变脾气，和同事们搞好关系，为公司作出更大贡献。拉塞尔在离公司不远的地方给里弗斯租了一套房子，目的是让他和妻子、女儿能够生活在一起。里弗斯对于公司的好意，心里感到十分过意不去，始终不肯接受。

拉塞尔笑着说："搬不搬家，恐怕由不得你了，先去看看房子吧。"

"你这是什么意思？"里弗斯嘟囔起来，"难不成你还要强迫我住进去吗？"

"不是我强迫你，是你的女儿罗丝，她已经替你做主了。"

里弗斯走进屋子，看到女儿已经把东西搬进来了，正冲他微笑，这样一来里弗斯就无话可说了。拉塞尔趁机语重心长地对里弗斯说："皮特，作为你的朋友，我可要劝劝你了，为了罗丝你的脾气应该改改了。我知道你每次发完脾气后自己都很愧疚，如果每次与别人发火之前，你都把对方想象成你的女儿，那样气不就自然消了吗？"

里弗斯沉思了半天，对拉塞尔说："你说得对，我真的应该改改脾气了！"

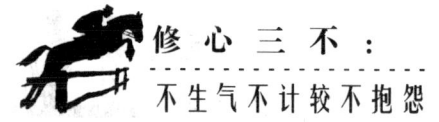
于是，里弗斯听从了拉塞尔的安排，搬进了新居，他非常感激拉塞尔的关照。他按照拉塞尔的建议去控制自己的情绪，也很少在公司里发脾气了，他专心带领自己的科研小组，为公司陆续开发出了一批新产品，创造了巨大的效益。

如果不是遇到拉塞尔这样的好老板用心点拨，里弗斯恐怕依然会我行我素，其结果注定是成为公司里"最不受欢迎的面孔"。人活着不能自己给自己添堵，即使不为了自己，哪怕是为自己的家人，也应该像里弗斯一样调整情绪，不必事事吹毛求疵，不必事事大动肝火。

控制不必要的欲望

金钱、地位、房子、车子……太多的诱惑、太多的欲望给现代人带来了太多的压力、太多的痛苦。人生若看不破"名利"两字，就会束缚了人的本性，让自己的身心疲惫不堪。如何破解这样的困境，就是要以不生气的姿态为人处世：不必为得到的沾沾自喜，也不必为失意而烦恼丛生，学会淡泊、知足常乐，用一颗不生气、不计较的平常心去生活，活得踏踏实实、快快乐乐。

从前有条蟒蛇精违犯天条，玉皇大帝命雷公轰击它。蟒蛇精无处藏身，现出原形，化作一条小蛇蜷缩于尘土中。刚好遇到寿州一个穷秀才梅生，他在郊游途中发现了它，救了它一命。

有一天，梅生在大街上闲逛，见众人围观皇榜。原来是皇太后身染重病，御医医治无效，因此榜告天下，有能治好皇太后病症者，可进京做官。梅生暗自叹息，可惜我没有灵丹妙药，不然就一步登天了。刚回到家中，突然狂风大作，一条巨蟒出现在眼前，并对梅生口吐人言："梅相公别怕，你从前救过我的命，今天我要报答你。当今皇太后病重，你从我腹中割下一块心肝，用它就能治好皇太后的病。"

随后，梅生进京果然治好了皇太后的病。皇帝大悦，封梅生为宰相，并放假三月让他回乡祭祖。一路上耀武扬威之余，梅生想，荣华富贵皆过眼烟云，何不再向蟒蛇割一块心肝，以备日后自用，永保长生，于是梅生再次找到大蟒。大蟒此时已识破梅生乃贪心不足之辈，但念其曾救过自己的命，只得忍痛让其再割一刀。谁知梅生贪婪过头，竟然想要割下大蟒全部心肝。大蟒疼痛难忍，就一口吞下了梅生这个宰相。

　　这就是"人心不足蛇吞相"的由来。由于相传有误，到了今天，"人心不足蛇吞相"变成了人人皆知的"人心不足蛇吞象"。不过，这样能更直观地表达这句话的意思：人的贪欲过大，就好比蛇想把一头大象吞掉。

　　一个人有欲望，本来是一件好事，因为欲望可以是理想、愿望、目标，成为人奋斗的动力、成功的源泉。但"世上莫如人欲险"，欲望也可能是负担、累赘、陷阱。当一个人的贪婪过度、欲壑难填，什么都想要、什么都想争的时候，欲望带给他的就不是满足和成就而是灾难了。

　　三国时期，钟会、邓艾以两路大军攻灭西蜀，而钟会心生反意，想要据险自守，像刘备一样称帝，进而兵临长安灭魏，再起兵灭吴，将天下掌握在自己一人手中。钟会担心邓艾与自己为敌。怎么办呢？钟会想到告伪状的方法，几次密报司马昭，说邓艾心存反意。司马昭毕竟是谋略场的老手，他虽然担心邓艾逆反，对钟会却也有疑惧之意。接到钟会的密报，他对钟会的真正用意就了如指掌了。于是，他写信告诉钟会说："邓艾有可能据兵自守，所以我派贾充领兵一万人斜谷，前去援助你。我自己领兵十万在长安，随时准备接应。"司马昭另派新兵之意当然不是为了邓艾，而是为了钟会。钟会也不是呆子，他看了司马昭的信就知道司马昭已经对自己起了疑心，便仓促行事，拥兵而反，最后被杀了。

　　钟会本想告假状陷害邓艾，使自己阴谋得逞，不想被司马昭察觉而自取灭亡。一个人的欲望好比是烈火，理智好比是凉水，凉水可以控制烈火，理智可控制欲望。当火势达到一定程度时，物就会枯焦，当一个人的欲望超过一定限度时，就会粉身碎骨，所以必须用理智来控制自己过多的欲望，使自己健康地行走在人生的大道上。

　　鲁国的宰相公仪休非常喜欢鱼，他的宰相府一进门有一个400平方米的鱼

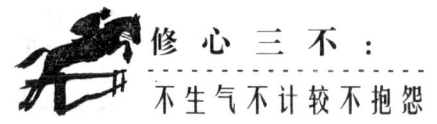
池,里面养了不少鱼。每当闲暇无事,公仪休就会站在池边静观鱼戏,看到高兴处,自顾拍手抚掌,脚下踏出节拍,嘴中低声哼唱,好不悠闲自在。虽然公仪休爱鱼成癖,但好多人给他送鱼,却都被公仪休婉言拒绝了。送鱼者拎着鱼来又拎着鱼走,以至于有人怀疑他是不是真的喜欢鱼。

有一次,一个下人忍不住问宰相:"大人素来爱鱼,可为何别人送鱼,大人却一概不收呢?"公仪休笑着说:"正因为喜欢鱼,所以更不能接受别人的馈赠,我现在身居宰相之位,有人送鱼,一旦我轻易地接受了,便很可能令别人不服,在背后骂我受贿。而拿了人家的东西又要受人牵制,万一因此触犯刑律,必将难逃丢官的厄运,甚至会有性命之忧。再者,我喜欢鱼现在还有钱去买,若果真因此失去官位,纵是爱鱼如命怕也不会有人送鱼了,也更不会有钱去买。那样,岂不更可悲。现在,虽然我拒绝了,却没有免官丢命之虞,又可以自由地买我喜欢的鱼。这样不是更好吗?"一席话让众人顿时心生敬意。

公仪休的可贵之处不是因为他没有欲望,而是因为他能控制自己的欲望,不肯轻易接受别人的馈赠。人有七情六欲,谁能没有欲望?关键在于如何把握。欲望一半是天使;另一半却是恶魔,做人的学问其实就是如何驾驭欲望这匹烈马。"一念之欲不能制,而祸流于滔天",如果人驾驭不了自己的欲望,就会一步步走向灾难。

不生气的智慧

不生气是不可能的,但是管理怒气是可以训练的!真正强大的人,都是能掌控自己情绪的人!弱者,只会是不良情绪的牺牲品。情绪既是天使又是魔鬼,它既有可能帮你获得伟大成功和人生幸福,也可能使你一事无成、庸庸碌碌。胜败的关键在于你能否控制它!控制情绪是一项技术,更是一项艺术,它可以通过学习而掌握。当你能够控制情绪,你就掌握了成功的先机。

第三章 消消气，
做人可以不生气

毕达哥拉斯说："气愤始于愚蠢，终于懊悔。"如果你不想去懊悔，就应该从现在起学习如何才能消消气。

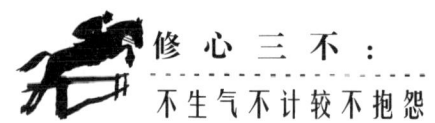
小怒数到十，大怒数到千

有一个头脑简单、爱生气的人，常常听到别人家的狗叫就跺脚骂上半天。他也知道自己脾气不好，可就是改不了，为此而烦恼不已。

后来有一天，他去城郊的寺庙，虔诚地请教一个高僧："我如何才能克制自己的怒气呢？"高僧笑呵呵地回答："很简单啊，我教给你十个字，'小怒数到十，大怒数到千'，这样就可以了。"高僧简单的回答让他将信将疑，就这样心有不甘地回家了。

当他赶回家里，发现自己的老婆正跟另外一个人并头睡在一起。妒火中烧的他转身操起一把菜刀，准备冲进去砍了这对"奸夫淫妇"。

这时候，他猛然想起高僧教给他的十个字，就强忍着怒火，开始在心里数数。刚数到八的时候，那个"奸夫"突然醒了过来，看着他拿着把菜刀站在自己面前，吓了一跳，说："儿啊，你拿着菜刀做什么！"

原来是这个人的母亲看儿子迟迟不归，特地过来陪儿媳妇聊天。两人等困了，就睡在一起了。

他惊出了一身冷汗，心想："幸亏高僧告诉了我制怒的智慧，不然我已经杀了老娘和媳妇了！"

你看，想做到不生气，其实不需要多么长时间的心灵修炼，简简单单的"小怒数到十，大怒数到千"就可以了。

与人相处时，当对方情绪过于激动时，一定要先保证自己不生气、不动怒。现实中，让人生气发怒的事情时有发生，这时候你一定要做一个头脑冷静的人，忍住一时的怒气，理智地处理各种不愉快，用平和对待无理。毕达哥拉斯说过："愤怒始于愚蠢,终于懊悔。"如果你不去忍耐,任意放纵自己的怒气,首先伤害的就是自己的身心。如果对方是有意气你、刺激你,你忍不了怒气,就很容易中计,被人牵着鼻子走。

发一通脾气、出一口恶气确实很容易,但是代价很大,那样就像你为了赶走一只聒噪的乌鸦而砍掉整棵枝繁叶茂的大树一样,结果得不偿失。你可能见到过或自己亲身经历过这样的情况:朋友之间,因为一句闲话争得面红耳赤,最后撕破脸皮、形同陌路;邻里之间,因为孩子打架导致两家大人拌嘴,最后老死不相往来;夫妻之间,因为家庭琐事互不相让,最后情断义绝、劳燕分飞。当我们以愤怒代替了理智时,结局注定是两败俱伤。

钱很重要,但别为钱坏了事

"有啥别有病,没啥别没钱。"要说钱真是个好东西,没有人敢说他这辈子离得开金钱。没有钱,你吃什么?没有钱,你穿什么?没有钱,你凭什么养育孩子、孝敬父母?金钱的作用虽然是不可低估的,但是这个世上比金钱重要的东西还有很多很多。

身体是革命的本钱,一个人要想在事业上获得成功,最基本的条件就是有一个健康的体魄,而许多人却常常忘记了这个最基本的原则。有一位30多岁的业务经理,拼命工作以实现自己的人生目标:100万元的存款,一栋花园别墅,一辆本田小车。然而,这"三个一"的目标尚未达到,却因劳累过度而猝死。如今,为了多赚钱同时打两三份工,通宵达旦、夜以继日工作的人不在少数,这无疑是"今天用命赚钱,明天拿钱保命"的做法。正如《圣经》上所说:"你若赚得全世界,却赔上自己的生命,又有何益呢?"

仔细想一想,包括健康和亲情在内的很多东西远比金钱重要得多,比如生命、友情、爱情、理想、事业、人格等。能用钱解决的问题都是小问题,很多东西是

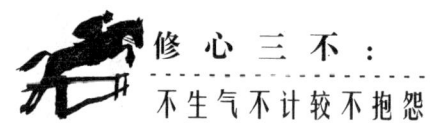

金钱换不来的：金钱可以买到鲜花，但它买不到青春；金钱可以买到书籍，但它买不到知识；金钱可以买到帮助，但它买不到忠诚；金钱可以买到珠宝，但它买不到友谊……身价过亿的"小超人"李泽楷曾结合自身经验和切身体会，劝勉青年人，在选择事业时不要太着眼于金钱回报，应当讲求个人兴趣和理想。他说："当然要讲求实际生活需要，但是只顾想着赚回来的金钱何时才可以买车买楼的话，你便会成为金钱的奴隶。"

"天下熙熙，皆为利来；天下攘攘，皆为利往。"古人所说的这个"利"字指的就是金钱。人生在世，追求财富本也无可厚非，但对待金钱一定要拿得起，放得下。这主要表现在两个方面：一是不要过度追求金钱；二是千万别抠门，做了守财奴、吝啬鬼、铁公鸡。这两种人的下场通常都是可悲的。

南北朝时的武陵王萧纪，是梁武帝的第八个儿子，小时候深得父王宠爱，可谓"要风得风，要雨得雨"。萧纪颇有文韬武略，南开宁州，西通资陵，内劝农桑，外通商贾，按说不应该把钱财太当回事，可他偏偏就极其吝啬，一文钱都要算计，因而成了中国历史上的一颗政治流星。

一次，萧纪率军攻打江陵，他熔金成饼，100个金饼一篮，装了100多篮，高高挂起，银子则是金子的五六倍之多，还有各种绫罗绸缎，不计其数，以此激励将士奋勇杀敌，但这位吝啬鬼只不过是让大家饱饱眼福而已，每战结束后从不论功行赏。军心因此大乱，叛逃者十之八九，在很短的时间内两岸14城俱失，金银财宝尽被掳去，萧纪自己也死于乱军之中。

比萧纪还一毛不拔的是明末的崇祯皇帝，他继承了祖父万历生性吝啬的毛病。小时候，他用仿影的方式练字，如果纸张较大而范本的字较小的话，他一定会先将纸的一边对齐范本，写完后再把剩下的地方都写满，以免浪费。为了节约起见，他常派人到宫外去从民间采买物品，然后仔细地询问价格。

崇祯没有搞清楚吝啬与节俭的区别，节俭是当用则用，当省则省，花费恰到好处；吝啬则是当用不用，不当省的也要省。崇祯这种守财奴式的"节俭"，对于他的中兴帝国之梦，也是致命的一击。1645年，李自成进逼北京，大明帝国的心脏北京城已岌岌可危，无计可施的崇祯召见了吴三桂的父亲吴襄和户部、兵部的官员们，讨论放弃宁远，调吴三桂军队紧急入卫北京。但吴襄却提出，如果让吴三桂进卫北京，大约需要100万两银子的军需。100万两银子在毕生俭朴的崇祯眼里，是一笔庞大得令他心痛的数字。他不能忍受一下子付出这么多的银子，只得放弃了这一原本还算不错的计划，而坐困城中。

要想坚守京师，筹饷是一个大问题。大明王朝国库里竟然仅有区区40万两，而崇祯的个人财产却丰厚无比。因此，大臣们多次上书恳请，希望崇祯能拿出内帑（皇室内府的库金）以充军饷。但这无疑是要崇祯的命，他向大臣们哭穷说"内帑业已用尽"。左都御史李邦华着急了，也顾不得是否当众顶撞圣上了，他说："社稷已危，皇上还吝惜那些身外之物吗？皮之不存，毛将焉附？"话已说得再明白不过了，崇祯却"顾左右而言他"，始终不肯拿出一分一厘来保卫他的江山。李自成攻占北京后，从他宫内搜出的白银多达3 700万两，此外，黄金和其他珠宝还不在其中。

为了节省100万两而丢掉了3 700万两，乃至整个无法估价的万里江山，这样的损失是再简单不过的一笔账，小学生都能算出来，为什么自幼聪明好学的崇祯皇帝却到死也没有算清楚呢？就是因为他把钱看得太重了，心态一旦失衡，做出的选择自然是十分荒唐的。

守财奴、吝啬鬼、铁公鸡，都是指那些只知敛财却不知怎样使用的人。这样的人在古今中外，上至王侯将相，下到寻常百姓，都大有人在。金钱的作用是什么？不就是用来过日子、干事业或者做善事的吗？钱这个东西，生不带来，死不带去，当花则花，只要不是铺张浪费就行了。否则，一沓沓的钞票与废纸、冥币又有何区别呢？

香港作家张立对金钱有一番妙论："口袋里无钱，存折里无钱，但心里装满钱的人最苦；口袋里有钱，存折里有钱，但心中无钱为大福也。"这话的意思是，有没有钱不是关键，重要的是你如何看待钱。将金钱看得很轻，你就会生活得自由自在；将金钱看得很重，你就会活得很累、很辛苦。

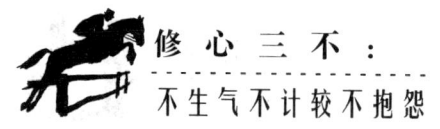

过分追逐金钱与一毛不拔，都容易让金钱主导灵魂，让人分不清是非、善恶、美丑，会颠覆正确的价值观。这些心里只想着钱的人不仅不会有高远的追求，也注定是一个只计较蝇头小利的可怜虫。古人云"淡泊以明志"，意思就是要恬淡寡欲、看淡金钱，这样才能有助于修身养性、陶冶情操，才能做到做人不生气。

看透得失才能不生气

在印度的热带丛林里，人们用一种奇特的狩猎方法捕捉猴子：在一个固定的小木盒里面，装上猴子爱吃的坚果，盒子上开一个小口，刚好够猴子的前爪伸进去，猴子一旦抓住坚果，爪子就抽不出来了。人们常常能用这种方法捉到猴子，因为猴子有一种习性：不肯放下已经到手的东西。

人们总会嘲笑猴子的愚蠢：为什么不松开爪子放下坚果逃命呢？但我们有时候也和猴子一样，为了得到一些而失去了更多：为了得到职务而奴颜媚骨，失去了尊严；为了得到金钱而劳神伤身，失去了健康；为了成就事业而无暇顾家，失去了亲情……有一得必有一失，有一失必有一得，得与失是人生之中不能回避的轮回定律。

留下了不朽作品的丹麦著名童话作家安徒生，一生都没有结婚，他把自己全部的生命都献给了自己所热爱的童话创作。当安徒生到了暮年，回忆自己人生得失的时候，他说："我为童话付出了一笔巨大的、无法估量的代价，甚至放弃了自己的幸福。"

是的，安徒生为了得到事业上的辉煌成就，失去了本可拥有的爱情，失去了家庭的温馨，失去了享受天伦之乐的机会。不可否认，他的人生有太多的缺憾，但他却获得了创作的快乐。

得与失，是一种心态。得到了，不可小富即安，也不可贪得无厌；失去了，不必痛心惋惜，更不可一蹶不振。得到的不一定是好事，失去的也不一定是坏事，"塞翁失马"这个故事告诉我们:得与失的转化往往是出乎意料的。

战国时有一位名叫塞翁的老人,他养了许多马。有一天,塞翁丢了一匹老马,邻居们纷纷对此表示惋惜,可是塞翁却不以为意:"丢了马,看起来是件坏事,但谁知道它不会是件好事情呢?"

果然,没过几个月,那匹老马又从塞外跑了回来,还带回了一匹胡人骑的骏马。这次,邻居们又一齐来向塞翁贺喜,并夸他在丢马时有远见。然而,塞翁却忧心忡忡地说:"唉,谁知道这件事会不会给我带来灾祸呢?"

塞翁家平添了一匹胡人骑的骏马,他的儿子喜不自禁,天天骑着骏马去兜风,没想到有一天摔伤了一条腿,成了终生残疾。善良的邻居们闻讯后,赶紧前来慰问,而塞翁却还是那句话:"谁知道它是不是一件好事情呢?"

过了一年,胡人大举入侵中原,边塞形势骤然吃紧,身强力壮的青年都被征去当兵了,结果十有八九都在战场上送了命。而塞翁的儿子因为是个跛腿,免服兵役,他们父子因此躲过了这场生离死别的灾难。

这个故事世代相传,渐渐地变成了一句成语:"塞翁失马,焉知非福。"它说明人世间的"得到"与"失去"都不是绝对的,有时候得到了一些会失去更多,失去了一些也可能得到更多。

在对待得与失的时候,人们有这样几种态度。一种是得到了高兴,失去了生气,这是最常见的一种态度。一种是失去了生气,得到了也不安心。这种人活得最累,因为他们没得到时担心得不到,得到了又嫌所得不多,更怕得到的会失去。如此食不甘味,夜不能寐,人生还有什么快乐可言呢?

有一位商业上的成功人士常常感叹:5年前,我穷得要命。吃的是粗茶淡饭,但胃口却很好;穿的是很不结实的劣质衣服,但衣服里面的身子却很结实;喝的是淡而无味的白开水,但却喝得有滋有味;住的是简陋的房屋,但住得很安心;睡的是冷冰冰硬邦邦的木板床,但睡得香甜……那时虽然穷得要命,但我也快乐得要命。当时我就想,如果再有很多钱的话,那我就是十全十美的人了。于是我就拼命地挣钱,终于挣到了很多很多的钱。结果呢?我现在

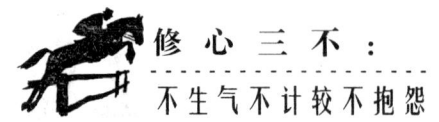

是富了,吃的是最好的饭菜,但却没有一点食欲;穿的是光鲜的名牌衣服,但衣服里面的身子却很虚弱;喝的是高档饮料,但却寡然无味;住的是豪华别墅,心里却很不放心;睡的是软绵绵的席梦思床,但却夜不能寐。得到了财富却失去了快乐,真是得不偿失啊!

还有一种态度是"得之坦然,失之淡然",就是以不生气的态度对待得失,得之不喜,失之不悲。对于别人之得,不攀比、不眼红、不妒忌,借别人之得,找差距,明方向,添动力;对于别人之失,不旁观、不讥讽、不消极,借别人之失,取教训,振精神,创未来。这才是对待得失的正确态度。

唐朝有一个督运官,功不显,名不著,他在一次监督运粮船队时,遭遇不测,翻了船,粮食损失颇多。巡抚在考核他时说:"监运粮食受损,成绩中下。"督运官听后一句话也没说,从容地笑着退了出来。巡抚颇欣赏他的气度和修养,把他叫回来重新评估道:"损失粮食非人力所能及,成绩中中。"督运官仍然没有半句惭愧或辩解开脱之类的话。巡抚深为他的坦荡胸怀所感动,最后评价他说:"宠辱不惊,遇事从容,成绩中上。"这就是在得失面前"宠辱不惊"的不生气姿态。

一个婴儿刚出生就夭折了。一个老人寿终正寝了。一个中年人暴亡了。他们的灵魂在去天国的途中相遇,彼此诉说起了自己的不幸。

婴儿对老人说:"上帝太不公平,你活了这么久,而我却等于没活过。我失去了整整一辈子。"老人回答:"你几乎不算得到了生命,所以也就谈不上失去。谁受生命的赐予最多,死时失去的也最多。长寿非福也。"中年人叫了起来:"有谁比我惨!你们一个无所谓活不活,一个已经活够了,我却死在正当年,把生命曾经赐予的和将要赐予的都失去了。"

他们正谈论着,不觉已到了天国门前,这时,一个声音在头顶响起:"众生啊,那已经逝去的和未曾到来的都不属于你们。你们有什么可失去的呢?"三个灵魂齐声喊道:"主啊,难道我们中间没有一个最不幸的人吗?"上帝答道:"最不幸的人不止一个,你们全是,因为你们全都自以为所失最多。谁受这个念头折磨,谁就真正是最不幸的人。"

的确,得到了多少,又失去了多少,不在于世俗的标准,而在于自身的评判。如果患得患失,即使得到再多,也会失去生命中最重要的元素——快乐。

独木桥边退一步

有一条大河,河水波浪翻滚。河上有一座独木桥,桥很窄,仅用一根圆木搭成。有一天,两只山羊分别从河两岸走上桥,到了桥中间相遇了。但因桥面太窄,谁也无法通过,这两只山羊谁也不肯退让,在桥上用角顶撞起来,而且互不示弱,抵死相拼,最终双双跌落桥下被河水吞没了。

《菜根谭》中说:"途经路窄处,要留一步让别人先行,这才是涉世的安乐法。"上面这则寓言也正蕴含了"经路窄处,留一步让别人先行"的道理。在狭窄的路口处,不妨让别人先行,自己退让一步。表面看,好像自己吃亏,但实际上,如果彼此都不相让,势必两败俱伤,倒不如互相宽容,对大家都好。

凡事都应该学会让一步,给别人留有余地,不要将其逼至绝处,否则也许会威胁到自己的生命财产安全。"狗急跳墙"、"兔子急了也咬人"之类的俗语,大家肯定都是知道的,那何不对人对事都退让一步呢?

以养鱼作为比喻,做人退一步有三种境界:初级境界是玻璃缸里赏鱼,只让它在一定的范围存在和活动;中等境界是池塘养鱼,水肥鱼跃;最高境界是让鱼归江海,任其自由自在地游弋。

为什么有的人做不到退一步呢?那是因为他没有做到不生气,要么自私狭隘,要么斤斤计较,要么得理不饶人。如果人人都能做事退一步,生活中的许多纠葛、怨恨、偏见和不快,都会烟消云散,恶语中伤也将消失得无影无踪;反之,如果以情绪代替理智,让愤怒主导行为,以牙还牙,睚眦必报,结果只能是两败俱伤。现实中,因为一句话、一元钱的小矛盾而导致一场官司、一条人命的事不是经常发生吗?

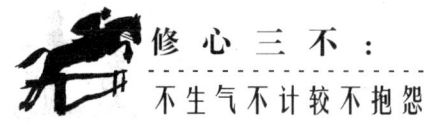
　　明代学者薛瑄说："让步是一种喜悦，被别人宽容是一种幸福。唯宽可以容人，唯厚可以载物。"退一步其实就是凡事不生气，不苛求，不极端，不任性，它有助于人际关系的融洽，有助于保持身体的健康，更能增加自身的道德修养。所以，当对人对事可以退让时，我们就应该尽量多一些宽容，学会独木桥边退一步。

遇事冲动是"发狂的野马"

　　在非洲草原上，吸血蝙蝠在攻击野马时，常附在马腿上，用锋利的牙齿极其迅速地刺破野马的腿，然后用尖尖的嘴吸血。无论野马怎么蹦跳、狂奔，都无法驱逐这种蝙蝠，蝙蝠可以从容地吸附在野马身上，直到吸饱吸足，才满意地飞去。而野马常常在暴怒、狂奔、流血中无可奈何地死去。

　　事实上，害死野马的不是吸血蝙蝠，而是它们自己。动物学家们经过研究发现，吸血蝙蝠所吸的血量是微不足道的，根本不会让野马死去，导致野马死亡的真正原因是它暴怒的性格。

　　俗话说："一碗饭填不饱肚子，一口气能把人撑死。"如果我们遇事也如同发狂的野马那样，不能控制心态，不能理智、冷静地去面对一切，就很有可能自取灭亡。

　　刘备、关羽、张飞三人同生共死，齐心协力，从寄人篱下到打下了一大片江山，事业蒸蒸日上。可是，这一份伟业从关羽败走麦城开始，就由盛转衰——先是关羽大意失了荆州，被吴国生擒斩首；然后，张飞被部下暗杀；最后，刘备70万大军被东吴的一把火几乎烧尽。这一连串的"倒霉事"，都是因为三兄弟的冲动。关羽的狂妄自大，为他的失败埋下了伏笔；张飞为关羽报仇心切，情绪失控，以鞭打部下来发泄，导致被害；最后稳重的刘备也失去了理智，不顾孔明等人的苦苦规劝，执意伐吴，结果导致惨败。

　　冲动是会受到惩罚的，西方有句民谚说："上帝欲使其灭亡，必先使其疯狂。"

情绪一旦失控，心态一旦浮躁，那就好比推倒了命运的多米诺骨牌，会坏事连着坏事，霉运接着霉运。

悲欢离合本是常理，我们生活在充满矛盾的世界上，谁没有遇到过让人生气、令人气愤的事呢？然而，无论从生理健康还是心理健康上讲，遇到不顺心的事动辄勃然大怒是有百弊无一利的。因为怒气犹如人体中的一枚定时炸弹，不仅会毁灭他人，还会给自己带来灭顶之灾。

林则徐自幼聪颖，但是他喜怒无常的性格让他的父亲林宾日忧心忡忡，为此，林宾日经常教育林则徐遇事不要冲动。有一天，林宾日给林则徐讲了一个"急性判官"的故事：某官以孝著称，对不孝之子绝不轻饶，必加重处罚。一日，两个贼人入户盗得一头耕牛，又把这家的儿子五花大绑押至县衙，向县官诉其打骂父母不孝之罪。该官一听儿子竟然打骂父母，犯下不孝之罪，于是不问青红皂白喝令衙役杖责其50大棍。直到这家老母跌跌撞撞赶来说明真相，糊涂的县官这才想起找两个贼人算账，可两个贼人早已逃得无影无踪了。

这个故事给林则徐留下了终生难以磨灭的印象。后来林则徐做了高官，他的府衙里长年挂着一块牌匾，上书"制怒"两个大字，以此提醒自己，警示自己。在任两广总督时，一次林则徐盛怒之下把一只茶杯摔得粉碎。当他抬起头，看到"制怒"两字时，意识到自己的老毛病又犯了，立即谢绝了仆人的代劳，亲自动手打扫摔碎的茶杯，以示悔过。

"怒"是人的七情之一，但却是一种负面的情绪。"怒伤肝"、"多怒则百脉不定"，这些浅显的医学道理人人皆知。所以遇事要克制自己，尽量不要发怒，怒气一旦出现，又要善于制怒。除了林则徐"悬联"的方法外，古人还留下了很多制止冲动的方法，都值得我们参考。

佩物。《韩非子》中记载，春秋时，魏国邺令西门豹为了克服性情急躁的毛病，便"佩韦以缓气"。"韦"是熟牛皮，西门豹取其质地柔软的特性以自戒。据说每当他要发脾气时，看到身上的佩物，气就能消一半。

写字。韩愈在《送高闲人序》中介绍，唐代的张说，写字不是为了练习书法，而

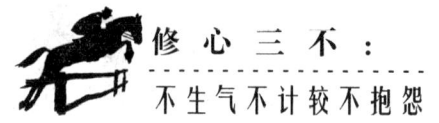

是以此排遣心中的怒气。

下棋。明代郑瑄在《昨非庵日纂》中写道，李纳性情急躁，易发脾气，但每逢下棋，他的性情就趋于安详、宽缓。所以凡是遇到使他心情躁怒的事，家人便悄悄将棋盘摆在他面前。李纳见了棋盘，怒气马上就消失了。

面壁。晋朝有个人叫王述，脾气很大。据说，他吃鸡蛋，筷子夹不住，竟抓起鸡蛋扔在地上，又拾起放在嘴里咬碎，再狠狠地吐出。如此乖戾的脾气，但必要时也能出奇地克制住而不怒。有一次，他因事和谢奕闹翻，谢奕气势汹汹骂上门来，说了许多非常难听的话。而王述却一声不吭，只是默默地面对墙壁而立。谢奕离去很久，王述才转过身来又继续做自己的事情。

跑步。古时候，一个叫爱地巴的人，他一生气就绕着自己的房子和土地跑3圈。后来他的房子越来越大，土地也越来越多，而一生气，他仍然绕着房子和土地跑3圈。有人不理解他这种习惯，爱地巴解释说："年轻时，一和人吵架、生气，我就绕着自己的房子和土地跑3圈，边跑边想，自己的房子这么小，土地这么少，哪有时间和精力去跟人生气呢？不如多做点事情改变家境；现在老了，我边跑就边想，我房子这么大，土地这么多，上天对我不错了，又何必与人计较呢？一想到这里，我的气就消了。"

开个玩笑，消除尴尬和不愉快

1727年，英法两国发生战争，一时间英国人对法国人非常仇视。当时，伏尔泰恰巧正在英国旅行。英国人不分青红皂白，就把伏尔泰给抓了起来，将所有的怒气都发泄到了他身上，冲着他大喊大叫："给这可恶的法国佬一点教训……""把他吊死得了……""快点把他吊死……"

这时，伏尔泰却不慌不忙，微微一笑说："诸位，可否让我这个将死之人说几句心里话呢？"全场顿时安静了下来。

伏尔泰给大家深深鞠了个躬，清了清嗓子，微笑着说："各位英国朋友，你们之所以要惩罚我，是因为我是法国人。不过，以各位的聪明才智，难道没有发现，我生为法国人却不能生为高贵的英国人，这不就是一个天大的惩罚吗？"

这句话说完，在场的英国人全都哈哈大笑起来，伏尔泰被当场释放，得以死里逃生。

对于有苦有乐的人生来说，幽默犹如黑暗中的光亮、饭桌上的开胃菜、齿轮上的润滑油，不少事都会因为你的幽默和自嘲而出现转机，就像伏尔泰一样，一句玩笑竟保住了一条性命。

幽默是什么？简单地说就是有趣、可笑和意味深长，它是人生宴席上不可缺少的一道开胃菜。幽默可以让生活充满欢乐，可以让人不生气，可以化解许多矛盾，可以给人很多机遇。

当年华盛顿会议时，丘吉尔早上正在淋浴，而恰巧罗斯福造访，碰到全身赤裸的丘吉尔，对于两位元首来说本应是很尴尬的事情。然而，丘吉尔急中生智地说："总统先生，大英帝国对你可是毫无保留的啊！"一句话不仅使尴尬烟消云散，还顺便赢得了罗斯福的信任。

其实罗斯福自己也有过类似的经历。1912年，罗斯福在新泽西州的一个小镇集会上发表了一篇演讲。当他在这篇演讲中说到女子也应踊跃参加选举时，听众中忽然有人大声喊道："先生，这句话和你5年前的意见不是大相径庭了吗？"

罗斯福没有回避或者掩饰，而是聪明地回答道："可不是吗？5年前，我确实有另一种主张，现在我已深悟我那时的主张是不对的。"

他的这种坦白、忠实、诚恳、亲切的回答，给了那位问话者满意的答复。

名人如此，凡人也如此。有一天，老公回家看到老婆在煮菜，因为前一天两个人吵了架，老婆拉长着脸。老公就问："老婆，你在煮什么？"结果老婆很生气的回答："煮毒药！"老公幽默地说："够不够两人吃啊？"结果老婆"扑哧"一笑，两人冰释前嫌。

现实生活中，也常常可以看到，双方争论激烈、剑拔弩张、僵持不下，往往由

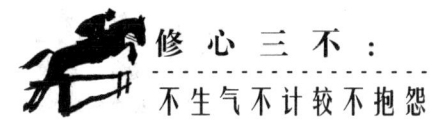
于其他人的一两句幽默话语，即可使争执的双方和颜悦色，握手言欢，化干戈为玉帛。或者在一个死气沉沉、单调乏味的场合，也往往因为某个人的幽默谈笑，打破了沉闷，活跃了人们疲惫麻木的神经，从而营造出一种生动活泼、健康风趣的氛围。

抗战胜利后，张大千从上海返回四川老家。临行前，好友设宴为他饯行，并特邀梅兰芳等人作陪。宴会开始，大家请张大千坐首座。张大千却说："梅先生是君子，应坐首座，我是小人，应陪末座。"梅兰芳和众人都不解其意。张大千解释说："不是有句话'君子动口，小人动手'吗？梅先生唱戏是动口，我作画是动手，我理应请梅先生首座。"满堂来宾为之一笑，并请他俩并排坐首座。张大千自嘲似的幽默，既表现了他的豁达胸怀，又制造了宽松和谐的交谈氛围。

1930年2月9日，蔡元培70岁生日，上海各界人士在国际饭店为他设宴祝寿，他在答谢时洒脱风趣地说："诸位来为我祝寿，总不外要我多做几年事。我活到了70岁，就觉得过去69年都做错了。要我再活几年，无非要我再做几年错事喽。"宾客一听，哄堂大笑，整个宴会充满了欢快的气氛。

幽默是人际关系的润滑剂，可以很快拉近与他人的心理距离。20世纪50年代初，有一次周总理在中南海勤政殿设宴招待外宾。客人们对中国菜的花样之繁多、风味之独特、味道之鲜美都赞不绝口。这时，上来一道汤菜，汤里的冬笋、蘑菇、红菜、荸荠等都雕刻成各种图案，色、香、味俱佳。然而，冬笋片是按照民族图案刻的，在汤里一翻身恰巧变成了法西斯的标志。贵客见此，不禁大惊失色，忙向周总理询问缘由。对于这个问题，周总理也感到十分突然，但他随即泰然自若地解释道："这不是法西斯的标志！这是我们中国传统中的一种图案，念'万'，象征'福寿绵长'，是对客人的良好祝愿！"接着，他又幽默地说："就算是法西斯标志也没有关系嘛，我们大家一起来消灭法西斯，把它吃掉！"话音未落，宾主哈哈大笑，气氛更加热烈，这道汤也被客人们喝得精光。

幽默还有一个巨大的作用，就是可以让人身心健康，延年益寿。位于亚平宁半岛的意大利，约有5 700万人口，其中约有1 900万人在75岁以上，平均每3

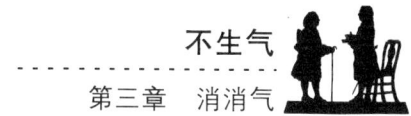
万人中就有1个百岁老寿星。他们的一个共同特点就是:心胸坦荡、乐观开朗、幽默善谈。

幽默不是油腔滑调,也非嘲笑讽刺,而是用影射手法,机智而又敏捷地指出别人的缺点或优点,在微笑中加以否定或肯定。有洞察力而又思维敏捷的人,能够以恰当的比喻、诙谐的语言,打破尴尬,使人轻松。

　　人的生命只有一次,不管是快乐还是痛苦,不管是得意还是失意,都要度过。与其将太多的无奈与苦恼压在身上,还不如用快乐来点缀生活、用微笑来装饰生活,这样的人生岂不更有趣?

第四章　心放宽，

没什么事情过不去

"万里长城今犹在，不见当年秦始皇"，拥有一颗宽敞的心，所有的一切不快都会烟消云散。

别绝望,坏事总有好的一面

英国作家威廉在成名之前,窘迫得连一双袜子都买不起,甚至因为没有钱买食物,只好上山采摘野果充饥,他的妻子不堪忍受贫穷而离开了他。

祸不单行,倒霉的威廉还收到一封出版社的来信,他还以为是出版社要出版他的小说了呢。结果拆开一看,既不是出版通知,也不是退稿信,而是一封道歉信。信上说,出版社不小心把他的小说原稿弄丢了,特此致歉。威廉几乎要疯了,因为他根本没有留底稿,为了尽快出版,他一写完就把原稿寄出去了。那一刻,他瘫软在地,觉得整个世界都完了。命运对他太残酷了。

后来朋友劝他放弃写作,并为他找了一份工作。威廉拒绝了,他说:"这么多坏事都落到我的头上,意味着老天还没有抛弃我,他是在跟我开玩笑呢。"威廉向朋友借了一笔钱,又开始了艰苦的创作。终于有一天,曾经向他道歉的那个出版社来信告诉他,他们找到了他的小说,并愿意以5万美元的价格买下它的版权,还承诺,以后威廉的任何一部作品他们都愿意出版,威廉因此红遍了英伦三岛。

人的一生中,坏事往往都是接踵而至的,但只要你不生气、不绝望,就能够等到否极泰来的一天。明白了这个道理,你就会做到宠辱不惊。以积极乐观的态度去工作、去生活,人生就没有过不去的坎。

德国的尤利乌斯先生是一个很不错的画家,不过却很少有人来买他的画,这使他有点失望。有一天他的朋友劝他说:"玩玩足球彩票吧。只花2马克就可以赢很多钱!"没想到尤利乌斯花了2马克买来的一张彩票真的赢钱了,足足赚了50万马克。

有钱之后,尤利乌斯买了一栋别墅并作了一番装修。他很有品位,买了阿富

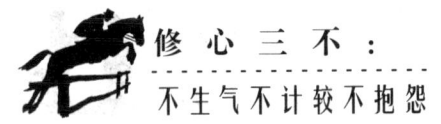
汗地毯、维也纳柜橱、佛罗伦萨小桌、迈森瓷器，以及古老的威尼斯吊灯来装饰这栋别墅。装修完毕之后，他很满足地坐下来，点燃一支香烟静静地享受着新居的美妙。忽然，他想到应该去看看朋友了，就把烟往地上一扔，马上出门了。燃烧着的香烟躺在地上，点燃了华丽的阿富汗地毯……一个小时以后，别墅变成了火的海洋，直到完全消失在灰烬中。

朋友们很快知道了这个消息，纷纷跑来安慰尤利乌斯。"尤利乌斯，真是不幸啊！你现在什么都没有了。"尤利乌斯笑着回答说："什么呀？我不还活着吗，损失的不过是2马克而已。能够这么倒霉，也是很难得的事啊。"

乐观，意味着坏事对你没有丝毫消极的影响，意味着好事正在向你靠近。既然我们都还好好地活着，还有什么好生气的呢？

宽恕敌人是一种高姿态

子贡曾问孔子："老师，有没有哪一个字，可以作为终身奉行的原则呢？"孔子说："那大概就是'恕'吧。"孔子说的"恕"，用今天的话来讲，就是宽恕。宽恕在《现代汉语词典》上是这样解释的：宽大有气量，不计较，不追究。纵观古今，因宽恕对手而传为佳话的事例不胜枚举。

西汉末年，刘秀在河北与自立为帝的王郎展开大战，王郎节节败退，逃进邯郸城里。经过20多天的围攻，刘秀大军攻破邯郸，杀死王郎，取得胜利。在清点缴来的书信文件时，发现了一大堆刘秀的部下私通王郎的信件。这些信件有好几千封，内容大都是吹捧王郎，攻击刘秀的，写信的都是刘秀一方的人，有官吏，也有平民。对此，有人很气愤，说这些人叛国投敌，应该统统抓起来处死。曾经给王郎写信的人，则提心吊胆，十分害怕。刘秀知道后，立即召集文武百官，把那些信件取过来，连看也不看，就命人当众把它们扔到火盆中烧掉了。刘秀对大家说："有人过去私通王郎，做了错事，但事情已经过去了，可以既往不咎。希望那些过去做了错事的人从此安下心来,努力工作。"刘秀的这番话,让那些私通王郎的人松了一口气,他们非常感激刘秀,甘愿为他效劳。刘秀私下对人说:"如果追查,将会使许多人恐慌,甚至成为我们的死敌。而不计前嫌,则可化敌为友,壮大自己的力量。"刘秀的不计较使自己众望所归,终成帝业。

出生于平民家庭的加拿大总理克雷蒂安其貌不扬,一耳失聪,连英语也说不好,可就是这样一个人却能平步青云,三度登上总理宝座,成为加拿大政坛的"常青树",他的成功之道在于不树敌、肯助人,有着"宰相肚里可撑船"的度量。1993年,保守党在大选中惨败,失去总理宝座的保守党主席坎贝尔难辞其咎,被迫辞去党主席职位。赢得胜利的克雷蒂安总理给这位失去栖身之所的昔日对手,安排了一间办公室和一个秘书,让他从事文件整理工作。一年后,克雷蒂安又给失业的坎贝尔准备了两个供他选择的职位——驻俄国大使或驻洛杉矶总领事,坎贝尔选择了后者——一份年薪12万加元、部长级待遇的工作。

克雷蒂安就是这样以其过人的容人之量把夙敌化为朋友,他对政敌的宽恕,为自己创造了一个融洽的人际环境,铺就了一条通向成功的道路。

宽容对手不是迁就,也不是软弱,而是一种修身之法,是一种充满智慧的处世之道。"以恕己之心恕人则全交,以责人之心责己则寡过",就是告诉我们,对己可以严厉一些,但对人一定要宽恕一些,因为宽恕他人其实就是抬高自己。

给自己的心留一把锁

有一个经验丰富的老锁匠,没有他打不开的锁,他想将最后保留的绝活传给两个徒弟中的一个,所以决定先考验一下两个徒弟。他搬来两个保险柜,一人一个,两个徒弟都很快打开了。老锁匠问两个徒弟看到了什么。大徒弟两眼放光,兴奋地喊道:"里面有好多钞票!"而小徒弟却说:"我只按照您的要求开了锁,并没注意看里面有什么。"老锁匠当即决定把绝活传授给小徒弟,因为他厚道,他心中

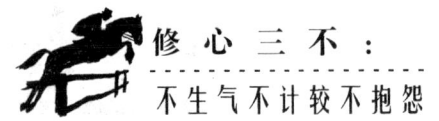

有一把锁，能够锁住恶念和贪欲。

厚道，就是留在我们心中的一把无形的锁。简单点说，厚道就是做老实人，说老实话，办老实事。复杂点说，厚道的内涵远比老实要宽泛得多，它包括诚实、守信、有道德、有爱心、修养好、替人着想、待人友善等。做人要厚道，是为人处世的"通行证"，是放诸四海而皆准的真理。

社会生活中缺乏厚道，就会缺乏信任、缺乏融洽，人与人之间谈不上坦诚与友爱，就不能和睦相处。生活中，为什么有尔虞我诈的伎俩、有明枪暗箭的争斗、有卖友求荣的小人，有农夫与蛇的悲剧，就是因为有的人做人不厚道。

《易经》中坤卦的主旨是"地势坤，君子以厚德载物"，意思是一个道德高尚的人，做人应该如以宽厚的身体托载万物的大地一样，具有博大与宽厚的胸怀，只求奉献，不为索取，从不与人争功、争名、争利。只有具有这样厚道的品德，才能广纳万物。如此立身处世、以德服众的人，才是真正的智者。

重庆力帆集团的董事长、全国工商联副主席尹明善的经营诀窍就是"做人厚道"。他说："其实一个老板，不必有太大的能耐，最要紧的是厚道。厚道的老板会把员工看作自己的兄弟姐妹一样来爱护，替员工着想。这会使老板与员工同呼吸共命运，激发员工的工作热情，同时还能够使员工也逐渐具有厚道的人品，从而更加有利于企业的发展。员工病无所治，老无所养，厚道的老板心何以安？"

也许我们不是尹明善那样的大老板，但在与人打交道、处理各种关系的时候，都应该从"厚道"出发，给自己的心里加一把锁，做到宽以待人，尽可能地多为他人着想，即使别人犯了错误，也不要恶言讥讽，更不可落井下石。

"地基愈厚，愈能载高；础石愈厚，愈能负重；湖床愈厚，愈能纳深；人性愈厚，愈能受众。"对于厚道的人，鲁迅先生真切地愿"引以为朋友"，陶行知先生赞美说"唯有傻瓜，能救中国"。的确，做人不需要太聪明，需要的是厚道。

汉朝时，在湆阳有一家李姓的大户人家，家中有个仆人，名叫李善。他忠实老成、勤勉厚道，多年来一直忠心耿耿地侍奉主人。后来，李府全家上下都不幸染上了瘟疫，短短的期间，一家老小都接二连三地过世了，只留下了万贯家财和一个

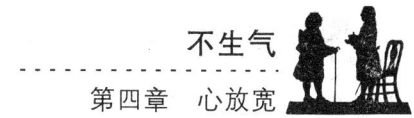

出生不久的婴儿——李续。

李家堆积如山的金银财宝，一时间成为了婢女和仆人们争夺的目标，他们忘恩负义，心里都盘算着如何杀害李家这个唯一的独苗，然后霸占财产。为了保住主人的血脉，万不得已之下，李善只好带着幼小的李续逃离了李家。

他们逃到了深山中，开始了无比艰难的生活。意志坚强的李善有着坚定的意志，他不怕吃苦，不但耕种采集、煮饭洗衣，还像慈母一样，无微不至地照顾小主人。虽然李续年幼无知，但不管大事小事，李善都会恭敬地向他禀报，因为他把李家唯一的血脉，看作主人的化身一样去尊敬他。此外，他还悉心地教导李续，希望他能成为德才兼备的人，将来重振李家门风。

光阴似箭，转眼间，李续已经10岁了。李善决心为李家光复家业，于是来到官府击鼓申冤，希望能讨回公道。县令钟离意了解了李善忠义的事迹之后，被深深地感动了，他为李家平反了冤情、收回了财产，谋害李续的佣人也受到了惩治，李善终于带着小主人回到了久别的故乡。

县令在感佩之余，还把李善感动天地的事迹呈禀给了皇上，他相信李善忠义的节操，不仅能够移风易俗，而且能够教化后人。光武皇帝得知其事迹后，也非常感动，请李善担任了太子的老师。

因为教导太子有方，李善被任命为河间太守。在上任途中，途经清阳时，李善想起多年来，主人李元夫妇一直都把自己当成是李家的一员，平日的关怀和照顾常常令李善感动不已。看到如今物是人非，李善百感交集。

在离李元的坟墓一里地之外，李善就命人停下了轿子。他脱下官服，换上粗布衣裳，一步步地走到主人的墓前。抚摸着残破不堪的墓碑，他禁不住心中的悲恸，跪地放声大哭，哭声哀凄，闻者莫不为之动容。看见墓园里荒芜的小径，杂草丛生，李善就拿起一把旧锄头，认真地清理。打扫干净之后，又筑起了炉灶，准备了丰富的祭品来供奉主人。他跪在主人的墓前，非常伤感地说："老爷、夫人，我是李善，我今天回来探望、祭拜你们，愿你们在天之灵能够得到慰藉。"一连几天，李善都不忍离开墓园，人们会不时见到李善抚着墓碑落泪。今天他已经不再是卑微

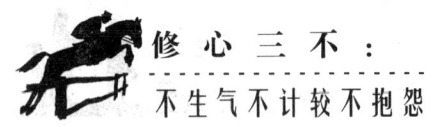
的佣人，而是令人敬畏的朝廷命官，但是他依然不忘本，依然感念李元夫妇当年关心照顾他的恩德情义，就好像自己仍是昔日的李善一样，随侍在主人的身旁。

李善的美德之所以能流芳千古在于：卑微之时，忍辱负重，尽忠职守；显达之后，仍然不忘主人的恩情。千百年来，他的忠义精神始终鼓励着我们见贤思齐，不论身处任何环境、任何地位，都要做一个尽职尽责的人。这个感人至深的故事，不仅结合了恩义、情义与道义，更为后人留下了一个"做人要厚道"的不朽典范。

做人能否厚道，就在于是否有一颗平常心。做人光明磊落，做事坦坦荡荡，对人对事都不计较、不生气，不会为得到而不择手段，也不会为名利而厚颜无耻。

"忠厚传家久，诗书继世长"，这是中国人最喜爱的对联之一，也是中国人的处世智慧之一。厚道不是懦弱，不是迂腐，厚道的人更容易得到信任，厚道的人办事更容易得到支持，前途也会更加广阔。

在与人打交道、处理各种关系的时候，都应该从"厚道"出发，给自己的心里加一把锁，做到宽以待人，尽可能地多为他人着想。

活着就是最大的幸运

有人向一位算命很准的老道询问来年的运事如何。老道说："你明年会交大好运。"那人特别高兴地回去了，回家就开始等着自己大好运的到来。等啊，等啊，从1月等到12月，也没有等来好运。等到除夕那天他高兴极了，心想今天可是1年的最后一天了，肯定能交好运，可是这一天仍然什么好事也没有发生。

这个人沉不住气了，初一的一大早就去找那位道士理论。道士一看见他就笑着问："你怎么答谢我？"那人生气地说："你不是说我去年能交大好运吗？怎么什么好运也没有啊？害我苦等了1年！"老道慢条斯理地说："你这不是已经交了大好运了吗？""大好运在哪儿？我不还是这么穷，这1年我连1文钱都没捡到。"老道淡淡一笑说："你想想这1年里有多少人死于非命，有多少人妻离子散，又有多少人家破人亡,还有多少人遭受着生离死别的痛苦?而你不还是好好的活着,子女孝顺、夫妻恩爱吗?难道这不是最大的好运吗?"

老道的一番话虽然有自圆其说的嫌疑,但是"活着就是幸运"的道理却是千真万确的。人的生命就好像"1",其他的诸如职位、财富这些东西就是"1"后面的"0",只有活着这个"1"存在了,后面那一连串的"0"才有意义。有一句话说的就是这个道理:男人一定要吃好喝好、玩好睡好,一旦累死了,别的男人就花咱的钱,住咱的房,睡咱的老婆,还打咱的娃。其实,不管男人女人,能够平安地活在这个世界上,都应该珍惜和感到幸福。

中国人常用"五福临门"来祝贺他人,这五福的内容是:第一福"长寿",命不夭折且福寿绵长;第二福"富贵",钱财富足且地位尊贵;第三福"康宁",身体健康且心灵安宁;第四福"好德",生性仁善且宽厚宁静;第五福"善终",命终时,没有遭到横祸,身体没有病痛,心里没有牵挂和烦恼,安详地离开人间。

为什么"长寿"被视为五福之首,是人生最大的福气呢?因为只有活着,你才能欣赏这世界万象,观赏这世间百态,死了就再也办不到了。武侠小说中,报复仇家的一种手段就是比仇家活得长,当仇家已经死了,而自己还逍遥地活在这世界上,的确是件大快人心的事。

人生最大的财富是健康长寿,道理人人都懂,但要真正做到,却不是件容易的事。古今中外的芸芸众生,或为名所惑,或为利所动,或为官而奔波,或为爱情而苦恼,却不知人生最大的财富就是自己的生命。

有个年轻人觉得自己的人生太悲惨、太沉重了,他忍受不住了,就跑到一座山顶上,准备跳下去。一位守山老人听了年轻人的哭诉,对他说:"你说你的人生太悲惨,不妨仔细说来,看看咱俩到底谁更悲惨。"

年轻人说:"我从小没有母亲,父亲从不管我,我没有考上大学,到现在还没找到工作。因为没有钱,女朋友也和我分手了,现在我无依无靠,租的房子也到期了……我这样还不够悲惨吗?"

"年轻人,你的人生多么幸福啊!"老人听了哈哈大笑起来,然后接着说:"你

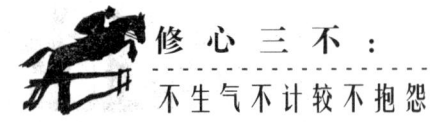
从小没有母亲,我连自己的父母是谁都不知道;你没有考上大学,我幼儿园都没去过;你和女朋友分手了,可我始终独身一人;你还有钱租房子,我只能住在山洞里……你说,我们两个到底谁更悲惨?"年轻人很惊讶地说:"想不到还有比我更悲惨的人,如果我换作是你还不如死了算了。"

老人又笑了:"如果大家都像你这样想,人类早就死光了。"年轻人不解地问:"你的遭遇如此悲惨,为什么还那么开心呢?""因为还有比我更悲惨的人。因为我还活着。"年轻人听了老人最后一句话,恍然大悟,打消了轻生的念头。

人的生命只有一次,所以一定要珍惜,千万别做寻短见的蠢事。既然连死都不怕,还怕活着吗?"月有阴晴圆缺,人有悲欢离合",也许你正经历着不幸,正处于无比的痛苦之中,但你在不幸之中还是万幸的,因为你还活着。没错,活着就是希望;活着,一切皆有可能。

不走极端,给别人留有余地

韩非子的《林下篇》说:"刻削之道,鼻莫如大,目莫如小。鼻大可小,小不可大也;目小可大,大不可小也。举事亦然,为其不可复也,则事寡败也。"意思是,雕刻的诀窍在于,鼻子要先雕大一点而眼睛要先雕小一点。鼻子刻得大还可以修得小一点,但刻小了就不能再变大了;眼睛刻得小还可以再加大,但刻得太大就没法再缩小了。

这段话表面上说的是"刻削之道",却能引申出一些为人处世的道理:为人处世不能太绝对、太极端,做任何事情都要留有回旋的余地,这样才不会招致失败。

传说太阳神的儿子法厄同驾起装饰豪华的太阳车恣意驰骋,横冲直撞。当来到一处悬崖峭壁上时,恰好与月亮车相遇。月亮车正欲掉头退回时,法厄同依仗太阳车的优势,一直逼到月亮车的尾部,不给对方留下一点回旋的空间。正当法厄同看着难以自保的月亮车幸灾乐祸时,自己的太阳车也走到了绝路上,连掉转车头的余地也没有了，最终万般无奈地葬身火海。

有的人能够在社会上如鱼得水，有的人却四处碰壁，主要原因就在于后者在待人处世中不善于给他人留有余地。所以我们做任何事情都要注意给自己留后路，不可把话说死，把事情做绝，更不能把人逼急。于情不偏激，于理不过头，如此立身处世，才能进退自如、游刃有余。

宋代的吕蒙正胸怀宽广、气量宏大，有大将风度。当吕蒙正初次进入朝廷的时候，有一个官员指着他说："这个人也能当参知政事吗？"吕蒙正假装没听见，付之一笑。他的同伴为此愤愤不平，要质问那个官员叫什么名字。吕蒙正马上制止他说："一旦知道了他的名字，就一辈子也忘不了，不如不知道的好。"当时在朝的官员也佩服他的豁达大度。后来那个官员亲自到他家里去道歉，两人结为好友，相互扶持。

吕蒙正这样做是对的，给别人留余地，就是给自己留余地；给别人方便就是给自己方便。人海茫茫也会狭路相逢，你今天得理不饶人，又怎么知道他日会不会再相遇呢？与人相处留有余地，既不让别人难堪，也会让自己活得舒服，何乐而不为呢？

人与人的相处，是因为距离而产生美。我们不仅对那些得罪过甚至伤害过自己的人"得饶人处且饶人"，就是在与朋友相处时，也应该遵循同样的原则。与人交往需要彼此的包容与分享——包括喜怒哀乐，包括忍受对方的全部缺点，但做到这点很难，所以亲密得不分你我反而会滋生矛盾。正是因为这个缘故，很多称兄道弟、歃血为盟的朋友最后往往成为仇人。

喜欢中国画的人都知道"留白"的重要性，"留白"就是特意在画面上空出那了无一墨的空白部分，这不仅仅是构图布局的需要，更可反衬主题，进而给观赏者以无限遐想的空间，所以有句行话说"留白天地阔"。我们要描绘出美好的人生，同样也要遵循一条原则，那就是"万事留有余地"。

满嘴饭不能吃，满口话不可说，载物船不可吃货太多，帆只可张八九分……这些可是无数人生活智慧的结晶。我们做人做事千万莫把话说死，别将事做

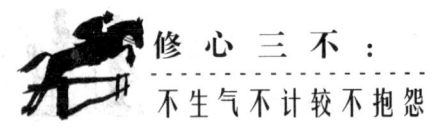
绝,否则就会把自己的后路堵死,陷入无路可走的尴尬或者只有死路一条的绝境当中。

《宋稗类钞》中记载了这样一件事:宋朝有个名叫苏掖的常州人,家中十分有钱,但却非常吝啬,常常在置办田地或房产时,不肯付足对方应得的钱。有时候,为了少付一文钱,他会与人争得面红耳赤。他还最会趁别人困窘危急之时,压低对方急于出售的房产、地产及其他物品的价格,从而牟取暴利。

有一次,他准备买下一户破产人家的别墅,因竭力压低房价而与对方争执不休。他儿子在一旁看不下去了,忍不住说道:"爸爸,您还是多给人家一点钱吧。说不定将来哪一天,我们儿孙辈会出于无奈而卖掉这栋别墅,希望那时也有人给个好价钱。"苏掖听儿子这么一说,又吃惊,又羞愧,从此开始有所醒悟了。

客家有句谚语:"人情留一线,日后好见面。"我们无论是做人还是做事,都要量力而行、适可而止。心态平和了,自然就乐意给别人一个机会,一点空间,一些希望。与人方便,自己也方便,这实际上就是给自己创造了更多发展的机会和空间。

李嘉诚的生意经是这样的:"做事要留有余地,不把事情做绝,有钱大家赚,利益大家分享,这样才有人愿意合作。假如拿10%的股份是公正的,拿11%也可以,但是如果只拿9%的股份,就会财源滚滚。"

一位老木匠教徒弟的时候有一个口头禅,就是"注意了,留一条缝隙"。木匠是和木材打交道的,木材的构造有纹理,因此木匠都很讲究疏密有致,黏合贴切,该疏则疏,不然易散落。如果没有处理好这些,那些装修过的房子就会出现木地板开裂或挤压拱起的现象。那些高明的师傅懂得合理地留一些缝隙,给那些组合的材料留足空间,这样就可以避免上述问题。

余地是缓冲器,是润滑油。凡事留一分余地,则可周旋回转,灵活自如;凡事不留余地,则容易失之于刚硬,一旦做错则无可补救。做事能做到"行不至于绝处,言不至于极端",就能使自己左右逢源、进退自如,就能在纷繁复杂又充满风险的人际关系中始终立于不败之地。

顺其自然，简单就好

一位21岁的匈牙利青年，身上只带了5美元到美国闯天下，20年后，他成了百万富翁。他曾经非常自豪地说："我没有做过一笔赔钱的交易，也没有一次失败的经营。"他就是罗·道密尔，一个在美国工艺品和玩具业富有传奇性的人物。

几年后，道密尔买下了一家濒临倒闭的玩具公司。当时他发现成本太高是这家玩具工厂失败的主要原因，他决定提高产量以降低成本。道密尔规定：凡是制作工人所用的工具、材料，一定都要放在最顺手的地方，要用时，一伸手就可以拿到。这样一来，操作机器的工人，不必再为等材料、找工具耽搁时间，无形中节省了很多时间。这样就能让产品增产并节约成本，因此玩具公司在道密尔的手下起死回生了。

道密尔的成功之道是顺其自然。同样，我们过日子，也要顺其自然，不要刻意去追求什么。饿了就吃，困了就睡，有机会就争取，没把握住就放弃，该干嘛就干嘛，如此随心所欲、顺其自然，日子就是快乐的，人生就是舒服的。

一个病人问大夫："我有冠心病、糖尿病，您看吃什么好呀？"大夫问他："您爱吃什么？"病人说："我就爱吃东坡肘子、红烧肉。可是听说东坡肘子、红烧肉动物脂肪多，所以不能吃，甚至连香蕉、桃子、西瓜都不能吃。"

大夫说："这也不能吃，那也不能吃，人活着还有什么意思啊。你想吃什么吃什么，爱吃什么吃什么，因为营养是互补的，世界上没有任何一种食物能满足人的各种需要。既然你喜欢吃这些，就说明你身体需要它。何况，人体自身有很强大的代偿能力和调节能力。只要适可而止，吃这些东西是不会有什么危害的。"

想要做人不生气，就应当顺其自然，对人、做事不要太强求、太执著，一切越简单越好。如果丢掉平常心，挖空心思去追逐、千方百计去攀求，就会产生反常心、异常心，做起事情来就会感觉很别扭，即使成功也毫无快乐的感觉。当然，顺

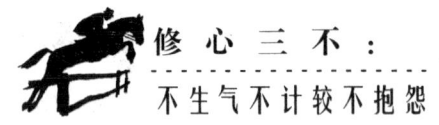
其自然不是守株待兔那样的消极等待，而是顺应客观实际去做，没条件、没能力做、不适合自己做的事情，就不要去做；反之，就要认真做好。

唐朝有个姓郭的人，因为脊背隆起，弯着腰走路，很像骆驼的样子，同乡的人就叫他"骆驼"，他听了并不生气，反而舍去了自己的原名，自称"橐驼"。驼子以种树为业，种的树木或者移栽的树木没有不成活的，而且高大茂盛，果实结得也又早又多，其他种树的人虽然观察效仿，可总是不及他。

有人问驼子诀窍，他说："我不过是依照树木生长的自然规律而使它按自己的习性成长罢了。"别人不懂，他就解释说："一般来说，种植的方法是：根要舒展，培土要平，应保留一些原土，种好后周围的土要砸结实。做到这些，就不要再去动它，不要再为它担心，离开它，不必再去照管它了。移栽时像抚育亲生子女一样，种好后就像扔掉一样，顺应它们的习性，那么树木的生长规律就能得到保全。因此说，我只是不妨碍树木的成长而已，并没有什么能使它们高大繁茂的特殊本领；我只是不抑制不损伤它们的果实罢了，并没有让它们早结果实的秘诀。"

别人又说："我们也差不多就是这样做的呀？而且更精心呢。"驼子笑笑说："你们种树时树根还蜷曲着而土却要换成新的，培土时不是多就是少。即使有人能够不那样做，却又过于爱惜，过于担心，早晨看看，傍晚摸摸，刚刚离开又马上回来照顾，更严重的是还用指甲抓破树皮来检查它们的死活，摇动根株来观察栽种得是否结实。这样就日益背离树木的生长习性了，虽然表面上看是爱护它们，实际却是在损害它们；表面上说是担心它们，实际上却是仇视它们，因而也就不能与我比。"

这个故事就是唐代柳宗元写的《种树郭橐驼传》，其寓意就是告诉我们对人对事不强求、不生气，不要完美主义，只要顺其自然就好。

顺其自然就是想睡就睡，想坐就坐，热时取凉，寒时向火，没有过分矫饰，以清爽、宁静、洁净的心态来对待生活。特别是遇到"十有八九"不如意的事情时，更要顺其自然，不要耿耿于怀、念念不忘。

三伏天，寺院里的草地枯黄了一大片，很难看。小和尚看不过去了，对师傅说:"师傅,快撒点种子吧!"师傅说:"不着急,随时。"

种子到手了,师傅对小和尚说:"去种吧。"不料,一阵风起,吹走了不少。小和尚着急地对师傅说:"师傅,好多种子都被吹飞了。"师傅说:"没关系,吹走的净是空的,撒下去也发不了芽,随性。"

刚撒完种子,这时飞来几只小鸟,在土里一阵刨食。小和尚急着对小鸟连轰带赶,然后向师傅报告说:"糟了,种子都被鸟吃了。"师傅说:"急什么,种子多着呢,吃不完,随遇。"

半夜,一阵狂风暴雨。小和尚来到师傅房间带着哭腔对师傅说:"这下全完了,种子都被雨水冲走了。"师傅答:"冲就冲吧,冲到哪儿都会发芽,随缘。"

几天过去了,昔日光秃秃的地上长出了许多新绿,连没有播到种的地方也有小苗探出了头。小和尚高兴地说:"师傅,快来看呐,都长出来了。"师傅却依然平静如故地说:"应该是这样吧,随喜。"

世界万物都是自然而然的,事物的发展运动也是自然而然的,遇到一些麻烦事,没有必要去怨天尤人,顺其自然就可以了。

物极必反,有点烦恼不是坏事

曾国藩在京城当官的时候,有1年时来运转,自己升职不说,老婆还生了儿子,就连老家的祖父也病体康复。这时候,曾国藩急忙给老家去信,叫家人千万别去催人还债,故意给自己留一点烦心事。因为他深谙"物极必反"道理,事事如意之后,不如意的事情就马上会来了。

美国通用汽车公司老总斯隆有一次主持会议,讨论一项重要决策时,发现居然没有反对意见。这种情况正是很多人所期望的结果,但斯隆却宣布休会,说要听到了不同意见再作决定。不追求十全十美,不幻想完美无缺,这正是斯隆这样睿智的人为人处世的自信和成熟。

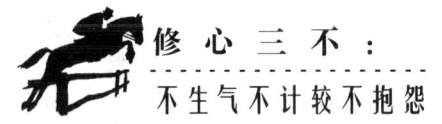
吃要山珍海味，穿要绫罗绸缎，住要花园洋房，坐要名贵轿车，妻要国色天香，儿要聪明伶俐，财要富可敌国……这种每天想好事的心态，必定是心为形役，苦不堪言。

上帝给了某个人一次机会，让他沿着一垄麦子走下去，不许回头，只能挑选一个最大的麦穗，如果能挑到最大的，上帝就帮助这个人实现一个最大的愿望。这个人兴冲冲地出发了。他一边走着，见到一个大麦穗，总是想，离地头还有那么远，也许后面还有更大的。他每次看到一个大麦穗，总是这样想。最后到了地头，他还两手空空，只好匆匆忙忙地随便挑了一个，而这个麦穗比开始错过的那些都要小。

这个挑麦穗的人，总想找到更好的东西，而最后一无所获。所有的麦穗，在他的眼里都不够大。上帝是用心良苦的，他旨在告诉大家，人生不可能事事都如意，也不可能事事都好。只想好事的人，注定心情压抑，后悔连连。

《菜根谭》说："福莫福于少事，祸莫祸于多心"，这是讲人生最大的幸福莫过于少一些无谓的事情，最大的灾祸莫过于多一些无益的私心。生活本来就是有好事也有坏事，无论任何事都要平常对待，与其绞尽脑汁谋升迁、挖空心思求财势、终日劳心又伤身，不如上班好好干，下班享天伦，平日里简单的事，不正是幸福和快乐的源泉吗？正如歌词所说："有爱就有恨，或多或少；有幸福就有烦恼，除非你都不要。如果爱是痛苦的泥沼，那就一起逃。"

拿在大城市打拼、已近"而立之年"的人来说，他们面临的问题和压力很大：没有对象的"剩男"，日子过得很"惨"、很孤独，天天吃不到香喷喷的饭菜，听不到枕边的贴心话；有对象甚至已婚的"宅男"，面临的问题更多，比如婆媳之间的关系很紧张，老婆逼着要孩子，是否该买房，亲戚朋友总以为你事业有成，主动求你在工作和金钱上帮忙……这一切搞得你筋疲力尽，烦恼不已。

当问题接踵而至时，不要气急败坏，更不能乱发脾气。能成大事的人，从来都是"泰山崩于前而色不变"。遇事急躁、抓狂和激动，只能变得行为冲动，容易犯下让自己追悔莫及的错误，不仅不利于解决问题，反而会使事情变得更糟。

　　不管遇到什么坏事,我们都要以乐观的心态去面对。成大事者要有"没心没肺"的心理素质,天大的事压下来,要能冷静对待。即使某一天发现自己真成了"杨白劳",遭遇巨大的债务和天大的噩运,也不要想不开。其实,看似精明的"黄世仁"也在担心自己的钱能否要回来,尤其当你没有"喜儿"可以抵债的时候。

　　没有人希望自己失败或者遭遇困境,但是人活一世,有些坏事是躲不过去的,难免要吃一两次亏,上两三回当,才能变得成熟。麻烦天天有,面对坏事,绝不能怨天尤人、懊悔自责,要调整情绪挺过去。忧愁对事情毫无助益,分析当下的情况并寻求解决办法,才是最要紧的事。

　　坏事虽然意味着失去与痛苦,却也意味着好事很快便会出现。人总是在不断的烦恼中成熟和成长起来的。有点烦恼不是坏事,你只需要用冷静的心态去处理它们,然后耐心地等待好事的出现。

不生气的智慧

　　宽心就是学会自我调节、自我控制。面对自身众多的心病,如果以正确的态度去认识,学会自我调节,学会适应多变的人生,学会自助、自救、自信、自强,那么,一切烦恼、困惑、忧虑,都会随风而逝。

第五章　争口气，
做人追求高境界

　　"傲气面对万重浪，热血像那红日光"，只要你心中仍有"不蒸馒头争口气"的念头，你的生活就会变得越来越好。幸福，是需要有动力支撑的。

自己要强，老天也会帮你

　　大家可能都听过这个故事：一头驴子不小心掉到枯井里，它在枯井里惊恐地叫喊和求救，主人在井边很着急却一时想不出好的办法。无奈之下，主人觉得不值得花更大精力去营救驴子，便找来周围邻居帮助他填满枯井，将驴子"人道"地处理掉。当看到人们纷纷往井里填土，驴子很快意识到自己的危险处境，它停止了无用的叫喊，继而冷静下来，默不作声地抖落掉身上的尘土，狠狠地用脚踩紧。就这样，没过多久，驴子竟然慢慢升到了井口，最后它纵身一跃跳出来，成功地自救。

　　我们每天的生活都是在上演"枯井求生"的动作片，各种各样的困难和挫折通常会不请自来，如同尘土一般落到我们头上。若想从苦难的枯井里脱身出来，办法通常只有一个，那就是：将它们统统抖落在地，重重地踩在脚下。

　　每一个困难、每一次失败，都是人生历程中的一块垫脚石，都是促使你一步步获得解救的宝贵财富。不要躲起来，要敢于去应对这些不利的状况。一位只有一条腿的退伍军人说："我绝不会向上帝祈求自己有一条新腿，只是希望他告诉我现在该如何生活。"犹太人也常常说："倒霉时，不要逃避，压力是会帮助你走出困境的。"不管得与失，当困难来临时，我们首先要做的，就是不再继续沮丧和掉眼泪。

　　一个人站在屋檐下避雨，忽见观音撑伞经过。这个人惊讶地对观音说："菩萨，您度我一下吧，带我一段路如何？"观音说："我在雨里，你在檐下，檐下无雨，你不需要我度。"这个人立刻跳出屋檐，站在雨中说："菩萨，现在我也在雨中，您该度我了吧？"观音说："你在雨中，我也在雨中，我不被淋因为有伞，你被雨淋是

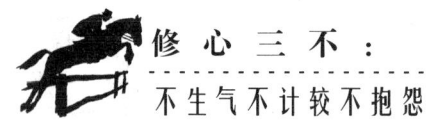

因为无伞。不是我度自己而是伞度我。你不必找我，请自找伞去。"说完观音便笑着走了。

成功者总是善于自救的，他们就像褪去光环的菩萨一样，尽管打伞走路，依旧不改强者的本色。凡事求人不如求己，神仙的烦心事，一样得靠自己摆平。

我们不知道自己拥有无尽的宝藏，不求之于己，但求之于人，希求别人的关爱，别人的提携，稍有不能满足所求，就灰心失望。一个没有力量的人，怎能担负责任？一个经常流泪的人，怎么获得别人的尊重？

勇敢面对危机，你会获得尊重。就拿还债来说，首先，不要心存侥幸，清偿债务远比躲债和赖账更容易，也更能让你获得别人的尊重，老话讲得好"无债一身轻"。其次，你要尽快列出所有债务清单，与每一位债主沟通协商，坦诚地将现状告诉他们，取得他们的信任后，说明你的偿债计划，最终达成不同的债务协议。再次，你要找到稳定的工作，积极寻求好的项目，将每个月所有收入的7/10留作家用，保证家人的基本生活，这也是你应当承担的责任。之后，老实地将所有收入的2/10分成若干等份偿还给债主，坚定不移地履行还债的承诺。这样做，债主们绝对会理解和赞许你的诚信行为。最后，将所有收入的1/10存起来，积少成多，以备急需或者用于日后的安全投资。既然要还债，无论如何都要量入为出，减少消费，即便在还清债务之后，也要保证所有开销不能超过总收入的7/10。

想办法尽快还清债务，心态上努力控制自己的情绪，转嫁自己的烦恼和忧虑，牢记四句忠告：

第一，一切没有你想象的那么糟；

第二，天大的困难总有过去的一天；

第三，消极的情绪对改变现状毫无用处；

第四，死不能解决任何问题，只能把灾难和痛苦留给你的亲人。

我们要去跟麻烦战斗，勇敢面对债务之类的难题，以积极的心态想办法减少损失，收获克服困难后的宝贵经验。天大的危机自有解决办法，当因为一点点麻烦事想不开的时候，你唯一能做的就是想办法、挺过去。

香港著名歌手钟镇涛，1996年和当时的妻子章小蕙，趁着香港楼市最火的时候，以钟镇涛本人的名义担保，短期借贷近2亿港币买下香港的5处豪宅。随后1997年爆发亚洲金融危机，香港楼市大跌，钟镇涛债台高筑，每个楼盘的负债利息高达6万港币。倒霉的钟镇涛不仅很快与"败家"妻子离婚，在2002年7月还被香港法院宣判破产。由于欠债过亿，钟镇涛的许多好友都无力帮忙。

面对突如其来的足以"跳楼"的债务打击，钟镇涛没有绝望和垮掉，虽然知道未来还债的日子会很难，他还是决心从头开始，一步步还债。2006年10月，钟镇涛终于基本上还清债务，法院宣布撤销对他的破产令。回首这9年，钟镇涛感慨地说："当时真的不知所措，但我始终相信即使是穷途末路，也真的可以再走出来，虽然好艰难、好难走，但今天我可以欣慰地说，我终于挺过来了！"钟镇涛最近的收入依然不低于8位数，而且没有受到此前投资失利的影响，仍然敢投资房地产，他说："现在才赚到第一勺金，第一桶金尚需时日，演唱会的酬劳我会用来投资。现在我有很多投资分析员，有了这些专业人才，我就再也不用操心了。"

钟镇涛之所以能挺过危机，而没有选择不负责任的"自由落体"，完全在于他的勇气和韧性。欠债不可怕，逃避才致命。不管情况如何不利，都要对自己说"坚持下去，我就能东山再起"。

没有永远不败的人，只有永不言败的品质。你究竟是生活中的弱者还是强者，让困难和麻烦检验自己吧。

每天给自己一个希望

美国家居仓储公司首席执行官伯尼·马库斯年轻时，每次到教堂祈祷，都会对上帝许愿。

一天，在教堂门口，一个老婆婆问他："这么多年，你向上帝许了很多愿，实现了几个？"

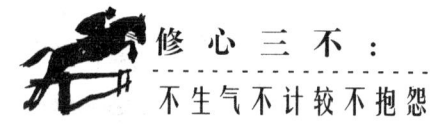

他说："第一年，我许愿，希望母亲的病好起来，6个月后，母亲还是去世了；第二年，我许愿，希望我能够在大学入学考试中顺利过关，一场突如其来的病，打碎我的梦想；第三年，我许愿，希望娶一个漂亮的妻子，后来，我娶了一个眼睛较小的妻子；第四年，我许愿能有一个儿子降生，妻子生的却是一个女儿……"

老婆婆奇怪地问："你为什么每年还来许愿？"

马库斯说："我母亲虽然去世了，但是，比医生估计的多活了3个月，终日有人相伴病榻边，临终时，她很满足；我虽然错过考试，后来，在一个工程师手下打工，学到不少实际知识；妻子虽然不漂亮，但很聪明，出谋划策，是我的得力助手；虽然妻子生了一个女儿，但是，乖巧可爱，相信有一天，女儿会找一个好爱人。

"我每年来许愿，虽然没有一个愿望实现，但是，每许一个愿，就是一个梦的诞生，就有一个希望。每一件不幸的事情发生后，我一定会从好的方面考虑，才能在不幸福的时候，永不绝望。"

后来，马库斯凭着对"梦想"的渴望与追求，创造了奇迹。他所创办的公司由小到大，最终成为拥有775家分店、15万名员工、年销售额达300亿美元的世界500强企业。

梦想是希望的种子，只有有了梦想的种子，才会有"希望"的结果。

我们都知道，当年受"非典"的影响，很多人的事业都遭受了失败，但有人例外。当他的公司因"非典"关闭时，这对他犹如当头一棒，在大约两三个月里，他的情绪一度低落，但最终他还是接受了这一事实，而且他的心态也为之一变，变得更宽容、更谦逊、更懂得珍惜所拥有的一切。在勤奋工作之余，他从没有放弃对自己梦想的追求。就这样，在经过两年之后，他取得了巨大的成功。

当有人问他为什么能够在极短的时间内东山再起时，他回答说："每天给自己一个希望，就是给自己一个目标，给自己一点信心。希望是什么？是引爆生命潜能的导火索，是激发生命激情的催化剂。每天给自己一个希望，我们将生活得生机勃勃，激昂澎湃，哪里还有时间去叹息、去悲哀，将生命浪费在一些无聊的小事上？生命是有限的，只要我们不忘每天给自己一个希望，我们就一定能拥有一个

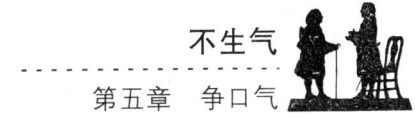
丰富多彩的人生。"

每天都给自己一个希望吧，因为每天都是崭新的，它充满了希望。

为梦想而奋斗

在许多人看来，奥巴马有着一个被"抛弃"的悲伤的童年，这样一个人竟能健康成长，甚至雄心勃勃地坐上总统宝座，多少让人有点不可思议。父母"抛弃"带来的挫折，父亲、母亲都多次结婚和离婚，剥不掉的黑皮肤，这些如影随形的自卑要么导致一个人沉沦，要么就会迸发出惊人的斗志，产生强烈的成就欲望。在奥巴马身上，正是产生了积极的强大动力，推动他不懈奋斗，从社区工作者、博士、教授、州议员、国会议员一路走来，并最终锁定最高奋斗目标。

人生易逝，当你心中有一个梦想在时，你的生活才会是彩色的。可是有多少人是不实现梦想绝不罢休的？又有多少人在为梦想奋斗的过程中半途而废了？

半途而废的人太多，坚持下来的太少。生活中多数情况是这样的：当你有了一个梦想时你会充满信心地为之奋斗，但途中会遇到很多困难让你丧失信心，最终使你丢掉梦想。

我们常常听到人们各种各样的梦想，每一个梦想听起来都很美好，但在现实中，我们却很少见到真正坚忍不拔、全力以赴去实现梦想的人。人们热衷于谈论梦想，把它当作一句口头禅，一种对日复一日、枯燥贫乏生活的安慰。很多人带着梦想活了一辈子，却从来没有认真地去尝试实现梦想。

为梦想而奋斗，你最后创造的东西就是伟大的。就像在生活中，家庭中常常缺少互相的关怀，但是当你有意的，一天用5分钟的时间来关心家人，你的家庭生活永远不会有任何问题，就是缺乏那一点点关心。你之所以事业无成，就是你每天没有抽出10分钟的时间来关心你的事业，来关心你的成长，来关心你的人格的建立。

美国有个叫摩西的老太太，她80岁开始学画画，一直画到100多岁，成为世界

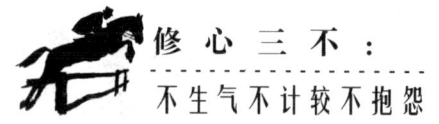
著名的画家，就是因为她一直在画画，她忘掉了什么老年，所以她不再老了，也不再死了。突然有一天她坐在夕阳下的草坪上，就觉得怎么时间就这样过来了，一算自己100多岁了，结果当天就死了。

人的年龄是不能计算的，生命是不可以计算的，生命只能用来发挥，尽情地用你的生命来拼搏，你的人生就会越来越精彩，梦想就会越来越接近。

当刚刚进入大学的少年还在抱怨自己的父亲不是李嘉诚或比尔·盖茨，还在为选错专业而忧心忡忡时，他们还没真正去思考"我是谁"。这时候，我们需要学习奥巴马的勇气，去接受这个社会所赋予我们的现实身份。

当年轻的大学生在为毕业后的前途感到迷茫，为选择什么样的职业而发愁时，他们还没有真正去思考"我们的梦想是什么"。这时候，我们需要学习奥巴马去关注生活，去了解周遭这世界不同人们的生活现实和变革空间。

当在职场征战数年的人还在为职业转型而困惑重重，无法做出决定，他们还没有真正掌握"实现梦想的各种方式"。这时候，我们需要学习奥巴马的坚定，去平衡自身的兴趣、专业、职业能力与梦想实现的矛盾，重新设定我们的职业目标，规划我们的职业发展。

那些没有确定的目标和抱负，没有规划良好的人生计划，只是一天天得过且过的人，我们不能不感到惋惜。毫无目标地随波逐流，既没有固定的方向，也不知道停靠在何方，在浑浑噩噩中虚掷许多宝贵的时光。这样的日子，没有人喜欢。漫无目的地等待机会，希望命运可以改变生活的想法是不切实际的，能拯救他们的只有自己，只有他们自己的梦想和努力。

聆听内心的声音

想象一下，你可以不受任何制约，你拥有你需要的全部时间，天分和能力来实现你给自己制定的任何目标。想象一下，无论你想让自己成为什么样的人，拥有什么样的东西或是做成什么样的事情制约都是不存在的，那些对你十分重要的目标，无论它们是什么，你都可以实现。任何事情都是可能的，没有任何障碍存在，那么，在这样的情况下，你想做什么？

你想成为一个什么样的人？在每天朝九晚五，两点一线的生活中，这个问题你有没有想过？没有理想和目标，浑浑噩噩地过日子，只长年龄不长本事。看不到前进的方向，这不会是你自己想要的。

如果我们把市场经济下的终生做一个粗略分类的话，大致可以分为三种：

第一种是生活在自己的圈子里，愤世嫉俗，以抱怨的心态处世的人，他们的口头禅是"工资总是那么低""公司里到处都是不公平""现在的社会怎么会变成这样啊"。

第二种是适应环境的人。这种人知道是自己去适应这个社会，这个环境，这个公司，这个团队；而不是这个社会，这个环境，这个公司，这个团队来适应自己。这类人知道调整自己的个人发展方向并与公司的发展方向保持一致。

第三种是适应环境并改变环境的人，是适应环境后，为达到更好的环境而作出的资源整合，为此孜孜不倦地努力，并为之奋斗终生。

有些人属于第一种，到他年老的时候才恍然大悟，却为时晚矣，这类人自己的思维丰富，也总会有种怀才不遇的感觉。属于第二种的人很多，一般在公司能做到经理或身担要职，最起码也是个白领。属于第三种的人很少，因为这类人大多是成了企业家或是政治家，有着自己的事业，为社会承担责任，为社会创造价值，为人民谋求幸福的成功人士。剩下的一些人，就是处于转换过程中的。

你是哪一种人？你想成为哪一种人？

知道了你是什么样的人很重要的，但还远远不够。因为你是什么样的人只是你过去的状况，而且是可以改变的。重要的是要做出改变的决定——你想成为什么样的人。

其实，是第几种人没有关系，每种人也各有各的精彩。关键是要知道自己想成为什么样的人，如果一个人对自己都不了解，还谈什么创业，谈什么带领团队，

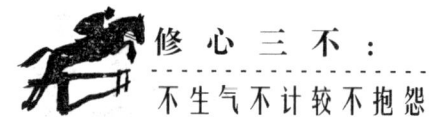
谈什么成功。

你想成为什么样的人，就是一个人对自己的认识、评价和期望，也就是一个人的自我意识。有了这个想法，人就能自觉地生活。没有这个想法，就是被动地生存，是糊里糊涂地活着。有人这样比方，没有目标的人生就是乱拼起来的色块，而有设想的人生就是一幅灿烂、炫目、优美的图画。

生活其实并不复杂，关键是你想成为一个什么样的人，你愿意付出多大代价，能坚持多久。你想成为什么样的人，只要你在心里为自己做个暗示，那么你就会产生无穷的动力，推动你去实现自己的梦想。你想成为什么人，你的头脑里就有了人生的导航系统，有意无意地导引你的行为朝着你的人生目标前行。

明白了你的命运就来自于你的内心暗示，就会给自己一个希望，就不会祈求上帝给你好运。你对自己说：我一定要做个伟大的人。只要你这样想、这样做，你就一定会像你所想象的那样，成为一个伟大的人。

你必须有目标

大多数人对未来都是抱着顺其自然的态度，很少有人会认真地思索，总认为"命里有时终须有，命里无时莫强求"。其实这种看似乐观的想法，换一个角度看完全是一种消极的人生态度。想要坚定地走在人生旅途上，越过那些障碍，你必须有目标。

一次，考克斯和约翰一起进行了一次凌晨穿越伦吉提大平原的飞行。景色非常优美，他们能看见大象、狮子和大群羚羊席卷整个平原。

"羚羊的数量这么大，真是一件好事啊！"他们的非洲导游注意到他们正盯着那一大群羚羊沉思时说道，"否则，这个物种很快就会灭绝。"

考克斯问他为什么这么说，他笑了，然后指着一头停止奔跑的羚羊说："你将会注意到那头羚羊跑不了多远了。它停下来不是因为意识到有什么重要的事情需要思考,也不是因为它累了,而是因为它太愚蠢以至于忘记了当初它为什么要奔跑。它发现了天敌,本能地逃开,开始向相反的方向跑。但是它忘记了是什么促使它奔跑,甚至有时候是在最不适当的时候停下来。我曾经看见它就停在天敌旁边,有时甚至向某个天敌走过去,似乎它已经忘记了这是否就是同一种在几分钟以前让自己惊慌失措的动物。它就差冲上去说:'嘿!狮子先生,你饿了吗?在找午餐吗?'如果不是有一大群羚羊的话,我想这整个种群将在几个星期之内被消灭干净。"

当时,考克斯在热气球上很容易去嘲笑那些羚羊,而在这次飞行结束以后,他发现自己有了一个很有趣的想法——在现实的商业世界中,他曾经见过同样的现象。

是不是有许多人有规律的举动让你想起那些羚羊呢?他们有不错的主意,他们为自己设立了一个目标,而且为这个目标努力了一天或者仅仅半天。也许他们只是谨慎地四处溜达了40分钟罢了。40分钟以后,他们发现自己并没有达到目标。然后他们就会对自己说:"嘿,这太难了。这比我想象的难多了。"接着他们就会永远停在那里一动不动。

为了避免羚羊思维,你必须确定一个目标,然后坚持不懈地向它努力。你不想在路上停下来,而且当你的天敌逼近的时候,当然更不想停下来。当每天结束的时候,你必须好好总结一下,并且问自己:"距离我为自己设定的主要目标,今天我又走近了多少?"如果你对这个问题的真实答案是,今天你没有为达到目标做出什么有意义的行动,也就是说今天你停在路上,那么你必须决心从明天开始让自己振作起来。

设定了目标还不够,你还要注意目标的方向性,也就是不能盲目地蛮干。

有的人在单位里能创造出很高的效率,而有的人忙忙碌碌却最终一事无成,关键在于他没有注意到所做的事情的方向性,他把精力消耗在偏离方向的不重要的事情上,从而做了一些无用功。他们在羡慕他人成功的同时还往往不知道自己的失误到底在哪里。

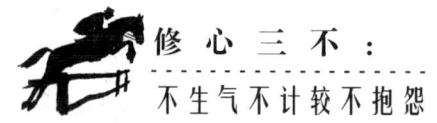
不论是学习，还是工作，都必须注意行动的方向性和有效性。这样不仅节省时间，同时也有成效。一个最简单的做法就是经常问一问自己，我的目标是什么？我的所作所为对实现目标是否有益？直到你达成这个目标为止。

如果拼命地在错误的事情上浪费精力，努力工作，即便是做得十全十美，那也只能是南辕北辙，不会给生活带来成功和快乐。

很多人在生意场上或是在工作中，大都以赚钱或是获得名誉为唯一的目标，并且把这一目标无限地扩大，使自己总是处于紧张、繁忙和无序的状态下，很少考虑他们的职业技能、生意天赋、兴趣爱好等其他方面的问题。在行动的方向上，总是处于盲从的状态，而不是根据自己的实际状况来考虑问题，这样的结果，会使自己对工作失去乐趣和激情，最终将会摆脱不掉失败的结果。

保持自我是很重要的，忠于自己的梦想和克制随波逐流的欲望，无论是在工作中还是在生活中都要意识到，你的生活选择是你自己的。

如果你不满意你现在的状态，你想让你的住房更大些，或是你想拥有一辆你做梦都想要的汽车，那么你就要为你的梦想付出代价。这个代价就是在你的生活中有一些改变，某种程度上，你要付出得更多一些，多思考，改变工作方式，更聪明的工作，你总会得到你想要的。

有很多的改变都是前进路上的方向标，虽然这些改变看上去很细微，但是它们的作用要比速度重要得多。在人生的路上，就好像是一次旅行，可以有不同的速度，但首先要明确方向，大多数人在匆匆赶路的时候，不考虑方向的问题，结果去了一些根本不值得去的地方。没有了方向，速度就失去了意义，要记住，方向永远比速度更重要。

"跛足而不迷路的人能赶过虽健步如飞但误入歧途的人。"根据自己的才能特点，发挥自己的性格优势，选择适当的学习目标，这样，才能少走弯路，快出成果，早日走上成功之路。

没有目标的努力，犹如在黑暗中远行。决定方向的因素有很多，要在生活中对它们进行严格的审视。比如，你选择什么样的人作为朋友，你的时间安排，创造性思维的能力、热情、对工作的态度等。不要小看每一天的生活状态和快乐指数，这些可能都在潜移默化地影响着你对事物的看法，坚持自己的正确观点，付出勇气和行动，为驱动力加油，这的确是一种简单而有效的成功方法。

也许你已是一个"社会人"，那就更应该了解：有一个目标会使你少做很多的无用功，能更轻松、更快捷、更高效地实现它。

明确想要的结果

很多人的成功或失败，并不取决于他知不知道做事的方法，因为虽然方法很重要，但真正决定成败的往往是他的选择。

成功是一种选择，你选择了奋斗和坚持就是选择了成功，而不做这个选择便是选择失败。

人生不过是一连串选择的过程，从你早上起来要穿哪一套衣服出门开始，你就在选择；中午要去哪里吃饭，你又在选择。女士有众多的追求者，在考虑结婚的时候，到底是哪一位男士比较适合自己，这需要选择；男士找对象时也需要从女士中选择。选择有大有小，但每日、每月所有的选择的累积影响了你人生的结果。

一个选择对了，又一个选择对了，不断地作出对的选择，到最后便产生了成功的结果；一个选择错了，又一个选择错了，不断地作出错的选择，到最后便产生了失败的结果。

有的人希望工作更顺利、更快乐，但他总是在做他不喜欢的工作，这是他的错误选择，因为他明明可以换工作；有的人希望身体更健康、更强壮，但他总是说他没有时间运动，导致身体虚弱，这是他的选择，因为他明明可以抽出时间来运动；有的人希望家庭更幸福、小孩更听话，但他总是跟太太吵架，导致小孩学业跟不上，这是他的错误选择，因为他明明可以控制好情绪并花时间教育小孩；有的人希望人际关系更好，但他总是说他朋友少，这也是他的选择，因为他可以让自

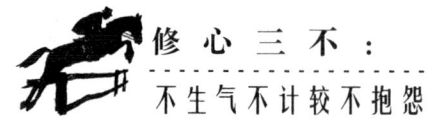
己多交一些朋友,但他不去交;有的人希望赚更多的钱,但他总是抱怨收入不够多,他明明可以更努力地去赚更多的钱,但他却不努力,这是他的错误选择。

美国小伙子杰克看中了韩国姑娘金善姬,便一直追着不放。最后,金善姬辞掉了工作,跟杰克结了婚,回美国定居了。

"我放弃了那么好的工作,远离父母跟随你到美国来,这可是我为你作出的牺牲呀。"金善姬说。她以为这样说能把杰克感动,没想到杰克这么回答她:"我不认为这是什么牺牲,在我看来这只是你的一种选择。"

金善姬后来才认识到,美国人在人际交往中,只会尊重你的选择,而不会承认你的牺牲。这就意味着,你作出的所有决定,都必须符合你自己的心愿,符合自己的心愿才能成为自己的选择。这样与人打交道,才会拥有真正的平等,同时也才能赢得他人的尊重。杰克是一位通晓6国语言的医生,在美国很容易赚钱,他工作1小时就有80美元的收入。但是金善姬却跟国内的朋友说:"我必须工作,必须学会自己赚钱。如果没有经济上的独立,就不可能作出真正符合心愿的选择,也就不可能赢得他长久的尊重。"最后,金善姬作出了自己的选择。

你是否曾经埋怨过别人?但事实上你可能错怪了别人,是你的决定使你面临今天的结果——也许你自己作决定,也许你决定由别人为你作决定。

有些人作正确的选择与决定,有些人作错误的选择与决定,但大多数人都不知道他们有权选择,或是轻易将选择权拱手让人,而且大部分的人也不喜欢别人为他们作的决定,千万不要成为这样的人。

可以输给别人,不能输给自己

在这个世界上,真正的失败只有一个,那就是被自己打败。

一支小分队在一次行军中,突然遭到敌人的袭击,混战中,两位战士冲出了敌人的包围圈,结果却发现进入了沙漠中。走至半途,水喝完了,受伤的战士体

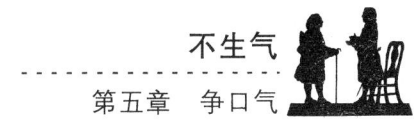
力不支,需要休息。

于是,同伴把枪递给中暑者,再三吩咐:"枪里还有5颗子弹,我走后,每隔一小时你就对空中鸣放一枪。枪声会指引我前来与你会合。"说完,同伴满怀信心找水去了。躺在沙漠中的战士却满腹狐疑:同伴能找到水吗? 能听到枪声吗? 会不会丢下自己这个"包袱"独自离去?

日暮降临的时候,枪里只剩下一颗子弹,而同伴还没有回来。受伤的战士确信同伴早已离去,自己只能等待死亡。想象中,沙漠里秃鹰飞来,狠狠地啄瞎了他的眼睛,啄食他的身体……结果,他彻底崩溃了,把最后一颗子弹送进了自己的太阳穴。枪声响过不久,同伴提着满壶清水,领着一队骆驼商旅赶来,找到了一具尚有余温的尸体……

那位战士冲出了敌人的枪林弹雨,却死在了自己的枪口下,让人扼腕叹息之余不免警醒:我们奋斗在人生的旅程中,与天斗、与人斗,我们不轻易服输,相信只要自己努力就没有什么战胜不了的。然而,很多时候,面对恶劣的环境,面对天灾人祸,面对尔虞我诈,是我们在心理上先否定了自己,是我们自己选择了放弃,选择了失败。

在生活的艰难跋涉中,我们要坚守一个信念:可以输给别人,但不能输给自己。因为打败你的不是外部环境,而是你自己。

所以,大多数成功者的格言是:相信自己,接受自己!

走自己的路,让别人去说吧! 你的一切,包括你的样子、你的兴趣、你的事业永远都只属于你自己,又何必在乎别人怎么想,怎么说呢? 当然,这种事情说来容易,做起来可就难了。如果你的头脑里已经塞满了成千上万的偶像,又怎么会不在乎你的样子会像谁呢? 有一点你必须记住,你只能像你自己,你也只能是你自己!

记住,不管别人会不会嘲笑你,即使你没有足够结实的肌肉,你也仍然是一个不折不扣的男子汉。

君子动口不动手。当你受到袭击时,你首先必须尝试用言语来保护自己,用

和平的方式来解决问题。当然,如果危险降临到了你的头上而你又别无选择时,你也只有以牙还牙了。面对危险你首先一定要镇定,但千万不能在敌人面前表现出自以为是的样子。男子汉大丈夫能屈能伸,一点小小的委屈算得了什么,一时低头总比血染疆场要好得多吧?

即使你不是体育场上的佼佼者,喜欢的是音乐或者手工制作,那也算不了什么,你照样还是一个正儿八经的男子汉。不要理会别人的想法,你应该有自己的爱好、自己的价值。或许有许多人正在背地里羡慕你的多才多艺,嫉妒你的心灵手巧呢。

学会用你自己的双脚走路,坦率地面对你的优点和不足。你比你想象得要好得多。

不要总是把自己同别人进行比较,那样你就会逐渐失去自我。你可以崇拜你的偶像,但是你身上应该有属于自己的印记。

这些话说起来容易,但真正做起来似乎也没有那么简单。当你听到别人说你是"懦夫",是"胆小鬼"的时候,你的心里一定会不舒服,甚至还会就此沉沦下去。然而,每个人都是真正的勇者,都在以自己的方式向着目标冲刺。因此,不用在乎别人对你的评价是什么,那根本就没有任何依据。

保持你的个性,相信自己,你就是这个世界上最强的强人。自信是做大事者所必须具备的素质。自信是一种感觉,有了这种感觉,人们才能怀着坚定的信心和希望,开始伟大而又光荣的事业。如果你充满自信,就不能等待别人来发现,来了解,应该积极地表现自我。只有那些对自己具有充分信心的人才敢于对各种人生险境进行挑战,在你心中燃烧自信火花的秘诀在于"仔细观察你的潜能所在,然后慢慢地在那个领域里求索"。

每个人都是自然界伟大的奇迹。因此,我们要保持自己的本色,这是激发潜能的重要通道,也是最大化自信的源泉,更是实现人生价值的必由之路。人要改变自己,就需要时时处处充满自信。既要在自己内心里相信自己,也要在公众面前表现出这种自信心。

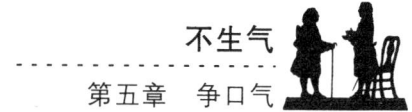
不生气的智慧

　　每个人都希望自己做得优秀,过得顺利。可是每当遇到生活中的烦恼与挫折时,有的人心浮气躁,甚至暴跳如雷,整天处于悲愤与怒火中,结果一事无成。相反,有的人却能心平气和地坦然面对一切并积极地使自己做得更好,用自己的成功化解烦恼和忧愁。这是因为他们真正懂得生气不如争气的道理,也只有这样,一个人才能积极进步,每一天都过得充实而快乐。

不 计 较

星云大师有云："能干的人，不在情绪上计较，只在做事上认真；无能的人，不在做事上认真，只在情绪上计较。"计较是人生痛苦的开始。计较之心过盛，会给人带来无尽的烦恼，甚至让美事变为不美，好事变为不好，让人失去太多宝贵的东西。凡事过于计较，堪称是幸福、快乐和成功的劲敌，是自己给自己产生忧思与不幸的机器。

没有一种生活是绝对完美无缺的，也没有一种生活会让一个人百分之百地称心如意。一个倍感幸福的人，不是因为他拥有的多，而是因为他计较的少。倘若你果断地去尝试，将计较抛至九霄云外，你就能时时处处感受到世界充满鸟语花香。

第六章 计较少一点，

幸福多一点

　　一个人的幸福程度，往往与计较成反比。统观那些爱计较之人，能安享幸福者又有多少呢？计较的越多，其幸福感就越少；计较的越少，其幸福感就越多。当你开始计较，你便开始烦恼。计较之于烦恼，就好比磁石之于铁屑。换言之，计较堪称是一块吸引烦恼的磁石。如果你对事情过于计较，烦恼重重自然是不可避免的。

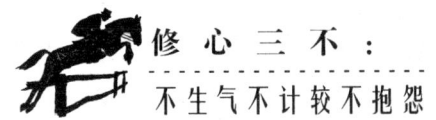
幸福是感觉,感觉到了便是拥有

很多人追问,幸福是什么?怎样才算是幸福?其实,幸福没有固定的标准,不同的境遇之中,幸福有着不同的形态。确切地说,幸福是一个人在特定条件下的一种感觉,唯有自身方可体验得到。对于饥寒交迫的人,幸福就是一床厚被子、一碗白米饭或者一块面包;困于水深火热中,幸福就是一根救命稻草、一股清凉之水;漫漫长夜被失眠困扰,幸福就是两粒安眠药、一缕东方的鱼肚白……

他人眼里的幸福未必就是真实的。他人眼里的幸福,仅是一种外表的物质的东西罢了。真正的幸福存在于人的精神世界与心灵中。只要你拥有一份好的心情,用乐观的心态对待生活的时候,幸福就会像你的影子一样围绕在你身边。简言之,幸福是一种感觉,你感觉到了,便是拥有。

曾经看过这样一个故事:

很久很久以前,有一个年轻人感觉自己生活得非常不幸。终于有一天,他鼓足勇气,离开了居住近30年的家乡,去外面的世界寻找幸福。

经过长途跋涉,年轻人来到一座大山前。在这里,他瞧见一个老和尚正在掘一块硬地,于是走过去问禅。年轻人对老和尚诉说了自己的苦恼。老和尚思忖了片刻,说:"这样,你先帮我掘完这块硬地吧。然后,我再告诉你何谓幸福。"年轻人一听,欢呼雀跃,想着自己苦苦寻找的幸福再过一会儿就能获得了。于是,他毫不犹豫地应允下来。

年轻人接过老和尚掘地的镐头,意气风发地劳作起来。而老和尚则走到树荫下,双手合十打起坐来。随着时间的推移,骄阳愈发似火,年轻人渐渐汗流浃背。他觉得自己劳累至极,浑身酸痛,手臂每抬起一下都非常费劲。不过,他丝毫没有停下来的意思，因为他所追寻的幸福就在眼前。好不容易，这块硬地终于掘完了。

年轻人背着镐头，迈着疲惫的步伐来到树荫下。老和尚听到动静，缓慢地睁开双眼，让他坐在一侧，并将随身带着的水罐给他。年轻人这个时候饥渴交加，喉咙就像是要冒烟似的。所以，他快速地接过水罐，仰头咕咚咕咚地一顿狂饮。过了一会儿，他放下水罐，一个劲儿地对老和尚说："畅快！畅快！从来没有过的畅快！"

老和尚意味深长地问年轻人："你现在的感觉和刚才掘地时的感觉，哪一个比较好呢？"年轻人不假思索地回答："还是现在的感觉好。"老和尚接着问："那你现在觉得幸福吗？"年轻人听完，似有所悟地说："跟刚才比，现在我真是太幸福了。"闻此，老和尚双手合十，念了声佛号说："阿弥陀佛，施主，幸福已经被你找到了。"

这个点化众人的故事蕴藏着深刻的哲理，即幸福是相对而言的。在这个世界上，绝对的幸福是不存在的，它仅仅是一种感觉，存在于人们心灵之中。换句话说，当你的内心有一种满足感的时候，幸福就会油然而生。幸福与金钱、权力、地位不一定成正比。富翁不见得就比小街贩更幸福，捡破烂的与衣着光鲜的影视明星完全可以拥有一样的幸福。

幸福往往像空气一样，时刻在我们身边萦绕着，只是很多人对它的存在司空见惯而不自知。事实上，全家和和美美地坐在沙发上观看电视节目是幸福；在为病情忧心忡忡的时候，医学检查结果显示你只需要休养生息即可恢复健康是幸福；你拥有健全的身躯，你工作如意，与爱人相亲相爱，亲朋好友也没病没痛，这也是幸福……

想要多一点幸福，就要少一点计较

只要稍微留意，我们就会发现这样一个问题：当今中国，物质在发展，社会在进步，人们的生活水平逐年提高，但拥有幸福感的人群却日益萎缩。压力、抑郁、

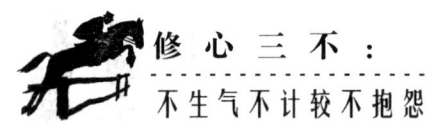
野心、烦恼等，像泛滥的洪水一般肆意地充斥着人们的神经。于是，他们在内心深处大声质问："为什么幸福的人不是我？""我要幸福为什么如此难？"

放眼望去，在校生说自己不幸福，工薪族也说自己不幸福；有的人在缺钱时郁郁寡欢，"穷"得只剩下钱时也悲从中来；有的人为进不了名利场而失落，从商为政的又会因公务缠身变得寝食难安；茕茕孑立者为未来迷茫彷徨，有伴侣者却感叹走入围城，难觅到幸福……

所以，在日常生活中，快乐、幸福对很多人而言，宛如一件"蜀道之难，难于上青天"的事情。他们深陷于对自我、对生活的质疑的泥潭之中，就好比遇见一道难度系数极高的数学题，百思却不得其解。

为什么人们的幸福感如此缺乏？有一部分人是因为太过于注重物质，忽视了精神生活的跟进；有一部分人则是计较之心过重。事实上，那些自我感觉幸福的人，往往都不是因为他们原本拥有的很多，而是由于他们计较的很少。

夏日的一个下午，15岁的少年杨帆去拜访一位年长的智者。杨帆皱着眉头问智者："我如何才可以让自己和他人都变得笑容满面呢？"

智者笑着说："孩子啊，你年纪轻轻，便有如此觉悟，实在难得。"

接下来，智者送给杨帆下面四句话——第一句：把自己看成别人；第二句：把别人看成自己；第三句：把别人看成别人；第四句：把自己看成自己。

杨帆说出了自己对前三句意思的理解，很令智者满意。

"把自己看成别人"，意思是说，在有痛苦感袭来之际，你不妨将自己视作别人，如此一来，痛苦指数自然会降低。当你喜笑颜开之时，同样将自己视作别人，没有谁会无缘无故为旁人的喜悦之事而手舞足蹈，因此，你就会变得淡定从容。当你修炼到"不以物喜，不以己悲"的境界，不再计较得失荣辱，内心就能获得安宁。就算是好事临身，也能泰然处之。保持平和的心态，生活就会充满乐趣。

"把别人看成自己"，意思是说，自己要怀有一颗同情之心，心甘情愿设身处地为别人着想，理解他人的意图和初衷。当别人有让自己感觉不舒服的举止或行为时,不妨试着站在对方的立场上想问题。这样,你可能会发现,其实对方的所作所为并非恶意,而是有一定的苦衷。倘若条件许可,你还可以在力所能及的范围内,对别人伸出援助之手。

"把别人看成别人",意思是说,要尊重每个人的独立性,无论什么场合,或者什么状况之下,都不要侵犯别人的核心领地。就算是夫妻,也不要想当然地以为互相之间必须百分之百透明,毫无隐瞒,因为互相尊重、理解和信任,才是婚姻当中最为重要的事项。

对于第四句话,杨帆不太明白是什么意思,便向智者请教。

智者意味深长地说:"这句话需要倾尽一生的时间和精力去推敲和理解,当你将这四句话统一起来,贯穿始终,融合在意念里,付诸实践中,你就能获得真正的幸福。"

其实,智者说这番话的初衷是想让杨帆真正地做回自己。在这四句话中,第四句话的分量最重,指的是人只有凡事不斤斤计较,坦诚生活,宽容大度,幸福才能成为生活中的主导。

一个人的幸福程度,往往与计较成反比。《增广贤文》曰:"用心计较般般错,退步思量事事难。"说的也正是做人不能斤斤计较,更不能退缩,否则就会错误不断,困难不断。统观那些爱计较之人,能安享幸福者又有多少呢?计较的越多,其幸福感就越少;计较的越少,其幸福感就越多。

当你开始计较,你便开始烦恼

当你开始计较,你便开始烦恼。计较之于烦恼,就好比磁石之于铁屑。换言之,计较堪称是一块吸引烦恼的磁石。如果你对事情过于计较,烦恼重重自然是不可避免的。

赵俪和张珊曾经是一对亲密无间的好朋友。现在,她们居然视对方为陌路

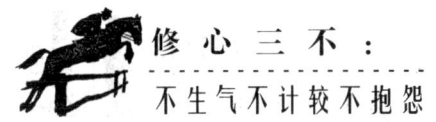
人了。之所以出现这种憾事，关键在于彼此之间的计较。赵俪计较张珊没心没肺，张珊计较赵俪唠唠叨叨。最终两人的友谊之绳，就这样因为彼此之间无休止的计较而断了。她们两个人都因为这件事而觉得不开心。其实，仔细想想，这又何必呢？

一个人越是计较，烦恼越多；烦恼越多，牵绊越多。计较他人应该如何对待自己，就是自寻烦恼；计较他人应该如何如何，才是心灵受伤并缺少笑容的主要原因之一。

在一个偏远的小村庄中，因为往昔曾发生过一些令人不快的事情，所以这里的居民相处的融洽度极低。人与人之间根本谈不上互帮互助，几乎每家每户的处事原则都是"各人自扫门前雪，不管他人瓦上霜"。他们在街上碰面后也不打招呼，而且还经常为一些鸡毛蒜皮的小事吵得不可开交，导致整个村庄终日处于鸡犬不宁的状态中。

在新上任的村长看来，这种"相敬如冰""气冲冲"的风气如果继续持续下去，对下一代的人格成长乃至整个村庄的长远发展都极为不利。于是，村长迫切地想要将目前的这种窘境加以改善。经过一段时间的冥思苦想与努力，他找到一位异乡人前来帮忙。

这天，村长召集村民们到村庄中央的空地上开大会，向村民们介绍异乡人："他是一位会变魔术的技师，而且有着精湛的技艺。"村长话音刚落，只听异乡人拿起一块石头对村民们说："这块石头魔力无边。为什么这么说呢？因为凡是用它炒出来的菜，就会是天底下最可口的一道菜。要是有谁觉得我在吹牛，我可以当场示范给这个人看看！"

村民们听完异乡人的话后，忍不住交头接耳、议论纷纷起来。过了一阵子，有的村民就把自家的大锅搬到现场，有的村民搬来了自家的大火炉，有的村民则心甘情愿地提供炭火，也有的村民兴致勃勃地开始忙活着生火……总之，整个村庄的人都围着村庄中央的空地，耐心等待异乡人开始表演。

异乡人先是煞有介事地在大锅中倒了一些花生油，并将自己准备的一把青菜放入锅里,同所谓的"魔法石"一并翻炒。稍过片刻,便用一种遗憾的口吻对村民们说:"这么一点点青菜,哪里够这么多人品尝呢? 假如能够再多炒一点菜,那么在场的人就都可以品尝到了。"

于是,村民们纷纷跑回家,拿青菜过来。异乡人将这些青菜也放入锅中翻炒。估摸着火候差不多的时候,异乡人自己先试吃了一口,随后手舞足蹈地大声说:"简直是人间美味! 假如可以再加一点盐,或是一点肉丝,那味道就更好啦! "

众人听后口水直流,盐、肉和其他的调味品也很快传到了异乡人的手上。没过多长时间,异乡人所用的大锅中就已经放满了佳肴。这盘菜刚炒好端上餐桌,就被众人你一口我一口,吃了个盘底朝天。村民们发现,这果真是天底下最好吃的一道菜! 于是,个个欢呼雀跃,脸上纷纷露出了久违的笑容! 村长见状,也是满心欢喜。

聪明的你,肯定已经识透了异乡人的魔术秘密吧。

事实上,这块魔法石并没有什么特别的威力,因为真正起作用的是村民们不计前嫌、乐意付出的态度。你拿出一点盐,我献出一点肉,有道是"众人拾柴火焰高",大家团结协作炒出来的菜,成为天底下最好吃的一道菜,自然在意料之中。

"浮生若梦,世事无常。"今日尚围桌共餐的两个人,明日可能就要各奔东西,何必计较太多呢。如果能抛开隔阂,敞开心扉,珍惜与他人相处的分分秒秒,你就会懂得,山珍海味并非是天底下最美味的佳肴,人情的滋味才是令人回味无穷的绝妙大餐。

一个人计较的越多,并不意味着他得到的就会越多。如果整日计较自己拥有的"够不够多",是极容易将自己心中真实需要的那份快乐忽略的,进而变得郁郁寡欢、满脸愁容。只要我们将这个心结解开,生活得更轻松、更快乐、更幸福,其实并不是一件困难的事情。

事实上,但凡生活中的智者都懂得四个字:"有所不为。"他们所计较的只是对自己最重要的事物,而且还明白什么年龄应该计较什么,不应该计较什么,有取有舍,收放自如。

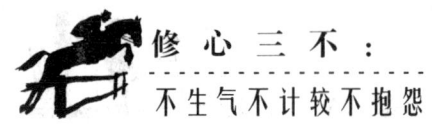

计较只会让人处于尴尬的位置

人与人之间难免会有产生矛盾的时候，而消除这些矛盾是需要讲求方式方法的。当跟人发生不愉快的事情后，过于计较，试图拼个鱼死网破，这种做法是不可取的。计较是最没有影响力的语言。遇到不如意的事情，不妨看淡一些，静下心来思考一下：之所以出现这种情景，是什么原因造成的？又能够用什么方法加以解决？

一天上午，一位美国人突然怒气冲天地闯入上海某饭店的经理室，质问道："你就是经理吗？我刚才在大门口滑倒，把腰给摔伤了！你们弄的地板如此滑溜溜，连点防滑措施也没有，太危险了。立刻带我到医务室去！"

见此情形，经理并没有因为对方不分青红皂白地乱骂一气而生气，反而很客气地说："这实在抱歉得很，您的腰部没有大碍吧？我马上联系，安排人员领您到医务室去，请您稍微坐一会儿。"

美国人坐在椅子上，继续计较不停，但不管怎样，已经镇定了下来。饭店经理见状，便温和地说："请您换上这双鞋，已经联系好了医务室那边，现在我就带您过去。"

其实，早在这位美国人闯入之前，经理就已经看出他的腰部没有什么大碍。所以当美国人离开经理室后，经理就将他换下的鞋悄悄递给一位服务员，说："这双鞋后跟已经磨薄了，在我们从医务室回来之前，把它送到楼下修鞋处换一个橡胶后跟。"

检查结果正如经理所料，未见任何异常，美国人也完全冷静了下来，随后一同回到经理室。经理说："没有什么异常比什么都好，我们也就安心了，不妨再喝杯茶压压惊吧！"

这时，美国人也觉得自己刚才的言行过于冒失，便说："地板是比较滑，很危险的,我只是想提醒你们注意一下,没有什么别的意思。"

经理说:"很冒昧,我们没有经过您的同意擅自修理了您的鞋。据鞋匠说,是后跟磨薄才使您走起路来容易打滑。"

这位美国人接过刚刚修好的鞋,注视着正合适的橡胶鞋跟时,若有所思。过了一会儿,他高兴地说:"经理,真的谢谢您的厚意,对您给予我的关怀照顾我是不会忘记的。"

经理送这位美国人出门时,说:"请您将这件滑倒的事忘掉吧,欢迎您再来。"于是,两人愉快地握手后,美国人再次向经理道歉,并表示感谢,之后,便迈着轻盈的步伐走出经理室,渐渐消失在人群中。从此,只要这个美国人到上海,必定下榻这个饭店并向经理致意。

这位美国人最后之所以能够满意而去,究其原因,关键在于饭店经理能够在顾客的计较面前保持理智、顺着对方的意思,先化解掉对方的怒气,随后用柔和的语气让这个美国人冷静,再用客观事实对其说理,最后让他意识到了自己的"无理取闹",进而使误会消除,制止了事态恶化。"用软绳捆硬柴",其实这句话说的就是这个道理。试想倘若经理计较美国人最初的恶劣态度而争吵起来,那结果可想而知。

有一位资深媒介专员准备到一家新公司应聘,在诸多竞争者中他的工作经验最丰富,学历最高,工作成绩也最显著。

经过复试,他原本脱颖而出,却没想到最终新公司聘任的居然不是他。对此,他感到无比诧异。于是,他不服气地来到这家公司,想把自己落败的原因弄个清楚。

结果,他得到了这样的回答:"的确,您的经验能力是最突出的,但从您对您原来的公司的形容中,我们发现您是一个很喜欢计较的人,计较中午的工作餐不是人吃的,计较工作差、工资少,计较空有一身绝技却没有赏识自己的伯乐……您口中的前公司在您眼中那么糟糕,而据我所知,我们两家公司的规模和体制差不多,我想您到我公司来也一定会有着这样那样的不如意,所以……"

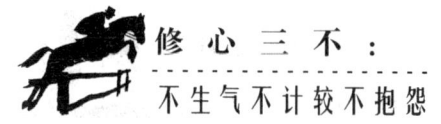
这个事例再次说明，不如意之时，一味计较这个、计较那个，不但于事无补，有时候还会令事情变得更糟糕。因此，无论我们遇到怎样的现实，都不应该计较太多。与其计较，不如换种想法，凭借自己的努力改变不如意的现状，这样才有可能获得幸福。

小计较，会产生大遗憾

在人的一生中，计较就好比是幸福生活的绊脚石。假如一个人为了获得当前相对舒服安逸的生活，总是习惯于千般牢骚、万般计较，就容易付出让幸福走远的代价。很多时候，正是一些习惯性的小计较，给人生酿成了难以弥补的大遗憾。

据美国心理学会的调查结果，在美国的心理诊所，平均每个月每位医生至少会碰见一位这样的中年患者：这些人担负着养家糊口的重任，却仍然在公司的底层苦苦挣扎。他们的口头禅大都是："凭什么我辛苦地做了大半辈子，依旧没有获得升职加薪？一些大学毕业三五年的小毛孩却脱颖而出，甚至成为了我的顶头上司？"

这些中年患者不停地向医生抱怨，他们计较自己在一个岗位上辛苦工作了十几年，公司却总是对他们的付出置若罔闻。难道这些心力交瘁的中年人士果真就是缺乏伯乐才受不到公司重视的吗？在讨论这个问题之前，让我们先来说说美国《读者文摘》上登载的一位美国医生的记录，或许，看完后，对于这些患者人生悲剧的根源就了然于心了。

今天，我又接诊了一位中年危机患者，他不停地计较公司不提供机会给他。于是，我问他："先生，您方便将自己受到的不公待遇和盘托出吗？"

"当然方便，前段时间，公司居然要派我去海外营业部工作，您想象得出来吗？像我这样的年纪，到遥远的日本去？"这位中年患者情绪非常激动地说。

"我想说的是，先生，去日本尽管非常遥远，可能还会水土不服，但您不觉得这正是公司给您提供的一次机会吗？"

"我可不觉得是机会。我这么一大把年纪了，还让我如此奔波，这些都应该是二十几岁的年轻人应该要做的事情。说它是机会真是太可笑了，它简直是对我的折磨。"

"那么，您最后怎么处理的呢？"

"我对我的上司说，我患有严重的心脏病，到这么遥远的地方去工作，实在心有余而力不足。"

"那么，先生，我觉得假如您的身体状况并不乐观，也许您应该降低一下对自我的要求，不妨考虑做一些闲差。您知道，做公司的管理者其实压力不小，这也许并不利于您的身体健康。"

"医生，我的病其实一点也不严重，这只是我找的一个拒绝的理由。我这样说，公司就不会派我去日本工作了。"

原来，这位病人和我所见过的所有一事无成、牢骚满腹的患者没什么区别。他们并没有什么真正的疾病，只不过他们遇到事情太计较，总是为自己寻找不做事的理由，从青年开始找理由，一直找到中年直至老年，他们并不知道，导致他们人生郁郁寡欢的源头，恰恰是自己内心中的计较。

事实上，一点点表面上看起来不起眼的计较，假以时日地累积起来，就有可能酿成人生的大遗憾。当我们计较公司没有赏识和提拔自己的伯乐时，首先应该自我反省，反省一下自己有没有总是抱着计较的态度在做事。

陶硕在一家公司做销售已经十几年了，业绩向来都不错。有一天，他负责的一笔订单被其他的公司抢去了。领导很重视这笔订单，便特意打电话询问究竟。陶硕担心领导责怪，便推诿说："我腿上的旧伤复发了，所以谈判的时候迟到了，所以，就被竞争对手抢去了。"领导觉得他以往的业绩都还可以，更何况，他的腿伤也是5年前出差时弄伤的，便没有太责备他。事实上，陶硕那天只是因为自己赖床睡过点儿了，把工作耽误了。而且，他的腿伤也完全影响不到他的行动，更不会给工作带来什么不便。

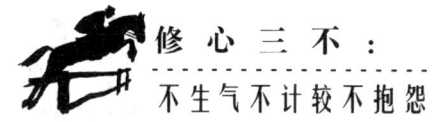
从那以后，陶硕终于找到了让自己清闲起来的法宝。只要公司有比较艰巨的任务时，他就以腿伤为理由，暗示上司自己不能胜任。又过了半年，陶硕发现，除了腿伤，儿子生病，老婆住院，等等，都可以成为迟到早退、逾期完成任务的理由。就在陶硕为自己的"英明"之举窃喜时，由于经济不景气，公司开始了一轮"裁员大潮"。领导将陶硕喊到了办公室，告诉他："我知道你为公司受过伤，之前做事也很不错，然而近1年来，你的业绩几乎为零，所以，很抱歉，你被解雇了。你不要对我做任何解释，这1年来，我听得耳朵都长茧了。"

这就是陶硕出于计较之心，为自己所找的各种理由而付出的代价。

无论是在生活还是工作中，那些看似不起眼的小理由，让人感觉危害力甚小，因为并没给他人制造更多的麻烦。然而，假如长此以往，也会酿成大遗憾。一个人计较之心越多，做起事情来越容易滋生各种理由与借口，进而越容易改变上司、同事对他的看法，觉得他是一个不能担当责任、做事效率低下的人。这样的不良印象，除了会让他错过更多的发展机会，一旦出现危机，还会让他最先被淘汰。果真如此，那么，他的幸福感又从何谈起呢？

不计较的心得

计较能够让人们暂时缓解自责情绪，降低自我要求，进而取得为时不长的自我满足。可是，明白人都知道，这样的计较充其量是一种自我麻醉的有害药物而已。这种情景就好比是一位医生给患者治病的时候，使用了麻醉剂。麻醉剂虽然可以暂时缓解患者的痛楚，但并没有驱疾祛病的功效。假如长期使用，还会让患者命丧黄泉。为了不至于酿成终生憾事，我们还是少一些计较吧。

第七章　人无完人，
对他人何必吹毛求疵

假如挑剔可以让一部被撞坏的汽车修复得完好如新的话，那将是多么美好的一件事啊。然而，这只是天方夜谭式的幻想罢了，在现实中是绝对不会发生的。常言道："瓜无滚圆，人无完人。"只有神才是至善至美、无可挑剔的。因此，在实际生活中，一个人对他人过于挑剔、吹毛求疵，本身就是不恰当的。如果我们能够改变态度，对他人少一些吹毛求疵，少一些指责，多一些赞美，则有助于赢得别人的尊重与好感，获得良好的人际关系。

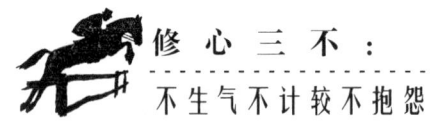
水至清则无鱼，人至察则无徒

崔浩宇在一家洗化公司的采购科工作。一天，有位洗化厂家的业务员来到采购科推销产品，碰巧公司的孔总经理正在采购科交代工作。互通过姓名之后，这位业务员递上自己的名片，便想当然地认为孔总经理是采购科的负责人，开始兴致勃勃地推销自己的产品："孔科长，这是我们公司最新研发出来的去屑控油洗发露，市场反响很好……孔科长，倘若您能代销我们的产品的话，必然会为贵公司创造可观的收入，赢得老总对您的欣赏……"

他滔滔不绝地推销着，孔总经理则时不时地点头微笑着，并穿插地说一些自己的观点，都能得到这位业务员很专业的答复。

在这个过程中，崔浩宇始终站在孔总经理身旁。他见这位业务员口若悬河，心里非常着急。他看出来了，这位业务员误将总经理视作了科长，擅自给老总降了级，这显得不是很有礼貌。他屡次想把业务员的观点予以更正，奈何孔总经理对业务员的产品看似很是兴趣盎然，两人一问一答甚是投机，他并没有机会插嘴说话。

后来，孔总经理认为这笔生意有丰厚的利润空间，就答应这位业务员先留下一些产品试销。待业务员走后，崔浩宇对孔总经理小声说："刚才那'业务菜鸟'把您当成了科长，当真是'有眼不识泰山'啊。"

孔总经理笑着说："这没什么。我在采购科里待着，小伙子一瞧我又像个管事的，把我误当成科长也在情理之中，不能完全怪罪他嘛。更何况，他初来乍到，又还年轻，缺乏经验，我们无须为这个微不足道的细节跟他计较的，'人至察则无徒'嘛！"

两人正说得火热的时候,刚才那位业务员忽又跑了回来,走到孔总经理面前满脸歉意地说:"真是抱歉,孔总经理,我刚才把您误当成科长了,不晓得您是这里的总经理,我真是有眼无珠。我下楼时一问门卫才发现自己犯了这样的错误,还望您多多包涵!"

"嘿嘿,不知者不怪,科长也好,总经理也罢,只要生意谈成了,我们就是朋友嘛!"孔总经理微笑着说道。一个小小的误会就这样被化解了。

如今,昔日的那位业务员已经成长为一家私营企业的经理了。他现在依旧难以忘记自己初次上门推销产品时的事情。每次回忆起来,都会被孔总经理的大度感染。后来,他一直与这家洗化公司保持着不错的合作关系。可以说,是孔总经理当初的"不察"成就了这段佳话。

古语有云:"水至清则无鱼,人至察则无徒。"如果水流过于清澈,就很难在其中滋生鱼类。同样,一个人如果对事物的观察太过敏锐,就会认为他人从头到脚都是缺点,不值得与之相处与交往。

一提美国前总统林肯,可谓是家喻户晓。很多人也都知道他曾经做过伐木工人,但他有一封写给胡克的信,却并不怎么广为人知。事实上,这封信理应被更多的人知晓。因为这封信能够让我们看到一位睿智、率直、老练又不失慈爱,具有外交天赋和宽大胸襟的林肯。

我们先来说一下该信的写作背景。胡克曾经粗鲁、不公正地批评自己的总司令——林肯,这让他的上司伯恩赛德感到非常难堪。不过,林肯对此却并没有一点儿计较之心,反倒是充分发挥胡克的优点,为自己所用。林肯提拔胡克,接替了伯恩赛德的职务。也就是说,被冤枉的人提拔了冤枉他的人。事实上,林肯与伯恩赛德的私人关系非常好。

尽管如此,误会依旧存在。为了让被提拔的胡克获悉事情的真相,林肯用一种既不让他难堪也不至于惹怒他的方式告诉了他,用理智的方法将他跟胡克间的矛盾化解掉了。

我们一起看看这封信的大概内容。

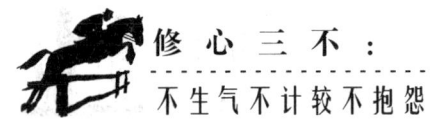

少将：

我已经将你任命为波托马克军的首领。我如此行事，当然有我充分的理由，但我依旧觉得你最好知道，这并不意味着你在我眼中是完美无缺的。也就是说，你身上依旧存在着一些我不太满意之处。

我相信你是一位勇敢又才华横溢的军人，当然，这是我所欣赏的。我也相信你不会将你的职业跟政治倾向混为一谈，这一点是有价值的优点。

你有着雄心壮志，在合情合理的范围内，它利大于弊。然而，我觉得你在接受伯恩赛德将军统帅时，你的雄心壮志曾经受到过挑战。在这一点上，你犯错误了，且这个错误很大，无论是对国家，还是对那位战功显赫和令人尊敬的长官。

近些日子，我曾听你说过，不管是军队还是政府都需要一位最高统帅，对你的观点，我表示认同。因为这方面的原因，但并不局限于此，我给你下达了任务。只有那些赢得战争胜利的将军才可以升级为统帅。我现在要求你的是，在军事上取得胜利，而我自己也冒着独断专行的危险，把你提拔。

政府将竭尽所能给予你最大的支持，而且对所有的司令官一视同仁。指责自己长官甚至让他失去自信心，我忧虑这些由你带入军队的思想会发生在你自己身上。我会尽自己所能来帮助你加以控制。不管是你，还是拿破仑（假如他还活着），欲从一个充斥着此种情绪的军队中有所获益，实属海市蜃楼。

现在，请将这种轻率加以克服，保持这种旺盛的精力，勇敢向前冲，争取伟大的胜利。

敬礼

林肯

1863年1月26日于华盛顿

从信中不难看出，虽然胡克有种种缺点，但他依然受到了林肯总统的提拔。当然，这并不意味着林肯能够永远保护胡克。假如胡克战败了，林肯不得不再起用其他人取而代之——一个更沉着冷静、不妄加评论、不吹毛求疵的人。

对别人不要吹毛求疵，是人际交往过程中的重要原则。在人际交往中，一个人最大的缺点莫过于自己瞧不到自己的缺点，反倒对别人吹毛求疵，斤斤计较。试想，如果你将大部分时间与精力浪费在评论别人的是是非非上，你自己用来经营成功的时间与精力又能有多少呢？想提高自己，并不需要对别人吹毛求疵，贬低别人，也不需要恶意中伤其他的人。

苛求他人，等于孤立自己

苛求他人，顾名思义，就是对待别人过于严格要求，看别人这也不顺眼，那也不顺眼，确切地说，就是喜欢鸡蛋里挑骨头，对别人身上的毛病太过计较。假如总这样，时间长了，自然没有人愿意接受你的百般挑剔，因为一个人假如总是活在对方的挑剔中，这对他而言，必然是一种心灵上的折磨。

在心理学上，一个人如果过分地对别人施加压力，称得上是一种精神施暴。即便是强者，他的承受力和忍耐力也是有限的，更何况在这世界上生活的更多的是普通人，并非都是强者。假如总是被你如此严苛地"礼遇"，除了极少数无限包容你的人，大多数就算没有表示抗议，估计也会如同躲瘟神一样对你避而远之吧！不管是哪一种情况，相信都没有人愿意看到吧。然而，在实际生活中，并不乏苛求他人和抱怨他人的场景。

"你看人家莉莉的老公，多有本事啊！他可跟你是同班同学，现在人家是一个公司的经理了，住别墅、开宝马车、穿名牌服装。再瞧瞧你，到社会上混了五六年了，还是一个小职员，啥时候才能像莉莉她老公那样风光呢！"

"真让人上火！做题的时候有没有动脑筋？每次考试都比邻居家的萱萱低十几分，你啥时候给我争口气，考个好成绩回来！你这样的分数，让我这当妈的脸往哪里搁呢？"

"老爸啊，我同事的爸爸跟你年龄相当，人家是局长级的了，你怎么还是个小

办事员呢？跟同事聊天都不好意思说！"

……

生活中类似的事例不胜枚举！很多人总是在无休止地苛求别人。试问，一个人整天抱着这样的态度生活，他的幸福指数能高到哪里去呢？

刘先生是一家建筑公司的职员，妻子王艳除了上夜大之外，就是赋闲在家料理家务。

一天，路上遇到堵车，刘先生下班回家晚了一小时。他刚进门，王艳就一脸不悦地抱怨说："哎哟喂，刘先生，咋回来得这么晚啊！刚才房东来电话，又催交房租呢！你这个月的工资啥时候发呢？"

"老板说这个月资金周转有点难，估计得迟几天，大概得……"刘先生的话还没说完，王艳就扯开嗓门喊道："等，等什么等？你一个大男人，在北京1个月才赚3 000来块钱，每个月还拖、拖、拖！你瞧人家张培的老公，月薪过万，还做了行政部的经理！"

"你觉得他能耐大，那你去找他啊！我一天到晚在外奔波，压力再大也自己扛着，下班回到家，你不仅没有好脸色，还冷锅冷灶的，连口热饭我都难吃上。如果是你，你还有心思做事吗？猴年马月也坐不上经理那个位置，我就是让你给拖累的。"刘先生被王艳数落得火冒三丈，反击王艳，毫不示弱。

王艳听到老公说自己拖累了他，心里觉得非常憋屈，歇斯底里地反驳："我哪天没做饭啊？不就今天没准备晚饭吗？我每天在家当洗衣妇、煮饭婆，累得腰酸背疼，你觉得在家是享清福啊！你既然说吃不上热饭，那我今天还真不做了！"

"你说你辛苦？难道我不辛苦吗？你知不知道现在形势越来越不好，公司又要裁员了，我有多大的压力，你明白吗？"刘先生越说越气，到最后怒火无从发泄，便随手将背着的公文包朝着王艳砸过去。

王艳见状，气愤地走回卧室，越想越委屈，终于忍不住号啕大哭起来。

"生活怎么会这样！这日子过不下去了！"刘先生夺门而出，喝闷酒去了。

刘先生并不晓得，王艳之所以没做晚饭，是因为她的毕业论文没通过，她郁闷极了。等刘先生回来后，坏情绪终于有了一个发泄口。但她哪里知道，老公正面临着失业的压力，情绪也不是很好呢！他们缺乏必要的沟通，动辄苛求对方，指责对方，最终引发了一场家庭口舌之战。很多时候，人们总是过于在乎自己的感受，却忽略了家人同样需要安慰与理解。

对他人不要过于严格要求，这样才会生活得快乐。虽然不少人知道这个道理，但做起来却未必就如此。当然，在家庭中如此，在职场中同样如此。

做员工的总是希望老板能给他升职加薪，但现实与理想总是有差距的。于是，有一些员工便三五结群地谈论起来："这老板就跟葛朗台似的，简直是一毛不拔的铁公鸡！好几年都不涨工资了，还让员工天天加班……""是呀，每天下班后都快累趴下了！我来公司3年了，等着加薪等得花儿也谢了……"诸如此类的人，不能从老板的角度去考虑事情，去改变自己，可能终其一生，也只能眼睁睁地望着别人过潇洒的生活，自己却在抱怨中日复一日。

是谁给了你一份差事？是老板！是谁每个月给你发放薪水？是老板！

是啊！是老板！那为何还要抱怨呢？比尔·盖茨曾说："老板就是老板，职场不是理想世界。"假如你不满意这份工作，大可以拍屁股走人，抱怨是解决不了任何事情的！所以，对老板也不要太苛求了。

当然，对于老板来说，不要成天将"有压力才有动力"这样的话挂在嘴边。要明白"管理无情人有情"的道理，只有重赏才能调动起员工的积极性。假如只晓得苛求员工多做事、多干活儿，却又舍不得多发些必要的补贴作为奖赏，又有什么理由抱怨员工舍你而去呢？

因此，作为老板，要学会换位思考，多站在员工的立场思考，也不要对员工太苛求了。

最后，对待周围的朋友，更不能太苛求。只要是朋友，无论你们之间存在怎样的差异，都应该懂得去欣赏、去包容。无谓的抱怨和指责是没用的，只能让你失去珍贵的友谊。

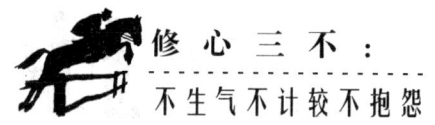
计较是把双刃剑，伤人又伤己

在与他人交往的过程中，不要对他人的过失揪住不放，过于计较。因为计较堪称一把双刃剑，既能将别人伤害，也可能会将自己伤害。

白梅和夏雨是一对相识多年的好朋友。因为一件小事，白梅竟然对夏雨有了很大的意见。

过了很多天，白梅仍然心存不满，便忍不住对另一位好朋友牢骚满腹地说："认识那么多年，我对她还不了解？你知道吗？她竟然在我面前装大！那天，在新世界百货商场偶遇，她居然假装不认识我！我跟她打招呼，她居然视而不见！我真是拿我的热脸贴人家的冷屁股！"

其实，那天正逢夏雨心中有事，白梅向她打招呼的时候，她正在沉思，"两耳不闻窗外事"，所以根本就没听见白梅的喊话。但白梅却自感在大庭广众之下很没面子。后来，虽然有人劝告，有人告之事实真相，白梅仍难以释怀。因为白梅的计较，两人关系日渐降温。这件事传出去，亦使得其他人对白梅"另眼相看"，与白梅交往时，不得不多个心眼。

无独有偶，还有一个类似的情况，也让一对友人反目。

郗婷婷和张聪自高中时代便是无话不谈的好姐妹。大学毕业后，郗婷婷在河北石家庄就业、定居；张聪则在北京就业、定居。因生活和工作奔波而忙碌，两人联系日渐减少。

去年七夕节，郗婷婷给张聪发了一条祝福短信，但过了一个星期，郗婷婷也没有等到预料之中的回复。中秋节之际，当年的班长组织了相识10周年的同学聚会。待饭菜上桌后，同学们开怀畅聊，好不热闹！但郗婷婷总感觉张聪对自己若即若离，便更加感到窝火。

郗婷婷忍无可忍，对张聪气冲冲地说："你是不是觉得自己在北京安了家，自感高人一等，不把我这个昔日的朋友放在眼里了？给你发个短信，你现在都不屑于回复了！"这一番话，听得张聪是一头雾水不知所以然。经过这件事后，两人的感情受到了极大伤害。

其实原因很简单，是因为那天张聪的手机碰巧欠费停机，根本没有收到郑婷婷的短信，尽管见了面，因为不知也未提，误会就这样造成了。因为计较，事情的性质发生了变化。

只要去计较，类似的事情俯拾皆是，就好比天上的星星，不胜枚举。

接下来，我们看一个关于"打满补丁的外套"的小故事。

有一个偏远的山村，住着一个穿着怪异的老先生。之所以说他穿着怪异，是因为他每天都穿着一件打满补丁的外衣到处游走。令人匪夷所思的是，他外衣上的每一个补丁都是用不一样的颜色补上去的，乍看上去，外衣很是抢眼。

一天，这个村子里来了一名旅行者。旅行者在这村子里稍作停留之际，发现了这位特立独行的老先生。他对老先生的穿着感到很费解，忍不住询问："您为何要穿如此怪的外衣走来走去呢？有什么特别的意义吗？"

这位老先生严肃地回答说："我这衣服上的补丁啊，颜色各异，是因为每一种颜色都代表乡亲们的一个错误。我不想他们忘记自己曾犯下的过失。"

旅行者听完，继续问老先生说："我想知道的是，您胳肢窝处的白色补丁又代表着什么呢？"老先生面带不悦地回答说："这代表我自己的错误。我将其搁置在我目光不容易看见的位置。"

仔细想想，在你的实际生活中，是否也曾发生过类似的情景？就好比这个穿着一件打满补丁外衣的老先生，过于计较他人的过失，并将其放在最明显的地方，用最引人注目的颜色标识出来，却将自己的过失隐藏在胳肢窝下的丁点儿大的白颜色中。

其实，过于计较他人的过失，就如同磁铁，那些怨恨、责怪、猜测、多疑就如同铁屑，统统都会收拢归位，进而让你用怀疑不解的眼光去与人交往，去处理事情。这世间的一切都会随风而去，灰飞烟灭，我们何必事事太较真呢？

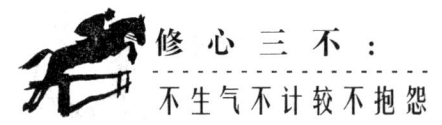

　　曾见过一些甜蜜恋人分道扬镳，可能只为一个误会；一些恩爱夫妻以离婚收场，可能只是对生活中一些鸡毛蒜皮的小事心存分歧；结识多年的挚友对彼此芥蒂满怀，可能只为一些莫名的缘由。试问这些事例，有哪一条理由可以站住脚？

　　智者从来不会抱着"锱铢必较"的心态度日，从来不会让别人制造的过失或麻烦转变成自己的烦恼。因为他们懂得，不管自己因此有多么愤怒，对方也不会为自己而失眠的。假如因为他人的过错而令自己陷入无尽的烦闷、苦恼甚至悲恸之中，自己就成了唯一受到伤害的人，而且将这种伤害的深度和长度加以强化的，不是别人，而是自己。

懂得接纳别人的缺点

　　据《资治通鉴》记载：公元前377年，子思向卫侯推荐苟变时说："依照苟变的军事才能，他足可统率五百乘的军队。"但卫侯却不以为然地说："我清楚他是一个将才，不过他在向老百姓收田赋时，曾白吃过人家几个鸡蛋，因此不可以用他为将。"子思听完这个逻辑，进言说："圣明的君主用人，犹如木匠用木料，取其所长，弃其所短。因此，合抱粗的大树，尽管烂了一些，但好木匠绝不会因此而将之抛弃。如今，您处于狼烟四起的环境中，需要选择勇猛之人，因为区区几个鸡蛋而舍弃捍卫社稷的将才，万万不能让邻国知晓啊！"

　　这个小故事说的大概内容是，子思推荐苟变担任将领，卫侯却由于苟变昔日为官收税时吃了百姓几个鸡蛋而弃之不用。结果，子思以"圣人之官人，犹匠之用木，取其所长，弃其所短"劝谏：选人任官不可求全责备，而应"取其所长，弃其所短"，为我所用，最后成功说服了卫侯，使苟变获得重用。

　　我们要明白，世上不存在完美的人，只存在完整的人。一个完整的人是优点与缺点并存的。因此，我们要学会接纳别人的缺点。一个人学会了接纳别人的缺点与短处，才有可能得到最大限度的释放与自由，才有可能以更加宽广的胸怀，

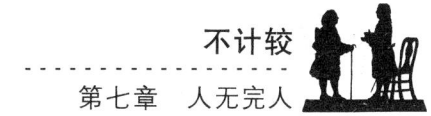

去善待周围的每一个人。

假如我们总是去计较和放大别人的缺点与不足，那么我们永远不会对对方感到满意；假如我们总是习惯于揪住别人的缺点穷追猛打，那么实际上也是在作茧自缚。

一天，老师在黑板上挂了一幅"画"：白纸中间画了一个黑圆点。老师指着画，问同学："你们看见了什么？"结果，全班同学异口同声地回答："一个黑点。"老师进一步开导说："你们只答对了极少的一部分，画中最大的部分是空白。只看见小，对大视而不见，就会束缚人的思考力。成千上万的人难以突破自己，这便是关键原因之一。"

事实上，这个黑点好比是人的缺点。一个人揪住自己的缺点不放，就会成为一个自卑的人；而揪住别人的缺点不放，就会失去所有的朋友，人际关系自然好不到哪里去。

镜子肉眼望过去是非常平的，但在高倍放大镜下，就变成了凹凸不平的山峦；我们的双眼看起来非常干净的东西，放到显微镜下，将不再如此。试想，假如我们"戴"着放大镜、显微镜生活，看见饭菜里的细菌，恐怕连饭也不敢吃了。与人交往时，如果拿放大镜去看别人的缺点，恐怕不少人都会被视作罪不可恕、无可救药的了。

记得四川乐山凌云寺内弥勒佛旁有一副这样的对联："笑古笑今，笑东笑西，笑南笑北，笑来笑去，笑自己原无知无识；观事观物，观天观地，观日观月，观来观去，观他人总有高低。"这副对联强调的是严于律己，宽以待人；对己要时时处处看到自己的无知无识，对人要尽量找出别人的长处。笑，并非笑人，而是笑自己无知无识；观，并非是观人之短，更要观人之长，取人之长，学人之长，容人之短。任何正常的人，都是有短有长的，都是有优点也有缺点的，一个人的优点与缺点总是并存的。所以说我们在看人、待人的时候，要想拥有良好的人际关系，就得见人之长、容人之短。

郑晓龙导演有一部特别火的清宫戏，那就是《甄嬛传》。在这部剧中，有一个

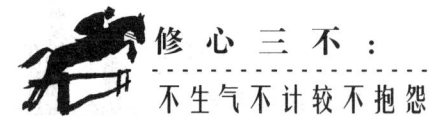

人必须要提一下，那就是令雍正念念不忘、又总是被剧中人提及的纯元皇后。纯元能歌善舞、上善若水，对待宫女体恤有佳……总之吧，她简直就跟神一样完美。可惜她死了，且殁于盛年。或许，这个人物形象的隐喻是，完美无瑕的人，在世间根本就是不存在的。既然如此，何不学会包容、学会接纳别人的缺点呢？

那么，该如何接纳别人的缺点呢？

第一，有一个宽广的胸怀。能够从容地对待全部的人生际遇，包括嘲笑、诽谤、嫉妒、误解等。

第二，以尊重人的态度建立自己的人脉圈。尊重每个人，但不苛求得到别人的尊重。

第三，诚信、公正。诚信与公正一样，是我们在人际关系构建中一种必需的美德。缺乏诚信，就会很容易失去别人的信任；有公正才能维持人际关系的稳定与有序。

第四，帮助他人。善待别人，善意地帮助别人，在整个团队中无疑会拥有一种良好的互动关系，让自己一直处在一种和谐的氛围中。

寻找发现别人的优点

古时候，在一座深山中，有一位勤劳的农夫。他生活特别有规律，每天都会肩负一根扁担挑着两只木桶去河边汲水，日复一日，年复一年。

后来，这两只木桶中，有一只产生了一道裂纹。从此之后，农夫每次回到家时，这只木桶常常会漏得只剩下半桶水；另一只木桶由于没有裂纹，因此总是满满当当的。就这样，过了两年，农夫每天只能从小河中挑到家一桶半水。

完好无损的木桶觉得自己对主人贡献很大，所以整天扬扬得意、自命不凡，有裂纹的木桶则为自己的缺点和不能胜任工作而汗颜不已。一天，存在裂纹的木桶终于忍不住对农夫说："两年了，我觉得非常惭愧，因为我身上存在裂缝，一路上漏水,只能挑半桶水回家。"

农夫听完这只木桶的话,安慰它:"你留意到了吗?在你那一侧的路边上鲜花怒放,而另外的一侧却没有一点儿花的影子。其实,我很早就发现你身上有了裂纹,会漏水,于是将花籽播撒在你的那一侧的路边。我每天挑水回家的途中,你就给它们浇水。两年了,我常常从这路边采摘鲜花,作为装饰房间之用。假如不是因为你的所谓的缺点,我如何能够获取美丽的鲜花,把房间装扮得芳香怡人呢?"

每个人都是优点与缺点的综合体,就好比那只有裂纹的木桶,总会具有这样或那样的不足与缺点。倘若我们心怀包容,努力寻找别人的优点与长处,并且能够扬长避短,我们的生活必定会变得轻松愉悦、多姿多彩。

不容否认的是,每个人都可能存在思维偏见,只不过是程度有轻有重罢了。所谓"偏见",是根据自己所获取的信息,凭主观的想象,甚至已有的经验与逻辑,杜撰故事般给对方构造出一个形象,甚至以此去推测他的过往与未来。

与对方第一次见面,如果你看见对方穿着邋遢,谈吐不雅,你很可能会判定他是一个文化素质不高且缺乏教养的人。当然,你有如此认为的权利。不过,假如你进而认为他做事一定马虎粗心,并且为人自私,甚至可能性情邪恶,以至于日后不想与其有任何交集,这样就会变成一种偏见,就欠妥当了。有这种思维方式的人非常容易丧失良机。在与人交往、合作过程中,明智的人总是懂得充分利用并发挥对方的优势,从而为自己提供这样或那样的方便。

对别人存在偏见,结果往往不利于自己。有人曾说:"一次偏见就等于失去了一个合作伙伴,甚至失去了一个潜在的朋友。"因为对别人有偏见,很容易被对方察觉,一旦别人感觉到你对他存在偏见,很可能会产生抵触情绪。假如你们要做的事需要合作方能完成,那么你就摊上事儿了!同心协力地合作是肯定没戏了。

要想消除偏见,我们就得设法改变自己的一些思维定式,对自己的观点稍作调整。首先,要让自己坚信每个人都是有优点和缺点的,然后努力去寻找别人的优点,这样做将有助于自己的身心健康。假如能多关注别人的优点,对别人持吹毛求疵态度的倾向和不满的情绪就会烟消云散,就能以舒畅的心情投入到工作

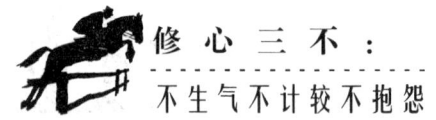
与生活中去。

努力寻找别人的优点，不单纯是为了别人，其实也是为了自己。寻找别人的缺点进行批评，不仅会影响自己原本愉悦的心情，还会让自己的心情变得烦躁起来。对别人持有吹毛求疵的态度，有时是自己对别人"羡慕嫉妒恨"的一种表现。因为你"羡慕嫉妒恨"对方，所以会专门挑别人的缺点与不足，以平衡自己的不良心理。如果对方察觉不到你的挑刺儿，反而会让你的心情变得更加郁闷、烦躁。

对事不对人，不轻易贴标签

我们与人相处的时候，要有一颗公允的心，多关注事物本身的对错，而不是依据这件事是谁做的来给出相应的评判。比如，面对不相上下的电器月销量，如果是小王当值，就是不错的业绩，有此销量已经是可喜可贺；如果是小杨当值，就是一般。之所以如此，是因为小王根本就没有尽心尽力做事。此外，将对一件事情的评判直接发展成对人的评价，也是一种不理智的做法。

"人不可能不存在缺点，不可能不犯错误，做事情时要对事不对人。"这个道理相信谁都会说，说出来谁都能懂，然而做起来，却并非谁都能够践行。

十几年前的百度，是一家快速发展中的搜索引擎网站。那个时候，百度一方面要面对独立流量带来的用户，另一方面，还要提供搜索服务给合作的门户网站。考虑到百度服务器每天承受的访问压力已经接近服务器的极限，倘若访问人数再增加，就会导致百度独立网站的服务不稳定，如此一来，会给用户的搜索体验造成严重影响。所以，负责人丹尼尔差不多每天都盯着百度服务器。

碰巧这个时候，销售部那边新谈成了一个门户网站，希望立刻使用百度的搜索引擎服务。

对此，丹尼尔显得犹豫不决，他知道这个服务不应该上线，因为新服务很可能成为压垮百度服务器的"最后一根稻草"。不过，最后出于各种原因，丹尼尔没能坚持到底，新服务还是上线了。结果，连续两天，百度网站的服务稳定质量性很是糟糕，用户在提出搜索请求时时常得不到正常的搜索结果，新服务被迫迅速下线。

丹尼尔因为这件事情忐忑了数日，已经做好了"被批评"的准备。他知道，虽然上司罗宾从不发脾气，但依照罗宾的性格，是不可能容忍下属出现如此大的纰漏的。丹尼尔心想，或许罗宾会大发雷霆。

丹尼尔揣测得没错，罗宾的确很在意这件事，然而在例会上，他并没有对任何人发脾气，而是平静但认真地对丹尼尔说："你的职责就是保证百度的服务可依赖，所以这次事故你有很大的责任，要好好反思。"随后，便迅速地将话题一转，环顾众人一圈后，说，"现在最关键的是怎么去解决这个问题，大家抓紧时间讨论一下。"

丹尼尔说出了自己准备好的解决方案，罗宾非常认真地听着，时不时地点点头，他认为这个想法考虑得很周全，随后非常投入地和他一起讨论起其中的细节来。丹尼尔长舒了一口气。

会后，丹尼尔看见罗宾还是有点儿难为情，没想到罗宾却好像不记得这件事了，主动过来对他说："这个周末你有时间吗？"看着罗宾脸上那带着甚为期待的熟悉表情，丹尼尔笑了："你是不是又想把大家聚一块玩'杀人'了？""对呀对呀，好长时间没玩了，你们不想玩吗？""早就想了！我去约人，就这个周末吧！"于是，先前那个充满活力的丹尼尔又回来了。

事实上，在百度的会议室中，整天都可以听到人们在争论。直接反驳或争执得面红耳赤是司空见惯的，不过，走出会议室后，并不会改变员工之间的融洽互助关系。这是为什么呢？关键就在于，一切争论都是"对事不对人"的。

一件事，成也在人，败也在人。因为是人在做事。做事的人对能否做成一件事所起的作用的确至关重要。但这是否意味着在做事的过程中，我们就一定要花费诸多时间与精力来对待人的因素呢？非也。当事情出现纰漏的时候，人的本性会首先找人的原因。所以，对事不对人，其实就是为了避免对人不对事这种情况的

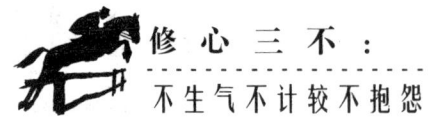

发生。

在日常交往中，如果一个人做错了事情，帮助这个人总结教训的人为了表明不是对这个人做评判，常用"对事不对人"这句话来表明自己的立场："我不是来批判你的，而是来帮助你以后再做类似的事情时可以做得更好。"言外之意是——这次这件事没有做好，是做这件事的方法和过程有问题，和做这件事的人关系不大；倘若换了别人，用同样的过程与方法，在同样状况下来做这件事，结果是差不多的。

"对事不对人"经常在事件发生之后被人们使用，它的精髓在于尊重规则、注重成果。在人际关系中，"对事不对人"能够让人将有限的精力放在事情与结果上。当然，做到这一点，需要我们不带偏见地评价他人的做事成果，一事一议，不过多联想。

不计较的心得

　　世上有这样一类人，他们自己没有办法做到十全十美，却要求其他人尽善尽美。一旦其他人满足不了他们的要求，他们便毫不客气地对其展开嘲笑与批判。殊不知，如果一个人养成了对别人吹毛求疵、嘲笑与批判的习惯，就好比任由在自己的生命土壤中滋生出类似龙葵的致命物质。对此不加克制，最终将贻误甚至毒害自己的一生。

第八章　难得糊涂，吃亏是福

　　难得糊涂，吃亏是福。活得清醒之人，易生烦恼；活得糊涂之人，易获幸福。前者将世间之事看得真切，所以较真，烦恼便尾随而至；后者虽然活得粗糙，却由于计较的少，而活得惬意畅然。一个人精明于世虽然可喜可贺，装糊涂、肯吃亏也非常难得。不去做过多计较，不仅自己轻松欢愉，别人也会乐意跟你相处。

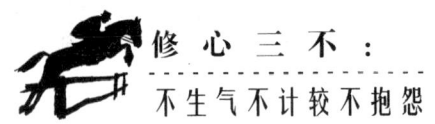
做人不能太较真、认死理

做人虽然不能玩世不恭、游戏人生，但也不能太较真、认死理。太认真了，就会对什么都看不惯，连一个朋友都容不下，工作和生活也不会顺利、开心。做人是否太较真，正是有人活得潇洒快活，有人活得抑郁烦闷的原因所在。

孔子领着一行弟子东游，半路上，感觉又累又饥肠辘辘之际，正好看到不远处有一个酒家。于是，孔子吩咐一弟子前往，弄点吃的东西。该弟子走进去，对酒家的老板说："我是孔子的学生，我们和老师有点饿了，请您给一些吃的东西吧。"

老板听闻，想了想，说："你说你是孔子的弟子，我写个字，假如你认识的话，随便你们吃。"然后，就命人取来笔墨，写下一个"真"字。

该弟子看后，毫不犹豫地说："这个字太简单了，3岁的小孩子都认识啊，这是个'真'字。"老板仰头大笑道："你竟然连这个字都不认得，还说是孔子的学生！我看你是假冒的！"然后，就吩咐伙计将他轰了出去。

孔子看到该弟子垂头丧气地空手而归，问后得知原委，就亲自前往酒家，对老板说："我是孔子，现在有点饿了，想点一些吃的东西。"老板说："既然你说自己是孔子，那么我写个字，假如你辨认得出，那就随便吃。"然后，又写下一个"真"字。孔子看了看，说这个字念"直八"，老板爽朗地开怀大笑道："孔子果真名不虚传，你和弟子们免费吃吧，随便点单。"

刚才那位弟子百思不得其解，便问孔子："这明明是'真'嘛，为什么非说是'直八'？"孔子解释道："很多时候，是认不得'真'的，你非要认真，自然会碰壁。处世之道，你还得继续学习啊。"

这个故事说明了一个道理，那就是做人不能太较真。

平日里,我们将所有的事情都处理好了不一定就认真。有时候,事情没办好,在上级眼中也是认真,因为你认真地揣摩了上级的需要,并且尽心竭力地配合了上级的需要。认真不等于较真。在实际生活中,许多兢兢业业做事的人没有被升职加薪,但一些业绩并不突出的人反倒获得了领导的青睐和提拔,便是由于前者多较真,而后者是认真;前者多被领导赞扬,但跟领导走得不近,后者多被领导批评却跟领导交往密切。你说哪一种人更认真呢?糊涂也只是旁人眼中的糊涂罢了,实际上,他们自己心里清楚着呢。

假如你在公共场所碰到不顺心之事,那就更不值得为之较真郁闷了。有时素不相识的人冲撞了你,其中必然存在一些你不知道的原因,不知什么烦心事让对方此刻心情糟糕,行为失控,只是碰巧让你遇到了罢了。

聪明的人永远不会跟萍水相逢之人较真。如果对方为人处世水平欠缺,跟他们较真就等于将自己降低到对方的水平。再有,从某种程度上讲,对方的冒犯也许是在发泄和转嫁他内心的苦楚,尽管我们并没有绝对的义务帮他们分担苦楚,但若我们用的态度宽容以尽量对他们提供一些帮助,等于是在无形之中做了善事。既然如此,我们为何还要愤愤不平与烦恼不止呢?

大智若愚,该糊涂时且糊涂

人行于世,在旁人眼中,看起来太傻气不好,看起来太聪明也不好。有道是"不智不愚",其实就是一门假借糊涂之象,行聪明之道的处世哲学。

威廉·亨利·哈里逊曾担任美国第九任总统。据说,他出生于一个小镇。幼年时期的他,性格很是文静害羞。因此,在很多人看来,他就是一个傻子,总是喜欢耍弄他。那些耍弄他的人时常将一枚5美分的硬币和1美元丢在他的脚下,让他随便挑一个,威廉总是挑那个5美分的,然后,那些人就哈哈大笑说他傻。有一天,一位好心人问威廉·亨利·哈里逊:"难道你不清楚1美元比5美分价值大吗?""我当

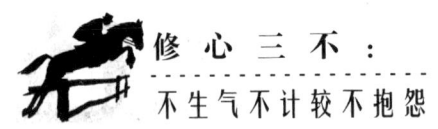

然清楚啊。"威廉不紧不慢地说，"不过，假如我选择了那个1美元的，我担心他们就再也没有兴趣丢钱给我了。"

纵观古今中外那些有大智慧者，往往不在众人面前，特别是不在同行、同事或同伴面前彰显才华，表面上看貌似愚笨不堪，实则是一种人生的大谋略，是一种至高的人生境界；大智若愚之人，往往在人前收敛自己的智慧，一副傻了吧唧的模样。在旁人看来，他们在小事上往往不如一般人精明，应变能力也比较差。殊不知，这正是城府颇深的表现之一。韬光养晦，让人误以为自己能力不足，让人忽略自己的存在，而在必要时，却可以不动声色，以高超的智慧先发制人，一举将别人击败，别人还一时半刻想不明白为什么！

北宋时期，有一位名叫吕端的人官至丞相，是三朝元老。此人平日里不拘小节，不计小过，看上去糊涂得很，不过处理起朝政事务来，却机敏过人，一点也不含糊。宋太宗夸奖他是"小事糊涂，大事不糊涂"。有一种人刚好与其相反，只要是便宜就想占一占，只要是好处就想捞一点儿。为了一丁点儿小利，不顾前程；为了一丁点儿小过，争个你死我活。这种人貌似聪明，实则再糊涂不过。

接下来，我们再来看一则关于宋太宗的故事。

一天，宋太宗在北陪园饮酒，大臣孔守正与王荣侍奉酒宴。这两位大臣喝得酩酊大醉，彼此吵嚷不休，甚失做臣子的礼节。内侍奏请太宗将他俩逮捕送吏部治罪，不过，宋太宗却命人将他们送回府了。

等到次日清晨，孔守正与王荣侍酒醒，回忆起头天晚上喝酒后在宋太宗面前放肆，非常后怕，便匆忙奔赴金銮殿，双膝跪着跟宋太宗请罪。宋太宗微微一笑，摆手说道："说实话，朕也喝多了，记不得发生过这等事。"

宋太宗托辞说自己也醉得不轻，一方面并未丧失皇家体面，另一方面从侧面警告这两位大臣日后严于管理自己。宋太宗假装糊涂，不仅表现了自己的大度，还收买了人心。

糊涂能够让人在处世时获得好人缘，做事情时拥有好机缘，大智若愚的糊涂之人总是笑到最后。所以，糊涂不等于昏庸，而是另一种形式上的韬光养晦、豁达大度。糊涂的精髓就在于大智若愚,懂得后退,知晓前进,在一颗宽厚之心中不失随机应变的智慧与计谋。

作为商人,向来以精明闻名,每一分钱都要算计,这固然是做生意的一种思路。然而,做生意也有例外的时候。尤其是在生意处于生死攸关之际,为了挽回大局,万万不能对小利斤斤计较。所谓该糊涂时且糊涂,这种糊涂才是大精明、大智慧的体现。

真正的聪明人都是懂得糊涂的道理的,无论遇到什么事情,他们绝对不会自作聪明,大发议论,相反都是装出一副所知不多的模样,躲躲闪闪伪装糊涂。实际上,他们心知肚明,懂得糊涂的人,什么人也不会得罪,因此更能够逢凶化吉、左右逢源,并逍遥自在地生活。

不计较,吃亏就是占便宜

净空法师法语:"吃亏就是占便宜。"如何理解这句话呢?我们先来看这样一则小故事。

据史料记载,唐代崇贤人窦公善于经营实业,然而在财力上却比较困难。他在京城中有一块空地,跟大宦官的地段紧紧挨着,宦官看上了这块地,迫切地渴想拥有它。其实,这块地并不值什么钱,充其量五六百缗(在中国古代,一千文为一缗)。窦公爽快地将这块地献了出去,却只字未提钱的事情。宦官自然欢喜极了。这个时候,窦公就借故说自己想去江淮发展,希望得到大宦官几封保证旅途平安的给地方官员的信札。大宦官痛快地应许了。后来,窦公依靠着这几封信,总共获利三千缗。从那以后,他的事业也越做越大。

史料还记载,东市有一片洼地,地势低洼时常出现积水的现象。于是,窦公以很低的价格入手了这片洼地,然后吩咐家中女眷带着蒸饼盘在那块空地上吸引孩童。规矩是:往其中投掷砖瓦,凡是击中空地上设置的目标,就奖励那孩子一块

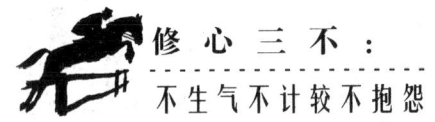

蒸饼。消息一传十、十传百，许多孩子纷纷跑过来，往空地上投掷砖瓦石块。假以时日，那片洼地就被填平了十分之六七。接着，窦公又安排人手运送好土，将剩余的低洼之处铺平了。后来，窦公在这片空地上修建起了一座客店，专门接收波斯客商居住，每天可以获利一缗。

窦公的事例启示我们，以最功利的目的来说，吃亏是为了占大便宜，不计较眼前得失的目的是想要在未来获得更多。

愿意吃亏，是一把打开人生幸福大门的钥匙。佛语云："吃亏恰恰占便宜，占便宜恰恰吃亏，奇妙难思。人亏天补。上天自有一杆秤。天补的，谁也拿不走；天没补，说明没吃亏。天秤比人秤准，天心比人心平。莫怨老天不灵。"

虽然"不计较"解决不了所有的烦恼，但亦能解决一大半的烦恼。在社会交往过程中，道理也是如此，既然求人，就别因为吃一些小亏而斤斤计较，开始时吃一些亏，日后求人办的事情办好了，损失就会弥补过来，有道是"有舍必有得"。与此同时，从长远来看，表面上吃亏，实际上是占大便宜，不失为一种隐身法的体现。

美国人外出旅行，有一个地方可以不花分文，甚至还会产生节余，这个地方就是大西洋赌城。从纽约出发，到赌城的往返车费仅仅是20美元。当人们抵达赌城后，立即能够得到赌城当局赠送的15美元现金，还提供一顿丰盛的自助餐。第二次来时，凭车票就能够免费得到8美元的礼券。

为什么会这样呢？其实，这正是赌场一把手谋利的策略，目的是吸引顾客前来，来的人数量多多益善，因为来赌场而不赌者几乎没多少，无论赌客运气怎样，大体上是赚少赔多。所以，表面看上去的"来去不花分文"，实际上花费的是赌场一把手从顾客身上赚来的小钱而已。获利最多的当然是赌场一把手，不过，很多顾客在心理上还是可以承受的。

由此及彼，每逢节假日，各种商场举行的所谓"降价销售""有奖销售""品尝销售""买一赠二"等活动，实际上都是"羊毛出在羊身上"。不过，商战中由此取胜的案例却不胜枚举。貌似是吃亏了，实则赚了个大便宜。

小聪明的人，总是瞅准了便宜就过去占，好像苍蝇撞玻璃一样。其实，依靠小聪明发财致富,与南辕北辙、缘木求鱼无异。而大智慧者,则不计较吃亏,看似很傻,实则傻人有傻福。吃亏是福。一日没有吃到亏,一日没有修到福。

不妨吃点儿"眼前亏"

如果有人问:"你爱吃亏吗?"对于这个问题,或许每个人的答案都差不多,那就是"不"。这是人之常情,但只是人们的一种理想而已。人生数十年的光阴,虽然谁都不爱吃亏,但相信很多人都曾吃过亏。其实,处世学认为吃亏未必就是坏事,我们不能想当然地将吃亏视作洪水猛兽般,避而远之。

据报道,曾担任盛大集团总裁的唐骏,在卡拉OK风靡之际,研发过一个专门用于卡拉OK设备上用的打分机,演唱者唱完一首歌后,打分机会自动将分数展示出来。这一设备增加了卖点。三星公司以8万元的价格将唐骏的这项专利买断了。就这样,该卡拉OK设备在整个市场所占的份额猛然从百分之十几提升至百分之三十多。日本先锋公司作为三星公司的竞争对手,以150万元向三星购买了专利使用权。三星公司依靠这项专利成为大赢家。唐骏周围的不少朋友都认为唐骏亏大了。

相较于唐骏,国内软件行业的旗帜型人物求伯君做的第一桩买卖,在吃亏的程度上,有过之而无不及。求伯君编写的西山打印驱动程序以2000元的价格卖给了四通公司后,四通公司将该程序以500元一套的价格卖了数百套。

出人意料的是,这两位行业的风云人物,在提及早期的吃亏经历时,却没有什么遗憾,相反,都对当年的吃亏心怀感激。

在唐骏看来,他应该感谢三星公司,假如没有三星来购买这项专利,就没有他创业之初的8万元启动资金,或许后来的事业就不会开展得那样顺利。同样,唐骏也认为,这件事也让他学会了该怎样将专利转化成商品,让他从一位学者型的人转身为一位事业型的人。

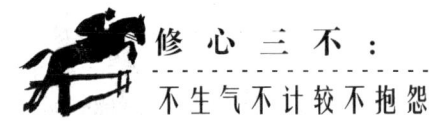

求伯君则认为，四通并没有薄待他，该公司曾聘用他做了一段时间的专职软件技术员，进而为他日后踏入金山公司、开发软件打下了基础。更重要的是，这笔交易让他懂得了经营在软件行业中至关重要。后来，他将金山公司总裁一职让位于颇有经营头脑的雷军，自己一心搞软件开发，金山公司迅速发展壮大，而求伯君也由此成为行业的大富翁。

从唐骏和求伯君两位成功人士的经历中不难看出，有时候，吃一些眼前亏，未尝不是一件好事。

我们不妨假定这样一种情景：深夜里，在一条偏僻的小路上，你开着车不小心跟另外一辆车擦撞，对方只是"小伤"，甚至可以说根本称不上是伤，但从对方车里走下来四位身材魁梧却又横眉竖目的壮汉，围住你要求赔偿。你瞅瞅事故周围一片荒僻，更不可能会有人对自己伸出援助之手。这时，你愿不愿意吃个小亏，"赔钱了事"呢？

如果你嘴皮子功夫好，可以"说"退他们，或是身手好，可以"打"退他们，而且确保自己毫发无损，那么，你可能会说"不吃"。然而，如果你既不善交涉又没什么功夫，那么看来也只有"赔钱了事"了。因为"赔钱"就是"眼前亏"，倘若不吃这个眼前亏，任事态发展下去，可能会让你蒙受更大的损失，比如肢体受重伤，花费不菲的价钱入院接受治疗等。

"好汉要吃眼前亏"的目的是为了留得青山，要以吃"眼前亏"来换取其他的利益。所以，在吃亏后，我们要学会及时地调整心态，坦然面对。这样我们才能在人生路上走得轻松愉悦，走得步履踏实。

值得一提的是，这里我们所谈的吃"眼前亏"，应把握好以下几个方面：首先，吃亏的目的应该是为了渡过难关，克服对方给我们制造的麻烦，以免对我们的正事造成不良影响；其次，"吃眼前亏"这种理念所针对的麻烦应是对抗性的矛盾与冲突，而并非那些鸡毛蒜皮的小事；再次，着眼于长远目标，致力于成就大事，而不能使用卑鄙的报复手段；最后，要明白吃眼前亏的价值在于以暂时之吃亏换取长久之利益。

吃亏在明处,才能换来"福"

在人际交往过程中,有人说:"吃一分亏,就积一分福。"不少人单从字意上理解,觉得这是一种愚蠢的理论。吃了亏不发怒,不择机报复就不错了,还要让人认定是一种福气,乍一听,真说不过去。那么,吃亏究竟是福是祸呢?

马强大学毕业后的第一份工作是在南京某企业做程序员。一天,另外一个团队设计的程序出现了问题,他便将责任主动承担了下来。处于气头上的领导并不清楚他只是替罪羊,于是毫不犹豫地将他辞退了。马强觉得自己吃了亏,为同事们承担了责任,同事们对他应该不会有什么恶意,自己再找工作时,肯定会帮着推荐推荐,没想到的是,他们对自己形同陌路。

楚娜是一家装饰公司的销售代表。一天,她接到一位客户的装修单,这位客户的职业是某位大型楼盘的置业顾问。楚娜公司的装修报价已经非常合理,但客户依旧觉得贵,楚娜便在没有对客户明说的情况下,舍弃了自己的提成,以满足客户降低装修价钱的要求。

她想当然地认为客户见装修价位降低了,肯定会知道是她个人让利,这位客户内心肯定会感谢自己的。楚娜这样做,是想吃一些眼前亏,留住这位客户,跟他搞好关系以后,请他在其工作的大型楼盘帮自己免费拉一些装修订单,赚一些提成。

楚娜的想法是对的,但实际上是欠妥当的。她主动舍弃自己的提成,客户并不会领情,相反只会认为是他会砍价,这个低价是自己争取来的。楚娜假如让他在楼盘方面免费拉一些装修的订单,他也不会去帮这个忙。在他看来,就算帮楚娜拉的订单再多,他也没丝毫好处。

马强和楚娜便是非常典型的"不善于吃亏"的代表。

不难看出,吃亏跟享福之间并不能画等号。将吃亏与福气连在一起,其实是

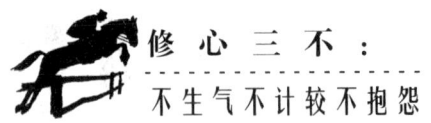
在强调吃一些小亏，以避免吃更大的亏。有时候，吃亏是福，透露出的只是吃亏后的无可奈何与自我安慰的情绪罢了。

实际上，人们头脑中所谓的"吃亏是福"，本身就是一个利益交换等式，吃亏者并不希望利益平白无故地遭到损害，而是渴望能够通过"吃亏"换来"福"。至于会有怎样的"福"，每个人都有着不同的见解。因此，亏，要吃在明处，至少，你该让对方"瞎子吃汤圆——心里有数"；吃一些眼前亏，用眼前利益的暂时损失去换取长远的利益，这才是真正意义上的"吃亏是福"，不然就是吃闷亏，就是吃傻亏。

审时度势，肯做亏本生意

有时候，"吃亏"是一种隐性投资。所以，我们要审时度势，学会做"亏"本生意。换句话说，就是要学会取舍，权衡利弊。辩证法告诉我们，得与失之间是可以转化的。或许眼前一时的亏本，一时损失掉一些蝇头小利，就能够有朝一日换来机会，换来稳定，换来信誉。站在全局角度，从长远利益出发，智者都会适当选择从事一些亏本的买卖。

战国时期，齐相孟尝君以养士闻名。孟尝君待士真诚，打动了一名叫冯谖的失意之人。有一天，孟尝君派人到他的封地薛邑讨债，冯谖自告奋勇，问孟尝君："您打算将催讨回来的钱买什么呢？"孟尝君让他采购一些家里所没有的东西。

冯谖抵达薛邑后，看到那里的百姓生活非常穷困。那里的百姓听闻孟尝君派来讨债的使者，于是怨言四起。冯谖见此情状，召集邑中百姓，解释说："孟尝君听闻大家生活捉襟见肘，此次特意派我来跟大家说一件事情，先前的欠债一笔勾销，也不用偿还利息了。孟尝君还让我将债券也带过来，现在就当着众人的面烧毁了它们，从今以后再不催还。"话音刚落，冯谖便命人点起一把火，将那些债券焚毁了。薛邑的百姓没想到孟尝君这么仁义，个个感动得痛哭流涕。

冯谖从薛邑回到齐国后，孟尝君获悉此事很是不爽，冯谖劝解说："你不是叫我采购一些家中没有的东西吗？我已经给你买回来了，这个东西的名字叫'义'。焚券市义，这对您获得民心是大有裨益的啊！"孟尝君吃了个哑巴亏，只好打发冯谖回去歇息。

一晃过了几年，孟尝君被人潜谮，相位不保，三千门客也走了大半。无奈之下，孟尝君只好回到封地薛邑。薛邑的百姓听闻孟尝君回来了，纷纷出来夹道欢迎。孟尝君很是感动，终于明白了当初冯谖"市义"的一片苦心。

亏在利益，赢得人心。由此可见，得失之间的转化，有时并不能马上看到。冯谖是运气好吗？显然不是，而是因为他深谙"亏"与"福"之间的关系，并善于掌握取舍的主动权，"舍得小利，方得大益"，最终才产生了出人意料的好效果。

吃亏是运筹帷幄的策略，是放长线钓大鱼，是甘于付出的心态。面对亏本生意，需要审时度势，要有限度，有承担的底线。有目的地吃亏，是一种策略。为了自己的发展和稳定，适当选择亏本生意，是明智的。

福思特的公司曾经跟劳艾德·弗莱公司有过为期1年的合作。福思特用协商好的价位跟劳艾德·弗莱公司采购原材料，是他们最大的客户之一。

一次，劳艾德·弗莱公司的副总裁伍迪·伍德沃德提出想要与福思特在匹兹堡全面讨论一些要事。福思特头一天晚上抵达那里，次日清晨的早饭时跟他见面。福思特清楚他在想什么。果不其然，他说："我认真考虑了一下我们现在的合同，发现我们目前难以遵照合同上的价位继续为你们提供原材料。"

福思特原本可以回答："你自己找的麻烦自己受吧，离合同终止日期还有7个月，到期后再说吧。"如此一来，劳艾德·弗莱公司将不得不依照合同上规定的价位继续为福思特提供原材料，但劳艾德·弗莱公司肯定会由此而心生不悦。福思特原本还可以回答："好啊，我听你的。不过你要记住一点，你欠了我的，对吧？"

福思特考虑到自己的事业正处于起步时期，他需要与这位重要的供货商维持长期而稳定的关系，所以福思特问："请您告诉我你想出什么价呢？"

伍迪·伍德沃德说："单价20美分。"然后，又对自己开出这一价位的原因做出了详细的解释。

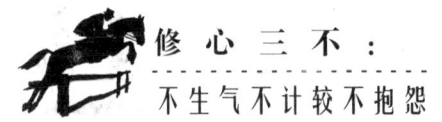
福思特沉思了一小会儿，便拿起笔在纸上写下了一个数字——他已经想清楚了自己要做什么。福思特说："我给你25美分。"

对方十分惊讶地说："等一下，我说过我只要20美分。"

福思特说："我明白，但是我可以出到25美分。"

对方追问："为什么？"

福思特回答说："请告诉我你打算跟我合作多久？"

对方说："3年。"

就这样，福思特得到了一个长期的承诺，对方则获得了一个超乎预想的价位。伍迪·伍德沃德向公司的总裁汇报了这个好消息，他将伍迪·伍德沃德看作一名英雄。福思特基本上能够想象他们会议室中的交流：如果对方主动多提供给我们5美分的价格，那说明他合作的态度很真诚，是值得我们长期合作的。

吃亏，难免会做一些舍弃和牺牲，但仍然不失为一种胸怀、一种风度。对一个渴望成功的人而言，不仅要敢于吃亏，还要善于主动吃亏。富人之所以能获得大量的财富，是因为他们始终秉承着这样一个理念：赚钱从吃亏开始。要知道，一心贪利，得到的只是短暂的小利；善于舍弃，得到的才是长远的大利。

不计较的心得

> 吃亏是一种智慧，更是对他人的一种包容。学会吃亏，才能在社会游刃有余。在面临得与失的抉择时，善于做事者能够适时适当地放弃小利，保证不因小失大，使自己轻装上阵。恰当的吃亏好比月缺月圆之美，失去的是暗淡的光影、阴霾的天空，获得的却是智慧的光辉、做人的经验，堪称得大于失。

第九章　月有阴晴圆缺，

生活不必太苛求

世事总有欠缺，没有一个人的生活是完美的。事实上，也不存在一种生活会让每一个人完全满意。我们做不到从不计较，但至少应该让自己少一些计较，而多一些积极的心态去拥抱生活。假如计较成了一个人的习惯，生活就会变成一个牢笼，处处不顺，处处不满；反之，则会快乐而惬意地生活。其实，能够健康地呼吸这世界上的新鲜空气，就是一种莫大的幸福，何必计较不完美呢？

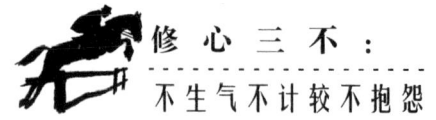

接受缺憾、接受不完美

有位老和尚为了选择理想的衣钵传人,琢磨出了一道奇妙至极的"考题"。一个夏季的清晨,老和尚对甲、乙两位徒弟说:"你们去挑一片自己觉得最满意的树叶回来给我吧。"甲、乙两人遵命下山了。没过多长时间,甲和尚就拿着一片称不上多么漂亮的树叶回来了。他将这片树叶递给老和尚,说:"这片树叶尽管算不上多么完美,但它是我见到的最漂亮的树叶。"乙和尚在树林中逛啊逛,等到日落西山了,也没寻觅到一片满意的树叶。于是,他只好空手而还。见到老和尚后,他说:"师父啊,我看到了很多很多的树叶,但无论怎么挑,也挑不出一片最完美的,所以我认为没有让我最满意的树叶。"

或许,在人的一生中,我们都会遇到类似的情景,一心只想尽善尽美,最终却弄得空手而归。"挑一片最完美的树叶",人们做事之前总会抱着美好的初衷,但假如不切实际地一味寻寻觅觅,最终常常会吃尽苦头而毫无所获。为了寻觅到一片最完美的树叶,而让大量的机会从眼前白白消失,这实在是一件得不偿失的事情,聪明的人从来不会这样去做。

那么,话说回来,老和尚的那道考题的结果如何呢? 不难想象,甲和尚成了衣钵的传人,因为在老和尚眼中,甲和尚更明白万事随缘,世上本无完美之事的道理。

完美的反义词便是缺憾。在人的一生当中,常常会发生一些自己竭心尽力去做却又难以做到的事情,这便是一种缺憾。每个人都会或多或少存在这种缺憾,但并非意味着有缺憾的人生就是一种耻辱。恰恰相反,正由于存在这种缺憾,才会使人生变得更加多姿多彩, 缺憾也是一种美丽。我们要像接受美一样接受缺憾、接受不完美。能够心甘情愿地接受不完美,未尝不是一种幸福。

一块完整的木头经过锯削、加工，制作成了一把光滑的小提琴。后来，这把小提琴被一位生活贫苦的老提琴家购得。这位老提琴家每次用心地拿它演奏时，总能让听众们沉醉在曼妙的琴音里。当有人问到这把小提琴的优点时，老提琴家总会用双手温柔地抚摩着它，望着小提琴优美的线条，意味深长地说道："原来这块木头必然接受了大量太阳光的照射，而照射进去的东西通常都会反射回来。"

制作小提琴的那块木头就其本身来说，尽管是一种缺憾，但它却成就了另外的一种美；那位老提琴家尽管自己的生活并不算富裕，但却将悦耳动听的旋律呈献给他人。这怎能不让人发出一番感慨呢？

陈列在巴黎卢浮宫中的维纳斯雕像是世人公认的缺憾美的代表，令无数人倾倒，它的艺术价值跨越了国度，超越了时代。很多年以来，美术学家、雕刻家、考古学家曾费尽心思地为她的双臂设计过大量复原的方案与模型，却都以失败告终。这是为什么呢？因为那缺憾了的美丽臂膊，"出乎意料地彰显出一种不可思议的抽象的艺术效果"，"奏响了追求可能存在的无数双手的梦幻曲"。不能不说，缺憾也是一种美。

人有悲欢离合，月有阴晴圆缺，这是自然的规律，并不是以人的意志为转移的，那就勇敢地接受。你不能说只有半弯的月亮就不是月亮，它除了不完整外，还不是依然在释放它仅有的光明吗？这不足以证明缺憾也是一种美丽吗？月食，由于存在缺憾而别有动人之象；皎皎满月固然甚为辉煌，却反倒失了一种韵致。

假如你觉得老天爷有失公允，而把"缺憾"投掷给你，你就大错特错了。因为老天爷让你拥有缺憾之后，也一并给你提供了一个创造美的机会，这恰恰是老天爷赐予你的一份别样的礼物，会让人走向成熟与成功。所以，收到礼物的人们，请别再把"缺憾"挂在嘴边，成为闷闷不乐的源头，而应该用自己的性灵去感受那些"缺憾"，或者用心欣赏那些"缺憾"，或者竭心尽力地弥补那些"缺憾"！

值得一提的是，人生中的缺憾固然是一种美丽，但也不要沉迷于其中，而应懂得珍惜眼前所拥有的，才不会让所拥有的在自己的疏忽间失去，变成更多的原本不该产生的缺憾。

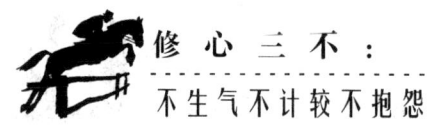

太过苛求,生活会和你过不去

2004年,维纳斯·威廉姆斯在法国网球公开赛上取得了17场连胜的战绩。然而,她却对媒体说:"我还不够努力,而且讨厌在任何事情上犯错。"她的这番话得到了很多人的赞成,认为凡事追求尽善尽美,才能获得好成绩。可是,在心理学家看来,事实并非如此。

加拿大英属哥伦比亚大学心理学家保罗·休伊特自20世纪90年代开始研究完美主义,他曾指出,过度追求完美是一种病态心理,会对身心健康造成不利的影响。他研究后发现,完美主义者有不同的表现形式,但无论是哪种类型的完美主义者,都有这样或那样的健康问题,比如沮丧、焦虑、饮食紊乱等。他还表示,完美主义者其实很脆弱,他们更应该学会适时偷偷懒。

当然,这里的偷懒不是碌碌无为,而是让自己放松。举个例子,制定现实的目标是一种偷懒。"往往完美主义者的焦虑和苦恼都是由于将目标制定得太高,每次将目标降低一级,就不会活得又苦又累。"假如我们学会制定现实的目标,将会获益颇丰。一般来说,一个完美主义者未能达成既定目标,比如第一天跑完1500米,他会制定一个更高的目标作为补偿,因此,第二天他就会努力跑3000米。

然而,在这个快节奏的社会里,要将心中想做的事情都付诸行动是很难做到的,因为有太多琐碎的事物会对人们的步履造成牵绊。既然难以做到,我们何不尝试另一种生活方法:退而求其次。得不到最好的,只有要差一点的了。比如,有两个目标,一个高一些,一个低一些,当高的目标达不到的时候,转而去实现低一级的目标,这就是所谓的退而求其次。太过苛求完美,生活会跟你过不去的。

鲍女士最初发现自己怀孕时,便将卧室墙壁上的油画换成了可爱的婴儿画像,天天进行"想象胎教",希望自己的宝宝一出生就是俊男或者靓女。然而,在怀孕24周的时候B超显示胎儿脐带绕颈。医生看过检查单后,告诉鲍女士过1个月之后复查。这个时候，鲍女士心想：只要胎宝宝健康就好，相貌美与丑无所谓。

后来，宝宝平安降生了。鲍女士每天对着宝宝看，想象着有朝一日可爱的儿子戴着博士帽的情景。可是，宝宝在不到4个月的时候，一个不留神，宝宝从床上直挺挺地摔到了地上，号啕大哭。鲍女士赶紧抱起孩子奔向医院。去医院的路上，她不停地哭泣，心想千万不要摔坏了头，真要是摔傻了可如何是好呢？到了医院，挂了急诊，医生检查后说没什么大碍，不会影响到孩子的智力。鲍女士又怯怯地问："孩子额头那儿以后会不会留疤呢？"

时间过得很快，转眼间，鲍女士的孩子就读小学四年级了。每逢周末，他都被鲍女士领着去这个辅导班那个辅导班。鲍女士也不断地拿他跟这家的孩子比，跟那家的孩子比。有一天，孩子突然不明原因地发高烧，检查室外的鲍女士流着泪祷告：我不在意儿子的学习成绩了，只要我儿子健健康康的就好。

相信在实际生活中，像鲍女士这样的人不在少数。事实上，每一个人都在找一个心目中的完美。当不能如愿以偿时，退而求其次，再退而求其次，没办法时就渐渐地接受甚至喜欢上了这个求来的其次。从某种意义上说，这种心态是值得嘉奖的。

因为完美只是海市蜃楼的幻想，不会成为现实。在生活中，追求完美往往以痛苦而告终。这是为什么呢？因为这些人在做事情的时候，多数是已经获得了一定成果的人，但他们并不满足于此，于是又开始向完美的方向努力，最终他们的目标落空了。原本在已取得成就之后，他们应该是心满意足的，但最终却以扫兴收场，所以，相比之下，结果对他们而言，是悲哀而痛苦的。

人生没有完美可言，完美只是一种理想状态，因为世上任何事物都不可能不存在瑕疵。请忘记事事都必须完美的想法，你自己跟世上其他所有人一样，也是不完美的。记住，绝对的完美是没有的，生活中处处都存在缺憾，这才是真实的人生。抱着这种心态过生活，生活会变得轻松很多。

别对自己目前所拥有的东西计较或不满。我们无须时时事事追求圆满，不能做到最好，何不退而求其次呢？它们或许是贫乏的、差强人意的，但既然没有办法

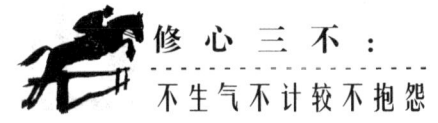
将其做到更好一些，不妨迁就你已经拥有的一切，从中找到出口和希望。这样，才会有一个可以期待的未来。一个人如果总是苦闷于那种"完美"的追求里，只会留给自己更多的遗憾。

无须为自己有缺陷而痛苦

西奥多·罗斯福是美国第26任总统。他在8岁的时候，生着一副非常"对不起观众"的面孔，还有着一副暴露在外的不整齐的牙齿。那种畏首畏尾的表情，每个人看到后都会觉得很搞笑。当他在教室里被老师喊起来背诵课文时，他更显得紧张不安，他的呼吸急促得好像氧气不足，双腿站在那里瑟瑟发抖，嘴唇和牙齿也抖动得像要脱落下来。他背诵出的语句含糊不清，几乎没有人听得懂；背诵完毕后，他就沮丧地坐下去，像极了身经百战、疲惫不堪的士兵，瞬间获得了休息时间一样。

或许，你由此判断他必然非常内向、神经过敏、文静怕动、不善交际、时常自怨自艾。假如你如此推断，那么你错了！他并没有因为有了种种缺陷便气馁，这反而激发了他的奋斗精神，这种奋斗绝非人人都能做到的。他经过长时间的坚持与学习，终于将那时常被人嘲笑的气喘改成一种沙声，他咬紧牙关克服了齿唇的抖动和内心的紧张。

面对身体上的缺陷，罗斯福心中没有仇恨，没有怨天尤人，而是不甘放弃，积极进取，用自己的坚持、执着和乐观战胜了身体上的缺陷。从这种角度上说，缺陷造就了罗斯福一生的奋斗精神，这无疑是他经营一生伟业最可贵的资本。

虽然我们不能选择自身的生理条件，却可以选择自身的精神动力。生理的缺陷并不是最可怕的，可怕的是心理的缺陷，可怕的是自暴自弃。一个人身体上的缺陷，并不会影响他成为一个积极向上的人，一个成功的人。但如果一个人心理存在着缺陷，那将是他人生最大的不幸，因为他已经失去了积极生活的精神动力。

里维是一名美国籍小男孩。10岁那年，他不幸在一次交通事故中失去了左臂，不过他很想学柔道。最终，他找到一位日本柔道大师，拜在他的门下，开始练习柔道。3个月的时间里，他的师傅只教了他一招，里维对师傅的教导方式有些费解。

过了几个月，师傅初次带里维参加比赛。出乎里维意料的是，他竟然轻而易举地赢了前两轮，第三轮稍稍有些艰难，对手不一会儿就变得有些急躁，连连进攻，里维敏捷地施展出自己的那一招，又获胜了。就这样，里维稀里糊涂地闯入了决赛。

决赛的对手比里维高大、强壮得不是一点半点儿，而且比里维看起来更有经验。有一段时间，里维显得有些招架不住，裁判担心里维会受伤便喊了暂停，打算就此停止比赛。但里维的师傅坚持说："让比赛继续下去吧。"比赛重新开始，对手放松了戒备，里维马上使出自己的那一招，一下子就将对方制伏了，最终里维成功夺冠。

回家途中，里维和师傅一起回想每场比赛的细节。里维鼓起勇气道出心里的疑问："师傅，我怎么仅仅用一招就能摘得桂冠呢？"

师傅回答说："有两个原因：第一，你基本上将柔道中最难的一招完全掌握了；第二，据我所知，对付这一招的唯一方法，是对手将你的左臂牢牢抓住。"

在这个世界上，没有任何一个人是完美无缺的，我们无须因为自己有缺陷而痛不欲生。失去左臂的小男孩，从表面上看，他的缺陷似乎是其通往成功的障碍，然而在这则故事中，他却成了当之无愧的成功者！他的劣势和缺陷转变成了优势。

因此，如果我们存在某种缺陷，不必为此感到难堪，更不要轻易气馁，甚至自暴自弃，而要努力奋斗。这种奋斗当然会很艰难，但是只有敢于拼搏奋斗的人，才堪称强者。要知道，一个人在放弃努力的那一刻，等于在向世界宣告："我是个彻底的失败者。"一个人只有坦然地面对自己的缺陷，充分展示真实、生动的自己，才有可能迎来成功而快乐的人生。

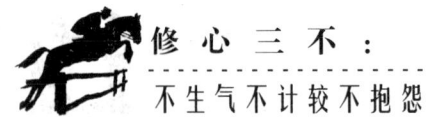
假如生活欺骗了你，一笑置之

普希金有一首名为《假如生活欺骗了你》的诗歌：

"假如生活欺骗了你，不要悲伤，不要心急！忧郁的日子里需要镇静；相信吧，快乐的日子将会来临。心儿永远向往着未来；现在却常是忧郁。一切都是瞬息，一切都将会过去，而那过去了的，就会成为亲切的怀恋。"

在现实中，很多人在不得志的时候，总是计较自己的家庭背景不如人，计较社会存在某些不公平的制度；很多人在没有得偿所愿或努力与付出不成正比的时候，往往渴望美好的东西将生活中的这些缺憾加以弥补，因为他们感觉被生活欺骗了。其实非也。

人生不会太圆满，生活中的委屈随处可见，其实只要你一笑置之，所有的不如意都将随风而逝。你或许会误解别人，当然也可能被人误解，重要的不是你被人误解后所受的委屈，而是你采取什么办法将委屈化解掉，做到心中无愧。倘若你在生活中受了委屈就怨天尤人，你终将会被委屈打败。

有这么一个故事：

古时候有一个渔夫，是出海打鱼的好手。不过他有一个不太好的习惯，就是喜好立誓言，就算誓言不符合实际，一次次碰壁，他也会将错就错，八头牛也拉不回来。

有一年春天，渔夫听闻市面上墨鱼的价格最高，于是就立下誓言：第一次出海只捕捞墨鱼。然而这次渔夫捞到的都是螃蟹，他只好空手而回。

等他回到岸上之后，他才获悉当下市面上螃蟹的价格最高。渔夫懊悔不已，并发誓下次出海一定只捞螃蟹。

第二次出海，渔夫将注意力都集中在螃蟹上，然而这次遇到的却都是墨鱼。不消说，他又只好空手而回了。

当天晚上,渔夫拖着饥饿难忍的身躯躺在床上,异常后悔。于是,他又发誓,下次出海,不管是遇到螃蟹还是墨鱼,他都要捕捞。

第三次出海,渔夫严格按照自己的誓言去捕捞,但这一次墨鱼和螃蟹都没有在他眼皮底下出现,他见到的只是一些马鲛鱼。于是,渔夫再一次空手而回。

结果,渔夫没能赶上第四次出海,他在自己的誓言中饥寒交迫地死去了……

故事中的渔夫是愚蠢的,他总是决心今天一定要抓到螃蟹,明天一定要抓到墨鱼,丝毫不预料变化的市场,因而就更不会随着市场的变化而随机应变,最终只能饥寒交迫中一命呜呼。从渔夫的悲剧里,我们不难看出人活在现实中,有自己的目标固然重要,但这些目标应根据现实的变化而有所改动。很多时候,目标与现实之间往往有一定的距离,我们必须学会随时去调整。不管怎样,为了不切实际的誓言和愿望而活着并不是一件明智的事情。因为生活是需要有实在的东西和客观的东西在里面的。确立坚定不移的目标会使一个人走向成功,也会断送一个人的前程。这其中的关键就在于懂不懂得随机应变。

当我们的生活环境或工作状况发生了变化,我们的社会角色也会相应地发生改变。面对改变,你是积极地改变自己,还是固守过去的美丽?对此,我们必须明白,每一个角色都需要我们自己去控制、把握,将自己调整到最佳状态,才会做得更好。

生命中值得我们追求的事物很多。倘若一味地纠缠在那些毫无结果的事物上,拼命地追求本该放弃的,或本该竭尽全力去追求的却又不以为憾地放弃,到头只能换来竹篮打水一场空。倘若说执著是一种精神,那么放弃就是一种勇气和境界。得不到的或不该得的,就应该果断放弃,否则将碌碌无为或一事无成。

小张告诉朋友,说自己已经把5年内的生活清晰地规划好了。他说5年之内一定要有房有车,而且还要当上办公室主任。3年后,当再见到小张时,朋友猜想,以他的能力,他所向往的生活一定提前实现了。然而,小张跟朋友一见面便向对方倾诉心事,他非但没坐上办公室主任的位置,而且有房有车的愿望也没实现。朋友问及原因,他一脸委屈地说,当时单位只让他当副主任,而他的目标是做正主

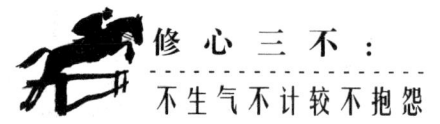

任。一气之下，他毅然选择了跳槽。没想到，目前的工作并没有想象中那样好，甚至可以说，还不如之前的单位呢。不过，让朋友万万没有想到的是，临分别时，小张居然再次语出惊人：单位近期有让他做某部门总监的计划，不过他压根儿就没瞧上，他的梦想是做这家公司的副总，倘若做不到，他就会再次辞职。朋友听后，有一种哭笑不得的感觉。

在匆匆的岁月和有限的人生里，没有谁的内心深处不渴望自己能够出类拔萃，高人一等，我们应当朝远大的目标努力，不过这个目标必须根植于自己的实际基础之上，才有可能绽放出美丽的花朵。总是给自己树立过于远大的目标，只会让自己失望，如果不及时调整，就会由失望而迷茫，最后失去前进的信心和动力，变得爱计较生活总是欺骗自己，变得爱计较生活总是跟自己过意不去。

事实上，无论我们生活在什么样的环境里，做什么样的事情，最终都会有所收获，这收获来自于个体自身的生存能力，来自于个体对生活的理解与付出。从这个角度上看，生活对于每个人又都是公平的。"生"就是生下来，是一种存在，"活"就是活下去，是一种存在的意义；那么"生活"就是为了存在而更好地活着，为了活着而更好地创造价值。显而易见，我们正是创造财富的主体。

正是因为我们的存在，生活才变得饶有趣味。生活是美好的，更是绚烂多姿的。生活不曾将你欺骗，只要你真心拥抱生活，它就会赋予你充满希望与生机的大地。同理，生活是残酷的，也是遍布阴霾的，假如你欺骗了生活，生活也会回报给你一片死寂的荒漠……

既拿得起，也放得下

有一个中年男子，在不惑之年，事业和家庭都出现了危机。他看到周围的人都生活得无比畅快，自己却处处不如意，于是，嫉妒、浮躁、忧虑成天困扰着他。他变得越来越沮丧。后来，他的一位朋友实在看不过去了，就小心翼翼地对他说：

"我认识一位无智禅师，你有时间的话，不妨去找他，让他帮忙开导你一下，或许你会有所收获。"

这位中年男子按图索骥，找到了无智禅师。禅房中，他面对慈祥、超然的无智禅师，娓娓道出了自己的困惑与忧虑。无智禅师微笑着伸出右手，攥成拳头，说："你试着做一下。"男子照做。"再攥得紧一点儿。"于是男子将拳头攥得越来越紧，手指甲几乎攥进肉里面了。

"你有什么感觉呢？"无智禅师慈祥地问。

男子茫然地摇了摇头。

"伸开拳头。"男子伸开拳头，无智禅师拿起桌上的一颗青枣和一堆玻璃碎片放在男子的手掌中，说道："攥紧。"男子将青枣与碎片攥在手心里。"攥紧一点儿，再紧一点儿。""受不了了，大师，我的手都快要被碎片扎得流血了。"男子感到了手心的疼痛。这时，无智禅师忽然大声说："那你还不马上松开你的拳头！"

男子被突如其来的声音吓了一跳，伸开手掌，看着手掌微微泛红的硌痕，一阵揉搓。他还看见，一些玻璃碎片已经扎到青枣的肉里面去了。

无智禅师望着男子，意味深长地说："现在，将碎片拿出来，扔掉吧。"

将碎片拿出来！无智禅师的话如醍醐灌顶，让男子顿悟了。这青枣就好比他的事业和生活，而这碎片就是生活中困扰着他的嫉妒、浮躁、忧虑……

无智禅师看着男子若有所思的神情，微笑着说："如此看来，施主已经有所了悟。生活中的事就宛如这青枣和玻璃碎片。倘若你什么都不拿，空攥拳头，就算用再大的力气，也是一无所获，或者说是徒劳无功。青枣就好比人们生活中所有美好的事物，而碎片就是困扰人们的各种烦心事。我们要记得及时将青枣中的碎片拿出来丢掉！"男子望着青枣和碎片，仔细聆听完无智禅师的一番话，顿时心情无比畅快。

是的，我们应该学会辨识周身的事何为青枣，何为碎片，并能及时地拿出青枣中的碎片，把握住我们应该抓住的，放下应该丢掉的。或许，说来容易做来难，但我们总要有勇气去付诸行动，难道不是吗？

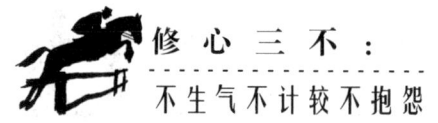
在实际生活里,有些人为了获得梦寐以求的事物,殚精竭虑,费尽心思,更甚者可能会不择手段,走向极端。他们可能最后获得了梦寐以求的事物,但是在他们追逐的过程中,所失去的不知道有多少呢! 很多时候,他们付出的代价是其得到的东西所没办法弥补的。因此,不管是喜欢一件东西也好,喜欢一个职位也罢,与其让它们变成自己的负累,不如轻松地面对,就算有一天放手或者握在手心里,也学会了平静对待。

生活在印度热带丛林中的人们,捕捉猴子的时候往往采用一种奇特的狩猎方法,即在一个固定的小木盒中,盛放猴子平素爱吃的坚果,盒子上留出一个小洞,恰好可以让猴子的前爪伸入盒中,猴子一旦将坚果抓住,爪子就抽不出来了。人们总是用这种方法成功地捕捉到猴子,因为猴子有一种习性——它们舍不得放下已经到手的食物。

不少人嘲笑猴子的愚钝:何不松开爪子放下坚果,这样还能够逃命? 不过,当我们审视自己时,或许就会意识到,并非只有猴子才会犯这样的错误。生活中,由于对一些事情放不下,有些人殚精竭虑,耗费大量的工夫和精力寻求解决之道,结果往往作茧自缚,耽误了原本可以更加辉煌的前程……

生命如舟,要想让其在靠岸时不至于在中途搁浅或沉没,就必须轻载,果断地放下那些束缚我们手脚的"坚果"(问题)。从猴子的悲剧中我们可以吸取的教训是:该放手时就放手。这样才能空出双手,去抓取更多的机会。

要学会记忆,也要学会遗忘

曾经有一位智者说:"人除了要学会记忆,还要学会遗忘。"如果我们将什么都记得非常清楚,脑海中储放着太多的记忆,当真是一件令人苦恼的事情,久而久之,还会对身心健康产生不利的影响。

英国劳艾德保险公司曾买下一艘船。现在这艘船就停泊在英国萨伦港的国家船舶博物馆里。这艘船是该公司从拍卖市场拍下的。它在1894年下水,在大西洋上曾138次遭遇冰山,116次触礁,13次起火,207次被风暴扭断桅杆,但它从未沉没过。劳艾德保险公司之所以最终打算将它从荷兰买回来捐给国家,主要是考虑到该船不可思议的经历及在保费方面给所有者带来的丰厚利润。

然而,让这艘船闻名遐迩的却是一名来此观光的律师。当时,他刚打输了一场官司,委托人也因输了官司而忧郁地自杀了。虽然这不是他初次辩护失败,也并非他见过的首例自杀事件,不过,每逢碰到类似的事情,他心底总是会滋生出一种负罪感。他不晓得该如何安慰那些在生意场上遭遇不幸的人,他们有一部分被骗,有一部分被罚,或倾家荡产或妻离子散,也有一部分因输了官司,弄得债务缠身。

当他在国家博物馆看到这艘船时,突然萌生出一种念头,何不让他们到此参观这艘船呢?于是,他就将这艘船的历史资料及其照片一并挂在律师事务所中。每逢商界的人找上门来请他做自己的辩护律师,不管最终官司输赢,他都建议这些人去参观一下这艘船。据英国《泰晤士报》报道:截止到1978年,已有230万人次参观过该船。仅参观者的留言就有170本。

吸引人们纷纷至此的原因正是这艘船上的累累伤痕。众所周知,在大海中航行的船没有不带伤的。其实,人生的道理也是如此。对于每个人而言,光明的未来总是建立在遗忘的基础之上的。唯有将往昔的失败与痛苦等适时遗忘,才有可能在下一段旅程中走得更平稳。

然而,在实际生活中,只要稍加留心不难发现这样的现象:有的人记忆力超级强悍,将什么鸡毛蒜皮的事都记得门清,事无巨细只要对自己不利都斤斤计较、耿耿于怀,结果弄得自己不仅碌碌无为,还一副林黛玉的病秧态;有的人则该记的记,该忘的忘,精力十足,坦荡行世,生活得很是无忧无虑。不难看出,遗忘非但没有什么不好,而且还是一种风度,一种重要的养生之道。

据《列子·周穆王》记载:宋国有一位名叫华子的人被诊断得了遗忘症,"朝取而夕忘,夕与而朝忘,在途则忘行,在室则忘坐,今不识先,后不识今","荡荡然不

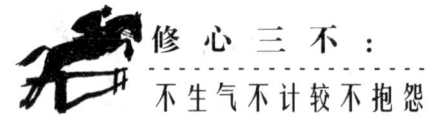

觉天地之有无"。过了一段时间，华子遇到一名医术精湛的人。很快，这名医生便将华子的病治好了。因此，华子将自己过往数十年的得失、喜忧、好恶全都回忆起来了。于是，他"忧忧万绪，须臾不忘"，以致"怒而黜妻罚子，操戈逐人"，弄得鸡飞狗跳，好不热闹。先前平静而美好的生活全被打乱了。

由此可见，一个人只有善于遗忘，将没有必要记住的事物有选择地适时忘掉，才会拥有愉快的心境和轻松的精神。诚如陶铸所言："往事如烟俱忘却，心底无私天地宽。"

现代医学也认为，遗忘能够让大脑的负担大大减轻，并大大降低脑细胞的消耗量。在正常情况下，人的脑细胞每天大概死亡10万个。然而，假如某一天遭到外界强烈的刺激，每天死亡的大脑细胞就会增加数十倍。时间长了，大脑肯定是难以承受的。

所以，如果想要身强体健的话，遗忘是必需的。正由于有了遗忘，才保证了必要的记忆和大脑的正常运行。"有失才能有得，吐故方能纳新。"一个人只有清除掉旧的东西，观念与知识才会不断得到更新。只有善于遗忘的人，生命之花才有可能常开。无怪乎有人感慨，"只有遗忘一些东西，才能记住一些东西"，"一个健康而轻松地活着的人，往往是一个善于遗忘的人"。

作为一种品质，一种能力，遗忘并非随随便便就能做到的。首先要加强思想品德修养和心理素质的培养。其次要胸襟广阔，只记得一些有必要记的东西，剔除私心杂念，并将潜在的个人主义思想用心克服，淡泊名利，宁静致远。再次还要时常进行自我心理调节，凡事想远一些，想开一些，争取让自己摆脱名利得失、个人恩怨的束缚，对那些已经过去并且无关紧要的小事小情，要糊涂一些，宽容一些，并及时将这些无用之物像清理垃圾一样从大脑中清理干净，不让其在记忆中空占位置。

不计较的心得

　　操作过电脑的人，都清楚回收站是需要经常清空的。不然，会占用太多的存储空间，影响电脑的运行速度。人的头脑也是如此。面对世间诸事，我们需要好好审视清楚，看看哪些是有价值的，将其留下来，设法解决；哪些是垃圾，是给自己制造困扰的事情，要狠下心来，将其放下。如此一来，就能够应付自如，从而带来好心情和清醒的头脑，以及舒适的人生。

第十章 爱情经不起比较，
更经不起计较

　　在爱情中，应该多一些善解人意，多一些对恋人的鼓励。其实，当初男女两人涉入爱河，就代表着对对方相当的肯定，至少在热恋期间，彼此确认对方是自己可以相守一生的伴侣。随着男女爱情关系的稳定，彼此间的激情渐渐淡去，对方的缺点也会暴露无遗。此时，千万不要只看见对方的不足，然后拿自己恋人的这些不足去跟他人做比较。

不要拿恋人去跟他人做比较

对于很多人而言,特别是女人,往往喜欢拿自己的恋人去跟他人比较。在比较的过程中,逐渐扩大了自己恋人的缺点,而对恋人的长处视而不见,于是就拼命驱赶着自己的恋人奋起直追,不惜恶言相向,让自己的恋人累吐了血,甚至搭上了命。

徐海蓉和男朋友原本十分相爱。大学毕业后,他们被同一家企业聘用了。小日子尽管过得不富裕却也其乐融融。1年后,由于该企业经营不景气,大幅度裁员,徐海蓉的名字赫然在列。无奈之中,她转战商海,从经营小本买卖做起,经过两年的打拼,居然小有成就,买了一部十来万的车子,还贷款买了一套两居室的商品房。

不过,当她望着昔日那些相貌不如自己却整天打扮得花枝招展的女人时,她的心理慢慢变得不平衡起来:"她们要么无所事事地逛商场、进美容院,要么玩牌打高尔夫,就是因为找了一个大款做男友。相比之下,我却终日不得闲,还欠银行几十万!全是因为我这男朋友本事不大!"

就这样,她对月薪只有5 000元的男朋友慢慢失去了最初的温柔和好感,甚至变得厌恶起来!整天对男朋友绷着个脸。当男朋友小心翼翼地求婚,说打算结婚后生个孩子……话还没说完,她就讥讽他说:"结婚?生孩子?就你那点工资,要不是我撑着这个家,你早就喝西北风去了,还养孩子?先把房贷还完了再说吧!"

有一天,徐海蓉偶遇了老同学蒋雯雯,她毕业后便嫁给了一个富二代,住着一栋400多平方米的小别墅。当时她正开着宝马去美容院,见到徐海蓉后,蒋雯雯邀请她一起去,但徐海蓉说:"实在抱歉,我没这闲工夫啊,还有一笔生意等着我去谈呢!"蒋雯雯笑着说:"你这是何必呢?生意让男朋友去打理好了,一个女人为了女强人这个虚头衔,将自己搞得容颜憔悴,划不来哦!"蒋雯雯那不屑的口吻让

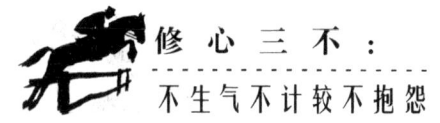
徐海蓉内心大受打击，当年读书时，自己可是那一届的校花！当时是追不到自己的男同学才去追求蒋雯雯的，但现在呢？人家过得比自己滋润百倍！

徐海蓉越想越觉得憋屈，晚上回到家中，绷着脸不说话！男朋友猜测她是累坏了，便赶紧为她放好洗澡水，还冲了一杯热咖啡，但男朋友的体贴并未让她感动，反倒更让她瞧不起他！她那一刻居然强烈地感觉到他是个窝囊废，只配给自己做保姆！于是，她将那杯咖啡重重摔在地板上，大发雷霆："你这种整天在女人面前低三下四的男人，何时才能作出点大成就呢？你看咱们班的阿涛，房啊、公司啊、豪车啊……什么不是自己掏腰包买的，再瞧瞧你，什么都靠我，住我买来的房，花我赚来的钱，你就是一个吃软饭的男人！"

男朋友听完这番话，发呆了好一阵子然后默默无语地走出了家门。从那以后，他便住进了单位的集体宿舍。过了2个月，她的男朋友就提出了分手。这又让徐海蓉心情不爽了，因为她争强好胜已成习惯，觉得就算是分手，也应该是由她先提出来！现在竟然要被自己的男朋友抛弃，她实在接受不了。不过，男朋友的分手决心异常坚决，最后两个人还是分开了。

分手后，原本对事业十分投入的徐海蓉却发现，自己对工作的兴趣大减，往昔所有的成就在她眼里仿佛瞬间失去了价值，没有了他，家不成家，自己再这么辛苦有何意义。尽管也有很多熟人开始热心地给她介绍男朋友，但那些男人要么拖儿带女，强调婚后不会再生孩子；要么就是赤裸裸地冲着她的钱来的……她郁闷极了。

有一天，她忙完事开车回家，遇到堵车。这时，一辆公共汽车停在自己的右方。她无意中扭头一看，竟然发现在公共汽车中，她的前男友正和一个孕妇并排而坐，态度非常亲昵，而且他对那名孕妇笑得十分开心。是的！那名孕妇正是他现在的妻子！

见此情景，她情不自禁地羡慕起那名孕妇来了：她得到的或许只是一个很平凡的男人，但是有爱情，有男人的无限疼爱，这对女人而言就已经足够了。可惜的是，当年她太过于计较，没有好好珍惜那个曾经属于她的他……

作为一个合格的情侣，职责之一就是帮助自己的恋人实现理想。在这个过程中不要挑剔他,不要嘲讽和数落他,不要拿他来和周围的某某人做比较,也不该让他过度操劳,而是应该温柔地鼓励他、赞赏他,为他鼓劲加油。

遗憾的是,有些女人一心想要自己的恋人超过本身的能力范围而成为自己想象中的样子。这种女人虚荣心过盛,希望自己的恋人能比别人更富有,能比别人职位更高、知名度更响亮。于是,她们的恋人不仅没有希望满足她们的需要,还会时时刻刻处于巨大的精神压力下,这种精神压力对男人的自信心是一种沉重的打击,也会间接影响恋情的甜蜜度。这是每一个身处爱河中的人应该引以为戒的,不仅仅包括女人。

对背叛爱情的人,无须太计较

在布拉沙市里,有一位名叫海尔曼的医生。他性格倔强、技术高超、医德高尚,所以妇孺皆知。有一天,一名女子护送一位在交通事故中受重伤的人来诊所就医。海尔曼愣住了:"呃,怎么是她?"她是海尔曼的前妻。很多年以前,她为了另一个男子,背叛了他对她炽烈的爱情,转身而去。岁月流转,现在的她风韵犹存。海尔曼原本以为他早就放下了,但令他没想到的是,再见到她,他发现自己的内心仍然隐隐作痛。

这时,海尔曼看见她痛哭流涕地说:"海尔曼,亲爱的海尔曼,你恨我的话,我并不怪你……现在,为了救他一条活命,我只好厚着脸皮来求你,你是全市唯一能给他做手术的大夫。"受重伤的人叫列夫斯基,是她现在的老公,正是他当年的介入,她才离开了海尔曼。"亲爱的海尔曼,我知道我们对不起你,但现在我们遇到了困难……他曾经是你的情敌,我只希望你的手术刀别带着昔日的仇恨……"

海尔曼从头到尾沉默不语,手术前的那一刻,一直处于昏迷状态的列夫斯基忽然清醒过来,看到手握手术刀的是海尔曼,震惊极了,慌忙挣扎着要坐起来。"请你躺好,过去你是我的情敌,但现在你是我必须抢救的病人。"这个修补颅骨

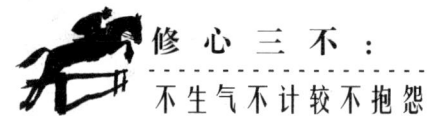

的手术持续了十几个小时，手术刚一结束，海尔曼就累得晕倒在手术台旁。

过了一阵子，列夫斯基的伤痊愈后，他和妻子愧疚地对海尔曼说："假如您不嫌弃，我们乐意为服侍您而献出下半生。"海尔曼说："我没那么多计较之心。作为一名医生，我在手术室中想着的只是我的天职罢了。"

面对负心人，不计较的人生态度会让结局更美好。

然而，在现实生活中，相信每个人都希望拥有真正纯洁的爱情，谁也不想失足，谁也不想自己在爱情中遭到背叛。然而，一旦背叛产生了而你无意中发现了真相，纸终于包不住火，在震惊、愤怒之后，你会怎么做？

有人说："我一句话都不想再跟他多啰唆，收拾东西就走。好日子长着呢，不想浪费自己的青春。"

有人说："就这么轻易地饶了他，那怎么行？我至少要揭穿他，怒斥他，让认识他的人都知道他是多么丑陋。"

还有人说："光痛斥一顿还不解恨，必须有所行动，以牙还牙。人若负我，我必负人。"

实际上，背叛爱情并非什么不可饶恕的过错。更何况，曾经相恋一场，冤冤相报何时了？太过计较，一方面会令人怒不可遏或一蹶不振，这样更容易被负心人看扁；另一方面，太过计较，结果往往是两败俱伤，既伤人又伤己。

陈然的男朋友在出国留学之前，大量繁琐的杂事都是陈然跑前跑后地帮着张罗。陈然为了爱情，办了不想办的事，也求了不想求的人，包括送礼、找人打点关系。考虑到男朋友有几门功课的分数不太理想，甚至还帮他伪造了成绩单。

总之，陈然为了男朋友出国留学一事，算是煞费苦心，令她欣慰的是，男朋友终于得偿所愿了。临行前男朋友信誓旦旦地称将来会接她过去，但不到一个学期，他便提出了分手！分手的理由是男朋友的父母不赞成他们继续交往下去。

陈然痛苦极了！没过多久，陈然偶然得知，原来早在男朋友出国前，他的父母就已经为他介绍了一个对象。天底下居然有这样的败类，将她当成陀螺一样玩耍于股掌之间！想到这里，陈然怒不可遏，立刻向他留学的学校举报他伪造成绩。后来,他被勒令退学了,很是狼狈不堪。陈然满意地笑了。

然而,过了两天,她便收到了前男友发来的邮件,邮件中怒斥她是他此生见过的最恶毒的女人!不仅如此,他还发邮件给她的朋友、同学,甚至发到她所在的公司揭露她,还编造一些假事诋毁她。就这样,陈然的生活被搞得乌烟瘴气。由于报复男朋友的背叛,陈然最终给自己带来了更深的伤害。

在很多人看来,情感中的一方倘若要保护自己,对于另一方的背叛,似乎有效的办法就是狠狠反击。其实不然。爱情是不能报复的。一旦采取了报复,你便可能会失去它。有些人很傻,面对此情此景,选择"以牙还牙"。男人(女人)外面有女人(男人),于是,她(他)也出去找男人(女人)。结果往往是爱情没有挽回,自己已经错了太久,婚外情又走得太远,到头来,什么都会失去。选择狠狠反击,是放弃了交流和沟通。当你决定狠狠反击时,你便跟背叛爱情的人走上了相反的路。

所以,与其计较,不如在善待自己的同时,向对方展示你美好的人品,提高自己,甚至创造出辉煌的成就。

算计心太重的人,过得并不快乐

威廉是美国的一名心理专家。他曾经是一个极能算计的人。他知道哪家店的袜子最便宜;知道哪家餐馆可以多给顾客一沓纸巾;知道何时电影门票打折最厉害。后来,威廉患了一场大病。30岁之前,他是医院的常客,那时他心中总是怏怏不乐。32岁那年,威廉悟到了什么,便对"爱算计者"开始进行研究。

他以多年的研究成果、大量的事实证明:凡是对利益太会算计的人,实际上往往过得并不幸福,他们90%以上患有心理疾病,甚至是多病和寿命不长的。

太会算计会影响人的身心健康,原因如下:

(1)太会算计者往往事事计较,时常处于焦虑的状态中;

(2)爱算计者易对人产生不满和愤恨,人际关系欠佳;

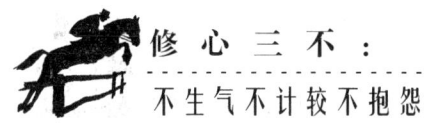
（3）爱算计者心胸往往有被堵的感觉，如此积累就会成为一种忧虑；

（4）太爱算计者往往注重阴暗面，他们总是在发现问题、发现错误、四处设防，内心是灰色的；

（5）太会算计者往往想得太多，很难轻松地生活，还会因为过分算计而引来一些祸患。

威廉的研究还表明：太能算计的人心率往往较正常人快一些，睡眠质量也不佳；消化系统遭到破坏；免疫力下降；容易患上神经性、皮肤性疾病。

婚姻生活是日常生活的重要组成部分。在婚姻生活中，无论是为了身体健康，还是为了家庭的其乐融融，都不宜对利益太过计较。

相信不少人看过金庸的《射雕英雄传》，其中，精灵古怪的黄蓉选择的是有点憨头憨脑的郭靖。对于西毒欧阳锋的侄子欧阳克，黄蓉一向采取的是横眉冷对的态度，甚至在欧阳克到桃花岛求亲的时候，黄蓉也是一副"舍郭靖不嫁"的强硬姿态。这是为什么呢？

黄药师说郭靖傻，殊不知，"傻"人才有"傻"福呢。在黄蓉的眼中，郭靖的"傻"，让她觉得他简单、实在，令她信任有加，令她有安全感。跟她在一起，她是身心放松的，不再有那么多的算计和警惕之心。相比之下，欧阳克太会算计，有点让人放心不下。

试问，一个令人放心不下的人，谁会敢对其托付终身呢？在这一点上，黄蓉比黄药师看得更透彻。后来的事实表明，黄蓉的婚姻是幸福的。这可谓是对"婚姻不能太计较"的侧面写照。

浪漫是暂时的，平淡才是常态

聪明的女人从来不会为了追求虚无缥缈的浪漫而怪罪老公不解风情。因为在她们看来，真正的浪漫，蕴藏在平凡而简单的生活中。她们最需要做的就是用心去感悟潜在浪漫的蛛丝马迹。浪漫不等于活在电视剧中,不切实际,更不等于天真幼稚。假如一个人整天想要浪漫的感觉,那么很残酷的事实就是——这个人还不成熟,还缺乏维系一份婚姻的能力。

黄宁宁的老公蔡勇是学理科的。当年,蔡勇追求黄宁宁的时候,黄宁宁觉得这个男人理性而稳重,依靠在他的臂弯中感觉很踏实、很温暖。相处半年后,便领证结婚了。结婚后没多长时间,她就觉得了无生趣了。初涉爱河时候的倾心,已经不知不觉沦为今日厌倦的源头:感性的黄宁宁,渴望的是浪漫,渴望的是被老公无限疼爱着。然而,理工出身的蔡勇却显得很是呆板,不解风情,也没什么肉麻兮兮的甜言蜜语。

冬春换季之际,黄宁宁时常腰酸背痛,整个人显得无精打采,对此蔡勇也没有察觉到。黄宁宁心里十分委屈,认为老公对自己漠不关心,毫不疼惜,于是对蔡勇越来越不满。终于有一天,她实在憋不住,说出了"离婚"的想法。蔡勇听完后,如遭晴天霹雳,错愕不已地问:"你怎么会突然有这种念头了?"黄宁宁只是淡淡地说了一句:"我累了。"提出离婚的当天晚上,蔡勇一个人静静地躺在沙发上,沉默不语,只是一支烟接一支烟地抽个不停。黄宁宁的心更加凉了!一个连挽留都表达不出来的男人,能对自己有多少爱意呢?

时间一分一秒地过去了,不知不觉,烟灰缸已经堆满了烟蒂、烟灰。黄宁宁看到蔡勇的双眼中满是血丝,心里突然有点于心不忍。这时,蔡勇开口说话了:"我该如何做能够改变你的决定?"黄宁宁想了想,说:"只要你回答一个问题,我觉得满意就好。举个例子,我对悬崖上的一朵兰花喜爱至极,而你帮我采摘的结果就是粉身碎骨,你还会去吗?"蔡勇想了一会儿,说:"这样吧,你先回卧室睡觉吧。我睡沙发。明天天亮了,我再把答案告诉你。"

第二天清晨,黄宁宁睡醒后起身来到客厅,发现蔡勇已经上班去了。不过,她却发现餐桌上有一杯温牛奶和一个煮好的鸡蛋。餐盘下还放着一张留言纸。她好奇地拿起来阅读。内容如下:

"老婆,我不会去摘。不过,请先听我说说不去摘的原因。你只会用电脑打字,

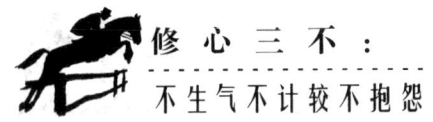
却时常将程序弄乱，然后无助地流眼泪，我要留着双手帮你把程序调整好；你出门常常忘记带钥匙，我要留着双腿为你开门；喜欢旅行的你却偏偏是个路痴，我要留着双眼为你看路……我最大的心愿就是跟你一起慢慢变老，帮你修剪指甲，帮你拔掉生出来的白头发，就算再苍老，我也会拉着你的手，陪着你走。"

"最后一个理由，我不认为世界上有那么一朵花，可以如同你那么动人。我之所以舍不得为摘一朵花而把小命搭进去，是因为我还不能确信有其他男人比我更爱你……"

她的视线渐渐被泪水模糊了。她抽了一张纸擦干眼泪后，接着看下去：

"最近单位要处理的事情太多，我太忙太累，一回家就恨不得马上躺床上入眠，可能忽视了你。昨晚你提出离婚，我辗转难眠，才听到你不时咳嗽……工作重要，老婆的健康更重要，乖乖地吃早餐，今天我不加班了，准点下班，带你最喜欢吃的蛋黄虾回来。"

黄宁宁望着这张留言纸，情不自禁地边哭边笑。蔡勇这番被逼出来的表白，让她明白，在枯燥的生活面前，虽然浪漫是个错的调味剂，但它毕竟不是主食，吃得太多并不现实。

细水长流比轰轰烈烈更适合婚姻，难道不是吗？

为爱人的"情感隐私"留点空间

面对爱人过往的感情经历，不要耿耿于怀、太过计较。彼此之间的情感，最重要的是现在相濡以沫，过去不代表现在，也许你（或他，她）心里有一段不愿回首的情感往事，但只要现在的你们彼此都忠诚地爱着对方，为什么要去计较以前的对与错？

赵凯在北京某知名学府就读时与玲玲互生情愫。大学毕业后，终因地理原因，玲玲提出了分手。赵凯曾因失恋大病了3个月。

过了几年,年近30岁的赵凯经朋友介绍,认识了张惠,并且一见钟情,没过多长时间便举行了婚礼。就这样,那段过去的恋情成了赵凯内心的"情感隐私"。

新婚次日,当赵凯准备陪同张惠回娘家之时,邮递员送来了一个快递。拆开后,原来是玲玲的一个同学写来的信。她在信中写道:"最近,我见到了玲玲,她现在意识到地理因素对于爱情而言是非常微不足道的。这些年以来,她始终对你念念不忘,她发现,你在她心中的位置,没有任何人可以替代。这几天她要出差到你所在的城市,可能会直接去找你,希望你们能和好如初……"

赵凯的视线渐渐模糊起来,眼前的张惠恍惚变成了玲玲。他编了个瞎话,让张惠独自回娘家,全然不顾这一行为会给他们的新婚带来什么不良影响。

张惠提前从娘家回来,发现老公醉醺醺地倒在沙发上。后来,她也看到了那封信,张惠默默掉着眼泪,心想:"我该怎么办?该去责备赵凯吗?"不过,她转念一想,应该站在赵凯的角度,换位思考一下,她能理解老公的后悔与痛苦。可是,眼下已结婚的赵凯不仅有负于这个新家庭,还对远方的玲玲心存爱意。"我该怨恨玲玲吗?她可是不晓得赵凯的近况啊!"冷静想了想,张惠将信件放回原处,拿了一床被子盖在老公身上,静静地在他身旁坐了好长时间。

自从知道了老公的"情感隐私"后,张惠对赵凯更加温柔体贴,嘘寒问暖,从不当面揭穿赵凯的"秘密"。

果然没几天之后,玲玲登门拜访了。张惠热情地备好一桌丰盛的饭菜招待了她。饭后,她又撒谎说自己单位临时有事情,要去加班,其实是想让这对旧恋人有机会深谈一下。赵凯看着妻子疲倦的面容,内心深深地感动了,他明白妻子的这番苦心。当张惠出门后,玲玲发自肺腑地对赵凯说:"你真幸福,拥有她这样一个好妻子!"

面对赵凯的"情感隐私",张惠选择了尊重老公,这样做不仅没让他们的夫妻感情破裂,反倒令赵凯进一步认识了她,从内心深处滋生出一种爱与疼惜,进而让他们的婚姻关系得到了进一步的升华。

毋庸置疑,张惠是一位具有东方女子气质与美德的女子。她温柔、庄重、忍

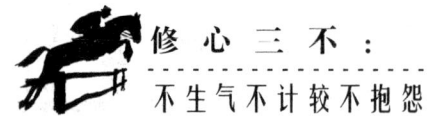

让，更重要的是善解人意。人难免有时会处于一种进退两难的状态中，善解人意的女子不会去计较对方过去的"情感隐私"。她的一颦一笑、一言一行，会将另一半从这状态中拉出来，恢复正常人的心理状态与信心。

过去的就让它过去吧。面对爱人的"情感隐私"，让我们少一些计较，多一些善解人意，多一些宽容吧。无论何时不要去揭对方的疮疤，如此一来，才有可能拥有快乐而美满的婚姻。

夫妻之间别太计较谁是谁非

争吵或许永远都是婚姻生活的组成部分。倘若仅仅将争吵视为一根针，那么再牢固的婚姻最终也难免被刺得千疮百孔。倘若在这根针上面拴上一根线，那么就算危机重重的婚姻，也是可以被缝补得牢固而结实的。

佛经中有这样一则寓言故事。

古时候，有一对小夫妻，衣食无忧，十分恩爱，经常饮酒作乐。家中所储藏的美酒，都是用大缸盛载的。

有一天，仆人有事情外出了，老公让妻子去地窖中拿酒过来痛饮。妻子愉快地应允了。然而，当她轻轻掀开缸盖，正想拿酒时，被吓到了！她醋意十足地跑到老公面前，怒声斥责："你这家伙真是个伪君子，是个大色魔，居然瞒着我，私自藏着一位年轻貌美的女人。刚才我去拿酒，被我撞个正着，你怎么解释？"

老公面对着一向温柔体贴，而今却如同凶神恶煞的妻子，只得好言相劝，询问缘由。妻子愤愤地说："现在我是铁证如山，你还想抵赖？！你自己去打开酒缸盖瞧瞧。"于是，他移步过去，将酒缸盖打开，低头一望，也开始勃然大怒。只见他气呼呼地跑回房里，抓住妻子的头发，一巴掌扇了过去！随后，厉声呵斥："你这个贱人，不知廉耻，居然敢背着我私藏小青年在酒窖中，还恶人先告状，反过来诋毁我……"

从那以后,这对小夫妻每天都在争吵,互相指责对方,俨然仇人,再也不像往昔那般恩爱,那般浓情蜜意了。

有一天,来了一位比丘。查知这对年轻夫妻吵架的原因,便主持公道,解决问题。这位比丘带他们再次来到酒缸边,说:"世上愚痴的人,不知一切幻有,认假作真,平地起风波,烦恼无尽;由于你俩误将缸中影子作为真实,以致互相误会,互相指责,现在一切争吵皆可以平息了。"

说完,他便拿起一块石头把缸给砸破了。当缸中的酒一滴未存时,那些幻影也随着消失了。这时,这对小夫妻才明白是被自己的影子提弄,认假作真,导致争吵,徒生烦恼。

由于少了计较,没了争吵,他们又恢复了往昔恩爱而幸福的生活。

著名的电视节目主持人李咏在接受一家媒体采访时,说到自己的婚姻,他指出,他与妻子的婚姻也像很多普通人的婚姻那样,会发生争吵,也会闹些不愉快,但每次两人争吵斗嘴后,他总是率先跟妻子赔礼认错。这或许是他们的婚姻之船可以一路航行到现在的重要原因吧。

如果能像李咏那样,你就会发现,幸福其实就在你的身边。毕竟,两个人在婚姻中朝夕相处时间长了,就容易露出"庐山真面目"。这个时候,夫妻双方要学会包容,只要是不涉及原则的小缺点,就不应该过于较真儿和计较。赔个礼,道个歉,没什么丢脸的。

锅碗瓢盆没有不磕磕碰碰的,但少一样都难以烹制出一顿佳肴。夫妻之间的感情也是这样,假如不吵不闹,难以知道真心,一味计较只是在毁灭真情。一个充满争吵、矛盾、怨怼的家,不再是一个躲避风雨的港湾,反而是一个制造风雨的地方。这样的家令人窒息、令人恐惧,令人只想避而远之。

当然,在某种情况下,即使你再不计较,再努力也无法调和与对方的矛盾,此时,就要果断地放弃。下列一些表现也许能够使你痛下决心:

你认为自己经常小心翼翼、患得患失,极力避免触怒或冒犯对方;

你认为对方经常不尊重你;

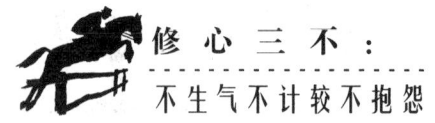
你上班或与朋友一起，较之跟伴侣相对时，表现得更加有自信；

你并不习惯于批评爱人；

你觉得难以向爱人说出自己真正渴望得到和所需要的，有时会认为自己缺乏安全感；

你认为爱人待你，比不上你待他(她)那样细心体贴；

你认为必须令对方明白你也有权利拥有爱、恨、平等以及自由；

你常为爱人的行为，或自己的生活状况，对自己或朋友申辩或制造借口；

你常痛恨自己在爱人面前软弱，但就算你发誓不再重蹈覆辙，却情愿接受不公平的待遇。

人的一生要维持婚姻不吵架、不冷战是不可能的。假如去计较，或许就没有永恒的婚姻了。智者会选择所爱的人，会学会包容对方的缺点。不过，当感觉矛盾重重、家无宁日时，接下来要做的就是努力维护自己的尊严，别再伺候你的伴侣。彼此争吵过后，别再对伴侣加倍爱护来作为补偿；当他破口大骂的时候，别畏惧退缩，永远别因为惹他生气而赔不是。

不计较的心得

有一句脍炙人口的歌这样唱道："我能想到最浪漫的事，就是和你一起慢慢变老……"这首歌反映出很多人内心深处对爱情无限美好的愿望。没有一个人不希望有一个跟自己到白头的爱人，并跟所爱之人一起经历青丝成白发，等到垂垂老矣、步履蹒跚，仍然会在夕阳西下的余晖中，手挽手地漫步在林荫小道上……要想让这样的梦想成为现实，并不是一件多么困难的事情，不过有个必要的条件，那就是不能太"计较"。

第十一章 适当弯腰，
妥协和退让也是一种智慧

　　不会弯腰的躯体是僵硬的。在这个世界上，你做一根硬硬的钢铁试试，保证过不了多长时间就会到废品回收站报到。不会弯腰，是顽固，是呆板，是色厉内荏。别将弯腰误以为是曲意逢迎，辱没人格。适当弯腰、妥协和退让也是一种高智慧，一种高艺术，还是一种高境界！众所周知，高昂着头的稻子颗粒干瘪，面子有了，收获却没有了；弯腰的稻谷，意味着成熟，也预示着大地的丰收。越懂得弯腰，才会越成熟。当然，弯腰以后，一定不能忘记将自己的腰杆挺直。

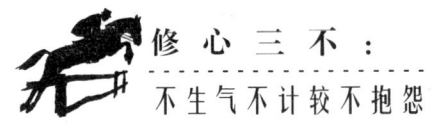

适时弯腰,是一种成熟的处世哲学

有一句非常朴素但却蕴含着深刻哲理的话:"成熟的稻谷才会弯腰。"成熟的稻谷之所以会弯腰,关键在于它经过默默的孕育已经结出了累累硕果。可惜的是,现实生活中有很多人却忽视了这个道理。

如果稍加观察,就会发现鹅毛大雪之后的雪松树枝由于厚重的积雪而压弯了腰,低垂下去,可能很多人会联想到"大雪压青松,青松挺且直"的诗句。大雪压青松也弯腰,岂不愧对先人的溢美之词?实际上,的确有大量枝条由于不能弯腰而被大雪压断了。雪松之所以在厚重的积雪压力之下将腰弯下去,为的是不令自己折断,为的是日后继续挺拔向上。

弓腰弯腰,才能射出更远的射程;稻秆直立,那是它还没有攒紧沉甸甸的谷粒。在人生的道路上,无论是谁,都要学会适时弯腰。弯腰并不是软弱的代名词,而是一种韧劲,一种弹性,是生命的一种更深刻的睿智。

孟买佛学院是印度最著名的佛学院之一,这所佛学院之所以闻名遐迩,除了它建院历史悠久、雄伟的建筑和培养出了大量知名学者外,还有一个其他佛学院所没有的特色之处。这是一个非常微小的细节,不过,所有出入过该地的人,当他再出来的时候,基本上都发自肺腑地承认,恰恰是这个细节让他们顿悟,让他们获益颇深。

这是一个非常简单的细节,不过人们并没留心:这所学院在正门一旁,开了一个小门,小门只有150厘米高、40厘米宽,成年人要想出入需要将腰身侧弯,否则就只能碰壁。所有初入佛学院的学生,无一不感到困惑:这么一个偌大的佛学院,有着壮观雄伟的大门可以体面地进出,为啥还开一个小门?

实际上，这恰恰是孟买佛学院为它的学生上的第一堂课。新来的学生，都会被教师引导到这个小门旁，让他们进出一次。不难想象，这些新生都是弯腰侧身进出的，虽然有失礼仪与风度，但却达到了目的。教师指出，出入方便的肯定莫过于大门啦，大门还能让人非常体面而又有风度地进出，然而，很多时候，我们要进出的地方，并不是都拥有着壮观的大门，或有些大门并不是随便能够进出的。这时候，唯有学会弯腰与侧身，将尊贵与体面放下的人，方可出入。不然，就只能被阻隔在院墙之外。

教师对学生说，佛家的哲学便蕴藏于这个小门中，人生的哲学亦如此。人生之路，尤其是通往成功的路，基本上没有宽广的大门，绝大多数的门都必须弯腰侧身才能通过。暂时的寄人篱下，暂时的委曲求全，是一种度过暂时逆境的策略，可以成就自己辉煌的明天。

的确，正所谓"人在屋檐下，不得不低头"，学会适时低头，懂得及时规避，蓄势待发，让自己永远保持良好状态，才有可能成为最后的赢家。

相反，一个人倘若不懂得适时低头，凡事争强好胜，以自我为中心，希望身边的人都主动给他让路，最终必然被撞得粉身碎骨。历史上有许多胸有点墨之人，却未能抵达人生的巅峰，便是由于在途中不懂适时低头，不会韬光养晦，最后落得一事无成。

不会弯腰的躯体是僵硬的。不会弯腰，是顽固，是呆板，是色厉内荏。无论何时都要记住，弯腰是为了更笔直地挺立着。弯腰以后，一定不能忘记将自己的腰杆挺直。假如我们一味地低头，总是习惯于卑躬屈膝，那么只会显得我们很卑微。一言以蔽之，低头弯腰应是暂时的，过犹不及。

为人处世，太刚则易折，太柔又缺乏风骨。所以，一个睿智的人，懂得做到刚柔相济、适时弯腰。弯腰能磨砺人的意志；弯腰是一种成熟；弯腰与面子之间也没有什么必然的联系。众所周知，高昂着头的稻子颗粒干瘪，面子有了，收获却没有了；弯腰的稻谷，意味着成熟，也预示着大地的丰收。越懂得弯腰，才会越成熟。

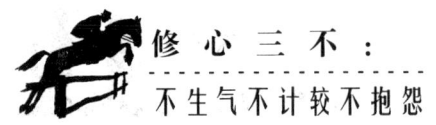
用理性的妥协消除"应激反应"

学会妥协才意味着成熟。有人指出，理性的妥协是消除"应激反应"、适应社会环境的一种健康的心态，更是人际关系中的一种良好的合作行为，就好比在两个不同的数字之间去寻求到一个公约数。这话说得非常有道理。

确实，人际关系的奥秘是无穷无尽的，并不是一潭死水，势必会发生一些磕磕绊绊，冲突纷争。比如，彼此相爱的一对情侣，一个性格外向、乐于社交，一个文静内向、喜好"宅"生活；一个是球迷，一个酷爱文学创作；一个痴迷于事业，一个则更在意小家庭的和美……这些都是非常自然的。倘若互相之间缺乏谅解，各行其是，难免伤害感情，促使矛盾进一步激化，甚至因此而分道扬镳，沦为陌路人。

环顾我们周围，包含着妥协的例子不胜枚举；同一年级的同学，学习基础参差不齐，教学有方的老师会"折中"地选择一种教学进度。于是乎，有一部分同学因此被迫放缓了学习进度，一部分同学不得不快马加鞭，拼命追赶。倘若这些同学都不乐意迁就，势必会打乱正常的教学秩序，老师自然也不能按时完成教学计划。

其实，妥协的含义不限于此。某些时候，求同存异、除弊存利，寻找双方利益的结合点，同样也是处世中的理性妥协。当下，很多人都在谈民主。其实，"民主"的实现就是需要持有不同意见的人们之间的妥协，形成某种多数人可以接受的"共识"，然而，这里的"共识"并非是全体一致，而是某种互相妥协的方案。

理性的妥协，不仅可以避免一场"你死我活"的争斗，营造出一种"和而不同"的局面，还能够从照顾对方利益中获得自己的利益。

在一个原始森林中，有一头花豹和一条巨蟒。一天，它们几乎在同一时刻将目光盯在了一只羚羊身上。花豹注视着巨蟒，巨蟒注视着花豹，各自心怀"鬼胎"。

花豹盘算着：假如我要吃到羚羊，必须得先将巨蟒干掉。

巨蟒盘算着：假如我要吃到羚羊，必须得先将花豹干掉。

就这样，几乎在同一时刻，花豹扑向了巨蟒，巨蟒扑向了花豹。

花豹撕咬着巨蟒的脖颈，心想：假如不下力气咬，我就会被巨蟒缠死。

巨蟒缠着花豹的身子，心想：假如不使出全力纠缠，我就会被花豹咬死。

就这样，双方都拼尽全力投入"战斗"。

最后，羚羊安详地迈着步子走了，花豹和巨蟒却同时倒在了地上。

一位亲眼目睹了这一场"战斗"的猎人非常感慨，说："假如花豹和巨蟒同时朝着猎物扑过去，而不是同时朝着对方扑去，然后平分猎物，它们都不会死；如果花豹和巨蟒同时走开，不约而同地放弃猎物，它们都不会死；假如花豹和巨蟒中有一方走开，一方扑向猎物，它们都不会死；假如花豹和巨蟒在意识到问题的严重性时互相松开，它们也都不会死。花豹和巨蟒的悲哀就在于把本该具备的妥协与退让转化成了你死我活的争斗。"

生活中的悲哀也常常由此而起。要想避免类似的事件发生，我们必须树立妥协的理念和意识，学会妥协的智慧和艺术。

值得一提的是，我们并不提倡无条件、无原则的妥协。妥协的条件必须是彼此（或多方）处于平等的位置。如果缺失"平等"这个前提条件，妥协就仅仅是"城下之盟"罢了；妥协必须讲原则，即守住自己的"底线"。举个例子，中国政府当年跟英国政府谈判香港问题，承诺可以保留资本主义制度，保持香港人的生活方式，实行港人治港，不过收回对香港的主权这是一个"底线"，是一个大原则，在这一问题上，不能讨价还价。

再有，理性的妥协也不等于麻木、迂腐和世俗，更不是弃昨天而不思，避明天而不想，处今天而无虑，没有一点忧患意识与危机感。妥协也不尽是委曲求全，比如在正确地教育孩子、义务赡养父母、克服对身心健康不利的不良嗜好等事情上，就不能对无理的一方作出迁就与让步。不过就算如此，也应该包含着平心静气的商议、耐心的疏导、动之以情、晓之以理、导之以行，最大限度地获得共识，让问题得以解决。

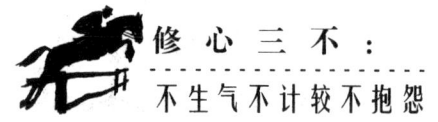
当两只野兽相遇的时候，其中的一方会大声吼叫，因为只要对方退下，就可以避免一场战斗。世界上的事情总是会有些说不清、道不明或不尽如人意之处。不过，为了人生路上多一些微笑，为了给人生航程"清淤"导航，我们必须学会妥协的艺术。

积极意义上的退让，是退一步进两步

美国独立战争中，在最黑暗、最失落之际，华盛顿将军率领的美国军队，不断后退，从休斯顿退到新泽西，从大河边退到大山中。士兵们的抱怨声此起彼伏，军官们的彷徨迷茫情绪也在蔓延，他们质问华盛顿："我们打算去往何处？究竟还要后退到哪里？"华盛顿回答说："假如一直没有出现战机，我们将不断后退，越过美国的每一座高山，越过大地上的每一条河流，直到击败英国人的战机出现为止。"

妥协并不代表承认失败与放弃努力。积极意义上的妥协，目的是在冷静中见机行事，然后准确出击，出奇制胜，是退一步进两步；积极意义上的妥协，是一种争取更大胜利、赢取更广阔发展空间的策略。

郑伟华任职于某化妆品公司，是一名业务推销员。该公司数次想跟另一家化妆品公司合作，但均未能得偿所愿。后来，在郑伟华的不懈游说下，另外那家化妆品公司终于应允跟郑伟华所在的化妆品公司合作！不过，对方的合作是有条件的，即必须在其化妆品广告词中加上该公司的名字。

起初，郑伟华所在公司的总经理并不同意，觉得这是在花钱给别的公司做广告。就这样，协商再次陷入僵局。合作公司的相关负责人发信息给郑伟华："希望贵公司能够在两天之内给我们一个明确的答复。"

郑伟华收到信息之后，直接走到总经理办公室，催促总经理马上答应，不然会错失良机。总经理很不爽地说："我坚决不妥协。你知道吗？他们这是以强欺弱。"郑伟华则觉得将产品和一个著名的品牌捆绑起来是有利的。在他的劝说下，总经理最终同意了合作的条件。

后来，事情的发展果然如郑伟华预想的那样。由于公司的生产情况蒸蒸日上，销售额不断攀升，郑伟华也因此被提升为市场部经理。

程屹拥有一家三星级的宾馆，经朋友介绍，他结识了一位颇有名气的导演。这位导演打算在他的宾馆为某影片办一个开机发布会。

程屹很痛快地答应了，但是在租金问题上，始终未能跟对方达成一致。程屹开口要价5万元，导演说最多出到3万元。就这样，双方争执不下。朋友知道此事后，劝程屹说："你别犯傻了，3万元就3万元吧，3万元背后的money可不仅仅是这个数。这帮人都是大名人，平日里请都请不到的。"

不过，程屹还是不愿意妥协，坚持要5万元，还对朋友说："你看你介绍的人，还真是守财奴，像葛朗台似的。"朋友见劝说不过，只丢下一句话，便转身离去了。朋友说："既然如此，我也没有你这个见识短浅的朋友。"

在程屹宾馆的左侧是一家四星级宾馆，该宾馆的总经理获悉了导演某影片开机发布会的消息后，第一时间联系到导演，说他乐意将宾馆大厅租给导演，而且只需要2万元的租金。

就这样，导演租下了这家四星级宾馆。

开机发布会那些天，除了涌入大量的记者、演员之外，还有很多慕名而来的粉丝，十几层的宾馆无一空房。还有，由于诸多影视明星的光临，这家四星级宾馆也迅速爆红。

程屹看到这一幕后，很是后悔当初的一意孤行，但后悔又有什么用呢？一切都太迟了。

这两则一正一反的案例，不难看出，妥协是一种交易，一种权与利的让渡。积极意义上的妥协，往往以退让开始，以胜利告终，表面上貌似以对方利益为重，实则是为自己的利益开道。我们是不是受到一些启发了呢？

在森林里，老虎被尊为"百兽之王"。它威风凛凛，令森林中的小动物们闻风

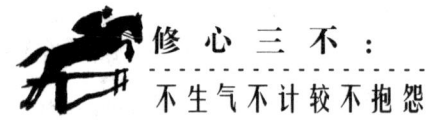

丧胆。然而，倘若你仔细观察，老虎在捕捉食物的时候，总是先退几步，然后猛奔前进，牢牢地抓住猎物。在进攻时，老虎尚能知晓先往后面退几步，以便产生更大的势能，而作为"万物之灵长"的人类，又怎么可以只知道前进，而不晓得后退的道理呢？

切忌毫不妥协地争取权益

我们知道，妥协大致可分为明智的妥协与不明智的妥协，前者是一种适当的交换。为了实现主要目标，可以在次要目标上做适当的让步。这种妥协并非彻底放弃原则，而是以避退为进，通过适当交换来确保自身要求的实现。相反，不明智的妥协，就是缺乏适当的权衡，或是守住了次要目标而将主要目标舍弃，或是妥协的成本太大而遭受不必要的损失。

明智的妥协是一门让步的艺术，而掌握这门艺术，是一个人成熟处世的必备素质。具体到争取权益这一问题上，过于计较，毫不妥协，显然是不明智的做法。

在一个小村庄中，生活着一户人家，家里有两个男孩。时间过得很快，一晃，哥儿俩就到了谈婚论嫁的年龄。可是，父亲并不感到欣慰，因为家境不算很富裕，哥儿俩时常为一些小利益而争执不下，一旦到了分家那天，天晓得会发生什么争端。

有一天，父亲得了重病，卧床休息。这时，哥哥过来伺候。父亲说："把你弟弟喊过来，我有话要说。"

弟弟到了。父亲坐起身来，说："真是病来如山倒啊，我感觉自己时日不多了。"哥儿俩劝父亲安心养身体，别想太多。父亲摆摆手，说："其实吧，这病倒不是我最担心的，因为生老病死是自然规律。谁都有那么一天的，我担心的是，假如在我死后，你们为了计较那些家产，反目成仇，那就是咱家的'病'了，我死不瞑目

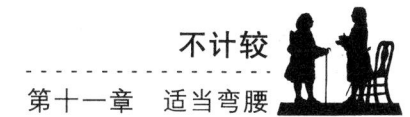

啊。"哥儿俩听了,惭愧地低下了头。

父亲颤颤巍巍地移步到院子中,指着院子空地上的几只鸡,意味深长地说:"瞧瞧它们,蹲在那里相安无事,这不是很好吗?"然后,又慢腾腾地回屋端出了一大碗谷粒,悄悄走到屋后,将大多数谷粒撒在地上,只留了不多的一些端回到院子中,撒向那些鸡。那些鸡看见谷粒来了,纷纷迎上前你争我抢,挥舞着翅膀,大声乱叫起来。这为数不多的谷粒,将本来清静的场面打乱了。

哥儿俩笑了,他们明白父亲的意思。父亲又说:"你们都瞧见了,更多的谷子在屋后……"

是的,退一步,更多的谷子在屋后。

这个故事给我们的启示是,毫不妥协地争取权益是万万不行的,这样做只会让人迷失双眼,看不见更大的权益。在与人相处的过程中,我们要切忌毫不妥协地争取权益。

接下来,我们再来看一则出自《百喻经》的小故事。

有一对年轻的夫妻,尽管新婚不久,却也互不谦让。隔壁邻居向他们贺喜,特意烘烤了一种糕饼,送给他们。夫妻俩吃着酥脆美味的糕饼,你一块儿,我一块儿,吃得很是津津有味。吃着吃着,一盘的糕饼就剩下最后一块了,他们都伸手争着去抢,男人发话说:"我是这个家的顶梁柱,这饼应该我吃。"女人听了,振振有词地说:"这个家里里外外,哪儿不是靠我打理着,我才是吃这饼的最佳人选。"

他们唇枪舌剑,你一句我一句,吵个没完没了。

男人眼看妻子如此坚持,心生一计,狡猾地说:"既然咱俩都很想吃剩下的这块饼,不妨这样,我们来打个赌,互相对视不能出声,假如谁先张口说话,谁就输了。赢的人,才是有资格吃饼的人!这个办法如何?"女人听了,为了争一口气,毫不犹豫地说道:"赌就赌!一言为定!愿赌服输!"

就这样,夫妻俩围着餐桌对坐,谁也不让谁。他们从清晨对坐到中午,又坐到夕阳西下。夜渐渐深了,万籁俱寂。这对小夫妻认真地对坐着,只听见呼吸声此起

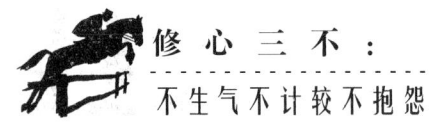
彼伏。忽然，木头门发出一声微响，一个小贼蹑手蹑脚地爬窗而入，眼睛骨碌碌地搜寻着他的行窃目标，发现厅中居然坐着两个人，赶紧收回了身影，屏气观察。啊！没有动静，原来是两个木头人。

小贼宽心了，胆子越来越大，从卧室、客厅到厨房，将这对新婚夫妻的妆奁家当、金饰财物都偷了个精光，还打开厨柜，拿出酒菜佳肴，明目张胆地坐在小夫妻之间，大快朵颐地吃起来。小贼酒足饭饱之后，背起装满财物的袋子，正要离去时，顺眼一看，哟，这个女的长得还行，常言道"饱暖思淫欲"，便壮了壮胆子，对小妻子开始动手动脚。

女人瞅着家里财物被席卷而空，自己还受到了非礼，终于忍不住说："有贼哟！有贼哟！快来抓贼啊！"

小贼听到这话，吓得拔腿就跑。这时男人却欢呼雀跃地拍着手掌说："哈哈！你先张口说话了，这块饼输给我啦！"

除了这对小夫妻，在很多人看来，妥协貌似都是软弱与不坚定的代名词。他们认为，貌似唯有毫不妥协，方可显出英雄本色。这种非此即彼的思维模式，实际上是认定人与人之间的关系是征服与被征服的关系，没有丝毫妥协的余地。

其实不然。在现实生活中，人与人之间的关系逐渐由依赖与被依赖的关系，转向相互依赖关系。比如买物品，过去物品短缺，供小于求，于是价格自然是铁价不二，没有任何回旋的余地。但在市场经济下，形势不同了。在巨大的买方市场面前，买家与卖家的关系变为相互依赖，进而造成讨价还价流行开来。在这种情况下，假如不愿意作出一些妥协，最终只会失去自身生存与发展的机会，沦为生活悲惨的平庸者甚至是失败者。

在现代生活中，善于妥协是明智之举，也是一种美德。能够妥协，意味着对对方利益的尊重与重视。在个人权利日趋平等的现代生活中，人与人之间的尊重是相互的。一个人只有尊重他人，才有可能获得他人的尊重。为了赢得别人更多的尊重，进而让自己成为生活中的智者和强者，我们要学会妥协的艺术。

实行让步与妥协，达成和解与合作

古时候，有一条大河，水流湍急。河上有一座独木桥，桥面非常狭窄，只是由一根圆木搭就而成。有一天，两只小山羊各自从河的两岸走到桥上来，它们在桥中间相遇了。不过，由于桥面过于狭窄，谁也没办法通过，却又不愿意退让。它们就这样僵持了一阵子，后来，两只山羊都忍无可忍，便在狭窄的桥面上用角互相顶撞起来。它们互不示弱，拼死相抗，最后双双跌落桥下，溺水而亡。

这则寓言很简单，却蕴含着深刻的道理，这正是"经路窄处，留一步与人行"的道理。在狭窄的路口，不妨让别人先行。表面上看来，自己吃亏了，但事实上，假如彼此都不想让，势必会导致两败俱伤的局面。如此一来，反而不如稍作退让，不仅可以免去不必要的麻烦，还能够达成和解与合作，实现双赢。

身为本田车系列创始人的本田宗一郎，最初是本田公司的技术员工。杉浦是本田公司的一名员工，他曾经接受过本田先生严格的训练，假如他们稍有差池，与本田的意愿与方针不符，就会随时领教到本田的厉声喝骂，甚至遭到本田的拳打脚踢。

一天，杉浦正在办公室聚精会神地做事，忽然一个部下通知他说本田找他。杉浦赶紧去本田办公室，问有何指示。没想到，本田一言不发，使劲儿用他那粗壮有力的右手，赏了杉浦一记耳光。

杉浦如坠五里云雾，呆呆地站在原地，问："董事长，究竟出了什么事情？"原来问题出在螺丝钉的长度上，这批螺丝钉比实际需要的长了3毫米。"谁叫他们这么马马虎虎地设计呢？你有着不可推卸的责任！"杉浦还未来得及解释，又被打了一个耳光。

遭遇这样的情况，估计换成是谁都会气愤至极。杉浦正要冲动地提出辞职之际，一抬头观察到本田的眼睛里泛着泪花，双手轻轻地颤抖着。杉浦深深地呼吸，

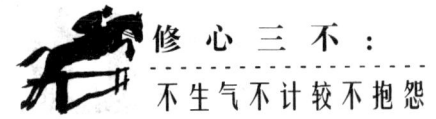

极力控制自己的情绪，憋住了原本想脱口而出的话，他冷静反省和重新审视自己。他意识到，缺乏质量做后盾，对于本田的每一位员工而言，都将面临着失业。就这样，杉浦对本田说："很抱歉，我打算让他们全部返工，希望得到你的谅解。以后我知道该如何做事。"

"我也有错，不该一时冲动，动手打人。我希望能够得到你的原谅。"本田脸上露出了真诚的歉意，并不好意思地拍了拍杉浦的手臂。

杉浦想了想，深深地点了点头。本田伸出右手，说："就靠你们了，辛苦你们了，谢谢你们！"两个人的手有力地握在了一起。

实行让步和妥协，或者主动示弱，并不意味着怯弱，相反，很多时候，恰恰是一种自信的表现，更是一种缓解原本剑拔弩张关系的良方。只有自卑的人才会表现出"不甘示弱与妥协"，一心想要取得胜利，或者占据上风，就算那种胜利或上风是丝毫没有意义的。

哈曼享有"全世界最伟大的矿务工程师"的美誉。现在我们讲述一则当年他在谋求第一个职业时的故事。

哈曼毕业于耶鲁大学。大学毕业后，他又在德国的菲莱堡研读3年。学成后归国，开始了求职生涯。最初，哈曼找到当时美国西部的大矿产业主哈斯特先生，他只是采用了一个小计谋，就成功地谋得了这一差事。

据福贝恩介绍说："哈斯特是一位性情固执、看重实际的人。他对那些斯文秀气专讲述理论的矿务工程师，从来都是抱有一副不信任的态度。所以，这位固执而粗暴的哈斯特便对哈曼说：'我不打算聘用你，仅仅是由于你曾在菲莱堡研究过，大脑中尽是一些幼稚的理论。对于这种文质彬彬的工程师，我是最不需要的！'话音刚落，哈曼便笑着说：'假如你答应不告知我的父亲，我想对你说句真心话。'哈斯特爽快地点点头。哈曼接着说：'其实吧，我在菲莱堡没学到一点有用的知识。'哈斯特听完这句话，哈哈大笑，说：'好！很好！这样吧，你明天就过来去人力资源部门报到吧！'"

哈曼仅仅采用了一个很普通的策略，便征服了一位性格执拗的大产业主，进

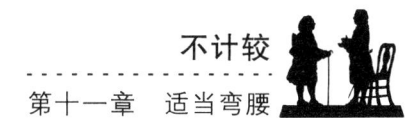

而轻易地得偿所愿。这个普通的策略就是所谓的"稍微让步"。

不少人对于自以为非常重要的观点,常常固执己见,不愿轻易妥协。然而,那些自以为是的观点,对他人来说,有时候却是无关紧要的论点而已。恰如哈曼从哈斯特的口中了解他有所偏见那样。实际上,很多时候,人们需要的只是别人对他的意见持一种尊重的态度,并能够维护他的"自尊心"。

因此,聪明的人,在应付不一致意见的时候,往往会尽量地主动让步。发生争执之际,他们想得更多的是:我稍微做一些让步,应该不会对我有什么大的不良影响吧?

我们要时刻记得:一味逞强,并非解决问题的上乘良方,些许的让步与妥协,不仅可以更好地解决问题,还能够赢得他人的尊重,进而达成和解与合作。

不计较的心得

> 智者遇到问题时,从不害怕让步,在他们看来,让步并非吃亏,而是站在另一个角度审视思考问题。事实上,唯有站在新的角度看待问题才会发现问题的真实性。遗憾的是,生活中常常有一些人在遇到问题时,会固执地坚持己见,以维护自己的尊严,就算是自己做错了,也不情愿主动承认自己的失误。

第十二章　别为打翻了的牛奶哭泣，

珍惜眼前的幸福

　　泰戈尔说："如果你仍然在为错过昨天的太阳而后悔，那么你将错过今晚的星星与月亮。"不管你快乐或者悲伤，生活是不会因此而放缓它的步伐的。别为打翻了的牛奶哭泣，珍惜眼前的幸福吧。不管昨天如何，只有完整地走过昨天，才能够轻装上路，把握好今天，做好迎接明天的准备。

覆水难收,别为打翻的牛奶哭泣

英国古代有一句谚语:"别为打翻的牛奶哭泣。"(Don't cry over spilled milk.)意思是说,事情已不可挽回,就别再为它苦恼了。这句话看似简单,却有着非常深刻的含义。它其实告诉了我们一种不计较的心态。中国"覆水难收"这个成语说的也是这个意思,由此可见,中西方的智慧很多时候是相通的。

相传,唐朝著名高僧慧宗禅师对兰花喜爱至极,于是带着一群小和尚辛勤地栽培。第2年春天,满山开满了兰花,小和尚们都高兴得手舞足蹈。没想到的是,一场暴风雨之后,满山的兰花乱七八糟地倒在稀泥里,花朵撒得满地都是。

小和尚们见到这般景象,一个个忐忑不安地等待高僧的数落,并做好了领受责罚的心理准备。孰料,高僧听完却泰然自若,平心静气地说:"我当初栽种兰花可不是为了计较,得到愤怒和埋怨,而是寻找爱好和乐趣。"小和尚们顿时如醍醐灌顶,不由自主对高僧宽广的胸怀而钦佩。这就是著名的"不是为了计较而种兰花"的故事。

兰花经过暴风雨的洗礼,已经是狼藉一片,那么,千般计较又有何意义?这个故事启示我们,在生活中要学会放下思想包袱,不必为失去的东西黯然伤神。只要我们将那些快乐的兰花栽种于心田,拥有了兰心蕙质,我们的心境必然会充满幸福与快乐。

"别为打翻的牛奶哭泣",说起来虽然很轻松,可是真正做到的人并不多。

励志大师戴尔·卡耐基(Dale Carnegie)事业刚起步那阵子,曾在密苏里州举办过一个成人教育班,因为没有经验又疏于财务管理,在投入了大量资金用于广告宣传、租房、日常的各种开销之后,他发现尽管这种成人教育班的社会反响不

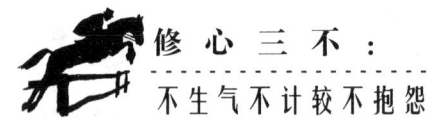

错，不过自己所获得的经济效益非常糟糕，几个月的辛苦劳动竟然回报甚少，收入仅仅刚够支出的，可以说根本没什么收益。

卡耐基因为这件事郁郁寡欢，他不断地抱怨自己的疏忽大意。这种状态持续了很久，他整日愁眉苦脸，神情恍惚，根本就没办法静下心来将刚刚起步的事业继续下去。最后，卡耐基只能去找他中学时的老师乔治·约翰逊，向他寻求心灵方面的帮助。乔治·约翰逊意味深长地说："不要为打翻的牛奶哭泣。"

老师的这句话如醍醐灌顶，居然令卡耐基的苦恼一下子消散，精神也随之振作起来。

"的确，牛奶被打翻了，已经淌光了，怎么办？是看着被打翻的牛奶伤心哭泣，还是去做点别的？事实上，不论你如何后悔和抱怨，都没有办法取回一滴。要是事先想一想，加以预防，那瓶牛奶还可以保住，然而现在晚了。因为被打翻的牛奶已成事实，不可能重新装回瓶中，现在所能做到的，就是找出教训，然后将这些不愉快忘掉，倾心关注下一件事。"

这段话，卡耐基经常对学生讲，同样也经常用于自我告诫。

在现实生活中，有些人终日为过去的错误而悔恨，为过去的失误而惋惜。殊不知，沉溺于过去的错误之中，是事业成功的一大障碍。

"不要为打翻的牛奶哭泣"。毕竟，过去的已经过去，曾经就如"黄河之水天上来，奔流到海不复回"，再也没办法重新开始，没办法从头改写。为过去哀伤，为过去遗憾，只会让人劳心费神，分散精力，没有丝毫益处。正如泰戈尔所说："如果你仍然在为错过昨天的太阳而后悔，那么你将错过今晚的星星与月亮。"所以，只有调整心态，面对现实，你的生活才会更加快乐美好！

一个鸡蛋碎了就碎了，无论如何观察它，念想着它，都不可能让它重新变成一个完整的鸡蛋了，还不如摆摆手，潇洒地告诉自己："碎了就碎了吧。"然后继续投入新的生活中去。倘若心里成天想着它，如何也挥不去那个阴影，如何也摆脱不了那种懊悔，为此反反复复孤枕难眠，这样就等于是在将痛苦放大，将会给自己带来更大更多的失误。

让往事随风,不去计较,不去深究,过去的就让它过去吧!因为生活本身并不允许每个人身上背负太多陈旧的故事,人们也无须动不动就捣鼓出一些久远得都已经泛白的往事,自我缅怀一阵儿,表现出一副曾经沧海的样子。那些或喜或悲的往事真的无须再提起。因为它们与当下没有关系,只会让当下的你难过。

记得著名的棒球手康尼·马克在谈及他对于输球的烦恼问题时曾说:"过去我常常这样做,为输球而烦恼不已。现在我已经不做这种傻事了。既然已经成为过去,何必沉浸在痛苦的深渊里呢?流入河中的水,是不能取回来的。"

是的,流入河中的水是不能取回的,打翻的牛奶也不能重新收集起来。过去是虚妄的,记住过去的痛苦只会增加我们此刻的痛苦,而过去的幸福又会将我们感受现在的心情遮挡住。所以,不必计较于心,不必忧虑和悲伤,不必流眼泪。

心态不一样,看待问题就不一样,结果也会不一样。当你计较曾经的挫折、失败、痛苦时,不妨想一想那杯被打翻的牛奶,你是愿意对沾满污垢的脏牛奶念念不忘呢,还是愿意重新喝上一杯新鲜的牛奶呢?

与其计算已失去的,不如珍惜目前所拥有的

有时候,我们会为自己遭到一些意外的损失而耿耿于怀或者自责:"我为啥没想到那一点呢?我为啥没有留意这个问题呢?"我为啥没有提前做一些防范措施呢?我真是笨到家了啊。"其实,类似的自责于事无补。

首先,我们不是完美的神,对于事情的发展趋势是难以准确预测的;其次,我们没有精力万事谨慎,时时处处小心;再次,生活中有些缺失是不可避免的。失去的已经失去,就不要郁结于心了吧。

刘超和潘海龙结伴去旅行,就在他们要返程的时候,却同时发现各自的钱包不见了。于是,刘超便急匆匆地到自己游览过的几处风景名胜的服务台寻了个遍,还到当地的派出所报了案,但钱包终究还是没有下落。潘海龙在发现钱包丢

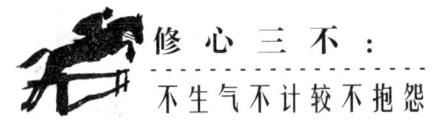

了之后，则走进一家饭店，把自己的情况大致说了一下后，老板同意雇佣他，让他用给饭店打临时工的办法挣个饭钱，外加一笔回家的路费。知道此事的人说："你到底是去旅行，还是换了个地方临时给人打工呢？"他笑着说："旅游的时间有限，有趣的事情很多，为了丢失钱包而一直郁闷下去很不划算。"

相信不少人都有遗失过一些重要或心爱之物的经历，比如不留神丢失了当天刚发的奖金，最心爱的自行车被小偷盗走了，交往了好几年的恋人突然转身离去……这些往往会在一些人心理上投下阴影，甚至有时候还会因此而备受折磨。究其原因，关键在于我们未能及时将心态调整，以正确的态度面对失去，未能从心理上承认失去，只是沉溺于已不存在的事物。

其实，与其为已经丢失的自行车而闷闷不乐，不如考虑重新入手一辆新的；与其为恋人的转身离去而泪眼汪汪，不如振作起来，寻找下一段真爱。

在唐山大地震中，有一对姓王的哥儿俩很是幸运，他们被救援人员从废墟中挖了出来。后来，政府又给他们修建了新的房子。然而，哥哥却总是念念不忘失去的一切，整天念叨着失去的十几头小猪崽儿、被毁坏的电器等东西。弟弟呢，在大地震中，除了像哥哥那样损失了一些电器外，他的妻子、儿子均不幸身亡，自己还因为被压时间过长而截去了左肢。不过，他却总是安慰自己："我还活着就是最大的幸运，我不用为吃穿发愁，政府还帮我修建了新房，我感谢政府，感谢老天爷让我的右腿和一双手完好无损。我不仅可以给自己做饭、穿衣，还能帮他人做事赚点钱。"

哥哥总是将得到的东西置于脑后，对所失去的记挂于心，沉溺于忧郁、痛苦的泥潭中，过了两三年，他便患上了胃肠炎与心脏病，后来就病死了。弟弟则珍惜目前所拥有的，学会了用心去享受已拥有的幸福。尽管他没有了左腿，但他学会了修鞋。当他瞧见别人穿上他修好的鞋子，朝他投来满意的眼神时，他就会在心底感慨："我现在还活着，就是一件幸福的事情！感谢老天爷，让我还拥有呼吸，还能做一些有意义的事情。"

这哥儿俩的遭遇是一样的，又一样很幸运，得到救助，保住了一条命。弟弟总认为自己生活得很幸福,哥哥则不这么觉得。两种心态,两种命运。究其原因,关键在于哥哥对已经失去的东西总是记挂于心,却对目前所拥有的抛之脑后。弟弟则不去计较已经失去的东西,而是惦着自己目前所拥有的。

这就是生活的智者! 他们从不会为失去的做无谓的感叹,让自己空留遗憾在人世间。他们很少计算已失去的,而是会竭心尽力地珍惜目前所拥有的。失去并不代表着失败,失去后还有重新拥有的机会。这也是成功者应具备的积极心态。

懂得享受生活的人,不在于他拥有多少金钱,不在于他的住房面积有多少,不在于他挣钱能力有多强,不在于他在单位的职位是高是低,而在于会数数。"不要计算已经失去的东西,多数数现在所拥有的。"这个数数法很简单,却是享受人生的一种智慧。

将生命里的每一天都过得有滋有味

汉字家族特意召开一次聚会,目的是评选"十最"。结果,"最孤单的字"落到了"一"身上,"的"则被评为"最繁忙的字"……评选即将结束之际,一个原本沉默无声的角落忽然传来一句话:"我认为,应该增设一个'最无意义'奖,我呢,便是获得这个奖项的不二人选!"

众汉字听后,纷纷往那个角落瞅过去,发现"了"字是说话的主人,便问:"此话怎样?"

只听"了"摇头晃脑地向汉字家族的其他成员解释:"我代表着过去——只要我一现身,事情常常就过去了,悔恨、追叹、哭泣,毫无用处。"

众汉字仔细一琢磨,情不自禁地冒出一身冷汗。

走了、死了、去了、完了……果然是斩钉截铁、掷地有声。

这个时候,随着钟表的一声"嘀嗒",当下这一秒也很快就"消失了"。

汉字家族的成员都是一副若有所思的神情,沉默不语。所以,评选会也戛然

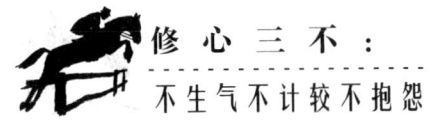

而止。随后，汉字家族的成员一哄而散，忙各自的事情去了。

从整个生命的长河来看，每一个当下、每一个今天都是我们人生中的一个小原子，是我们一生的缩影。唯有把握好生命里的每一个当下，将生命里的每一天都过得有滋有味，那么，整个人生才有可能是盎然而充满鸟语花香的。

艾德华·伊闻思先生是一位生活在底特律城的人。他在明白"生命就在生活里，就在每一天的时时刻刻里"之前，精神很忧郁，几乎到了濒临自杀的地步。

艾德华出生于一个贫苦之家。刚开始的时候，他以卖报纸为生，后来又在一家杂货店找了份差事，赖以养家。可惜，生活依然捉襟见肘，他不得不重新找了一份新工作，成为一名助理图书管理员。虽然工资不高，他却没有辞职的勇气。就这样过了8年，他才下定决心开创自己的事业，没想到居然碰上好运，他用借来的50美元发展到1年净赚2万美元。遗憾的是，这样的好景并没有维持多长时间，他储蓄的银行就倒闭了。这意味着，他不但损失了所有财产，还欠下了16 000美元的债务。

遭遇这种晴天霹雳，艾德华说："我终日寝食难安，后来居然患了一种奇怪的病，我去看医生，医生告诉我病因纯粹是过于忧思。有一天，我散步时昏倒在地，从此只能卧床休息，结果整个躯体都开始发烂，最后连躺着都无比痛苦。这时医生对我说，我大概仅仅有两个礼拜的余生了！我听后惊讶极了，只得写好遗嘱躺下等待着死亡的降临。如此一来，我的忧思也就没有了，我身心彻底放松了，闭目休养了好几个礼拜。尽管每天的睡眠还不到两小时，但却睡得很香甜，那些令人疲倦的忧思慢慢不见了，我食欲渐佳，体重也增加了。

"又过了几个礼拜，我可以在拐杖的辅助下走路了，一个多月之后，我又可以回去做事了。过去我有2万美元的年收入，现在能找到每个礼拜30美元的差事就很心满意足了。我的差事是推销一种挡板，我不再为过去懊悔，也不忧虑未来，而是将自己的所有时间与精力都投入推销的工作上。"

艾德华·伊闻思的事业发展迅速。几年后，他成了伊闻思工业公司的董事长。从那之后，该公司长期在纽约股票市场称雄。倘若你到格陵兰旅游，很可能会降落在伊闻思机场，该机场便是为纪念他而命名的。不过，当年他倘若未能弄明白

"生活在完全独立的今天",是万万不会如此成功的。

那么我们如何做才能过好今天呢?假如你想以积极的心态迎接新的朝阳,那么就有必要问自己一些问题,这些问题将让你的情绪高涨,并给你积极的力量。

1. 我应该对哪些事情心存感激

每天都会发生不少让我们为之心存感激的事情,同时也有不少值得我们感谢的人,因为他们无形中让我们懂得了一些事情,对于我们而言,每一天的生活都是无比珍贵的。

2. 我应该如何做才有自豪感

为你已经获取的成绩而自豪,成绩大小姑且不论,每一次成功都代表着前进了一步。你可以为你刚刚赢得的一场比赛感到骄傲,可以为你刚刚为亲友雪中送炭而感到幸福,可以为帮助了一个陌生人而高兴,也可以为你新读了一本好书而欣慰。

3. 我如何行动才能充满活力

要想每一天过得充满活力,就得在态度上先要有活力,用积极的心态对待生命里的分分秒秒。每一天都计划去做一些积极的事情,让自己浑身是劲儿。比如,可以打电话给那些你很佩服的人,对合作伙伴说一些鼓舞人心的言语,或给自己留出一些娱乐怡情的小天地。

4. 我能将过去的包袱放下吗

所谓"过去的包袱",就是那些长时间积累下来的伤怀之事、一些不愉快的经历以及怨气。背着这些沉重的包袱有何意义呢?与其如此,不如总结一下过去种种,将值得借鉴的经验教训留下,然后彻底放下重负。

5. 我可以解决什么问题

对一些原本想留到第2天才解决的问题,在今天就想方设法将它们干掉!尽可能在当天完成手头要做的事情,对那些棘手的问题,要敢于迎难而上。

6. 我如何才能将今天过好

敢于创新,有勇气做一些不同于平日里的事情。假如我们走出常规,学会享

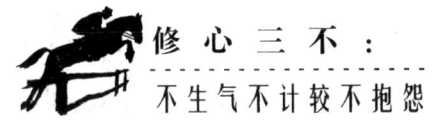
受生活,那么生活就会是绚丽多姿的。

生活中并不乏思想的巨人,行动的矮子。这些人通常想得太多但行动得太少。有志向和愿望固然不错,实现也并非没有可能,重要的是去做,今天就着手去做,现在就着手去做!

其实,生活不在别处,生活就在当下。懂得了这个道理,你就会发现原来苦苦追寻的快乐与幸福一直都环绕在我们周围。珍惜现在所拥有的生活,不管是清闲的还是忙碌的,是喧嚣的还是孤独的,只要用心将生命里的每一天都过得有滋有味,就能体会到生活的本义,享受到生活的赠与。

振作起来,投入到新的战斗中去

人生是一个过程,并非一个结果。人的一生就是将一个个的明天变成今朝,再将今朝变成昨日。即便我们错过了昨日,也还有很多可以把握的今朝。即便昨日种种事未能得偿所愿,我们也不应该太计较,而应该振作起来,投入到新的战斗中去。

著名化学家诺贝尔在一次试验中,一个不留神引发了一场大火,他最亲爱的弟弟在大火中不幸身亡。诺贝尔的内心充满了自责,他觉得自己没办法面对家人,尤其是母亲!他曾想就此放弃研究。所幸的是,经过一段时间的调整后,他的情绪平静下来。他心想,弟弟是因他而死的,"假如自己就此放弃事业,弟弟的死就不再有什么价值"。于是,他振作起来,最终取得了成功。他一生共获专利发明权355项。他用自己的巨额财富创立的诺贝尔科学奖,被国际科学界视为最高的荣誉。

荷马说:"过去的事已经过去,过去的事无法挽回。"莎士比亚说:"聪明的人永远不会坐在那里为他们的损失而悲伤,他们会很高兴地想办法来弥补他们的创伤。"我们要明白的是:过去的已经过去,过去的岁月不可能再来一遍,光阴似箭,容不得人们后悔。往者不可谏,来者犹可追。

有一些身处糟糕处境的人们会陷入更糟糕的处境,这说明他们的遭遇尽管不是很好,但还不是最糟糕的,所以还没有到绝望的地步。

《苏菲的抉择》是一部奥斯卡获奖影片,这部影片讲述的是一个从奥斯维辛集中营里出来的波兰女人的故事。最初,苏菲来到了美国,但她依旧生活在噩梦中。她的父亲、母亲、老公、情人、儿子、女儿……可以说,几乎一切她爱的人都命归黄泉了,唯有她一个人生存了下来。她崇拜的父亲由一名受人尊敬的教授沦为一个纳粹种族主义的狂热信徒和倡行者;她的老公与情人纷纷死于德国的盖世太保之手。她始终没办法原谅自己。

在纳粹集中营中,德国人"赏赐"给她一个机会,让她在自己的儿子和女儿中选一名生存者,没有被选的那位便会被送入毒气室。苏菲无比绝望地说:"将我的女儿带走吧!"在苏菲的内心里,她觉得自己不配再拥有爱情、家庭与孩子。最终,她用死亡为自己备受煎熬的内心画上了一个句号。

相信看过这部影片的人,没有人会认为苏菲应该受到谴责,就算是她曾试图向自己的敌人讨好卖乖,曾给自己的女儿选择了一条不归路。当面对一个深爱她的、头脑正常的年轻人的求婚时,谁都希望苏菲可以振作起来,经营新的生活。遗憾的是,她无法让自己那样去做,自责、忧虑将她摧垮了,从集中营中挺过来的苏菲,未能战胜自己,选择了死亡。

相比之下,另一部灾难影片《泰坦尼克号》却让人们看到了别样的结局:露丝在一场大劫中痛失挚爱的恋人之后,并没有沉溺于悲伤的过去,而是振作起来,勇敢地选择了新生。

这样悲情的影片,让很多人泪洒现场。因为过失,因为执著,每个人都有悲痛伤怀的理由。就连不可一世的拿破仑,也在他所有重要的战役中输掉了1/3,也许我们的平均纪录并不比拿破仑好到哪里去。假如我们为打翻的牛奶哭泣,却忽略了每天都能够挤出奶的奶牛,那堪称是人生的一种悲哀。

我们不是超人,无法用一根魔法棒去改变那已过去并已注定了的事实,我们

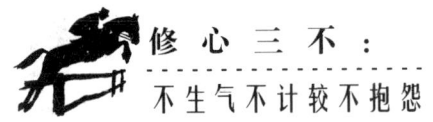
只能试着将那些沉重的负担卸下，放下自责、悔恨还有痛心；我们只能安慰自己别再想着去收回那已流入下水道的牛奶。假如我们可以从不愉快的事情中崛起，它们就变成了一笔人生财富，因为人生之旅就是不断地学习与进取。我们每天都要面临新的挑战，假如可以精神振奋地迎接并战胜挑战，那么我们也就获得了更多美好的时光，生活也将更加愉悦与幸福。

不计较的心得

习惯于顺风顺水和心想事成是人的天性，但命运不会始终这么对待一个人。总有一天，它会让人们失去一些东西，甚至是人生最宝贵的东西——生命，随之失去了人生过程中拥有的一切。所以，趁着还有呼吸，还活着，过去的就让它随风飘逝吧，失去的就不要再苦苦追悔。打起精神，去做自己所能做到的，去追求自己真正需要的，这样才不枉此生。

第十三章　知足常乐，

享受美好人生

　　当你忙碌的时候，你渴望自己能够过一种肆意放松的生活；当你百无聊赖的时候，你又想念忙碌的充实感；但当你重新开始马不停蹄地做事时，厌烦情绪又随之而来，于是你继续盼望着那些关于逍遥自在生活的想象。你还为生活不如别人轰轰烈烈，自己总难以心想事成而烦恼不已。这一切的问题就在于不知足，而使自己的心灵暗淡了。因此，你就算面对再丰富多彩的人生，也会熟视无睹。这时候，需要改变的不是世界，不是环境，而是你的心态。你应该用心去感受，知足常乐，方能享受到美好而自在的人生。

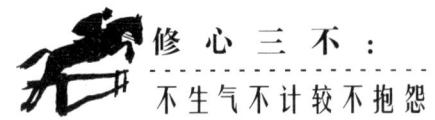
生活才是老大，生活比什么都重要

有一个女子，非常幸运地碰见了上帝。上帝打算帮她实现三个愿望。

该女子兴高采烈地许下第一个愿望。她希望自己的老公立刻消失。为什么呢？因为如此一来，她就可以再嫁一个玉树临风的男人。

然而，她的朋友们纷纷指责她考虑欠妥。因为在这些朋友们看来，她的老公拥有各种美德。于是，她后悔了，便请求上帝将老公归还给她。当然，接下来，上帝就只能帮她实现最后一个愿望了。

她打算好好斟酌一下，以便得到一个完美的答案，来完成自己人生轨迹的大转变。她开始分析：假如能够求得青春美貌常在，但是没有健康，活着也是非常痛苦的一件事。然而，假如拥有了健康，但又缺钱少财，也没啥乐趣可言；假如有了钱，没有亲朋好友也不会幸福。

从那以后，她开始患得患失，原本平静的生活也变得一团糟。最后，她实在是没有办法，只好决定去找上帝，盼望上帝能给她提供一个完美的答案，因为她真不知道该用这剩下的唯一一次机会来求得什么了。

上帝听完后，笑了笑，说："孩子啊，你还是求得安于生活中的一切吧！"

在现实生活中，有些人认为财富、名誉是最重要的，有些人认为爱情、家庭更重要一些，还有些人则认为事业是最重要的。其实，在睿智的人眼中，这些都可以摆放在次要位置。在他们看来，生活比什么都重要，是一切的载体，没有生活，一切都无从谈起。所有身外之物都不能替代生活的真谛。一言以蔽之，生活才是老大，比所有东西都大。

于娟是复旦大学的优秀青年教师、海归博士，因患乳腺癌在33岁时不治身亡。在治病期间,她开设了一个博客,博客名叫"活着就是王道",记录生命最后的旅程。她在博文里更多的是回顾自己短暂的一生,反思自己的生活方式,表现出对生命的眷恋,对生活的向往,对家人朋友的牵挂。

她感慨地在《此生未完成》一书中如是说:"在生死临界点的时候,你会发现,任何的加班(长期熬夜等于慢性自杀),给自己太多的压力,买房买车的需求,这些都是浮云。如果有时间,好好陪陪你的孩子,把买车的钱给父母亲买双鞋子,不要拼命去换什么大房子,和相爱的人在一起,蜗居也温暖。"

这位年轻的优秀教师用亲身感受和经历警醒世人:没有什么比活着更重要、更美好、更幸福。我们活着,活蹦乱跳地呼吸着新鲜的空气,沐浴着阳光晚霞,享受着当下的生活。生命如此绚烂,还计较什么呢? 还有什么不知足的呢?

在乔治的记忆里,父亲走路的时候,始终是瘸着一条腿的。在乔治看来,父亲的一切都平淡无奇。因此,他经常琢磨:"母亲为什么会跟这样的一个人结婚呢?"

有一次,市里要举行中学生篮球赛。乔治是队里的主力。他找到母亲,讲出了他的心愿。他希望母亲可以陪同他一起去。母亲听后,微笑着说:"那当然。你就算不提这个条件,我和你父亲也会陪你去的。"乔治听完母亲的话,使劲摇头,说:"我不想让父亲去,我只希望你去。"听到乔治的话,母亲非常惊讶,问是什么缘故。乔治勉强地笑了笑,说:"我总觉得,一个残疾人站在场边,会让整个气氛变了。"母亲长叹一口气,说:"你是嫌弃你的父亲了?"父亲这时恰好走过来,说:"这些天我得出差,有啥事情,你们母子俩商量着去办就可以了。"

比赛一晃就到了尾声。乔治所在的队拿了冠军。在回家的途中,母亲心情甚好,对儿子说:"要是你父亲知道了这个消息,他肯定会引吭高歌的。"乔治拉下了脸,说:"妈妈,我们现在不提那个人,行不行?"母亲接受不了儿子这种说话的态度,尖叫起来,说:"你必须要告诉我这是为什么。"乔治毫不在乎地笑了笑,说:"没什么原因,就是不想在这时提到他。"母亲的神情变得凝重起来,说:"儿子,这话我原本不想告诉你的,然而,我要是继续隐瞒下去,很可能就会伤害你的父亲。你知道你父亲的腿是为什么瘸的吗?"乔治摇了摇头,说:"我不晓得呢!"

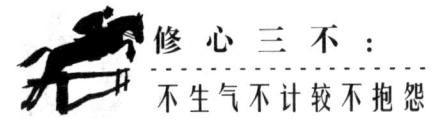

母亲回忆说："那一年，你才两岁。你父亲带你去花园里玩，在回家的途中，你左奔右跑。突然，一辆汽车快速驶过来，你父亲为了救你，左腿被轧在了车轮下。"乔治听完这一消息，瞬间呆若木鸡，说："这怎么可能呢？"母亲说："这怎么不可能？不过这些年你父亲不让我给你说罢了。"

母子俩步伐缓慢地在路上走着。母亲说："有件事可能你也不晓得，你父亲就是布莱特，你最喜欢的作家。"乔治诧异地跳了起来，说："我不信你说的话！"母亲说："这件事，其实你父亲也让我瞒着你的。你要是不相信，不妨去跟你的老师打探打探。"乔治匆忙地跑到学校。老师面对乔治的疑问，笑了笑，说："这件事千真万确。你父亲不让我们告诉你这些，担心会对你的成长造成影响。不过呢，现在你既然知道了，那我就不妨跟你直说，你父亲是一个伟大的人。"

过了两天，父亲出差归来，乔治问父亲："你就是著名的布莱特吗？"父亲愣了一下，然后就笑了，说："我正是创作小说的布莱特。"乔治拿出一本书来，说："那您先给我签个名吧！"父亲看了儿子一小会儿，然后拿起笔来，在扉页上写道："赠乔治：生活其实比什么都重要。——布莱特。"

很多年过去了，长大后的乔治成为一名优秀的记者。每当有人请他介绍自己美好人生路的时候，他就会念叨父亲的那句话："生活其实比什么都重要。"

人的欲望总是永无止境的，得到了这个，还想拥有那个。不要等到生命走到最后，才发现万事皆空，一切都是身外之物。趁活着的时候，安于生活的一切吧。安于生活的一切，不等于让人安于现状，不思进取，而是对生命洞察之后的冷静，积极努力之后的知足和感恩。学会满足和珍惜生活中的一切，知足常乐，这便是生活的真谛。

知足常乐，欲望的沟壑永远填不满

法国杰出的启蒙哲学家卢梭认为现代人物欲太盛，他曾指出："10岁时被糖果,20岁被恋人,30岁被快乐,40岁被野心,50岁被贪婪所俘虏。人究竟到何时才能只追求睿智呢?"可见,人心不能清净是因为物欲太盛所导致的。

不可否认的是,无论是谁都有欲望,但假如一个人欲望太多就成了贪心;无欲又会被视为没有追求。因此,人既要满足应有的欲求,又要懂得适可而止。满足了基本的欲求才会生活得安稳、顺利;不过分追求贪欲才会使内心安然、淡定,做到知足常乐。

古时候,有个人无意间获得了一张藏宝图。藏宝图上有明显的标记,指示出了在茂密的丛林深处有一系列的宝藏。他马上准备好了旅行所必需的东西。特意拿个大袋子,准备用来装宝物。

准备就绪后,他便朝着那片密林走去。他斩断了阻挡道路的荆棘,蹚过了一条条小溪,走过了泥泞的沼泽地,终于找到了第一个藏宝点,满屋子的金币。他赶紧掏出袋子,将全部金币统统装进了大袋子里。离开的时候,他注意到了门上的一行字:知足常乐,适可而止。

他笑了笑,心想:"这点不算什么吧?因为按照藏宝图的标记,还有更多的宝藏呢!"

然后,他一笑了之,便扛着大袋子,按照图示,找到了第二个藏宝点。这时,出现在眼前的是成堆的金条。他见到这番景象,手舞足蹈起来,仍然将所有的金条装进了大袋子。离开之际,他注意到这道门上也写着一行字:"放弃一些,你会得到更多。"

他笑了笑,心想:"放弃就等于失去,到手的东西我凭什么要放弃呢?傻子才那样做呢!"

然后,他就马不停蹄地赶往第三个藏宝点。这个藏宝点藏的是一块磐石般大小的钻石。他发红的眼睛中闪着亮光,他不知足地将这块钻石拿起,也装进了大袋子里。然后,他观察到,这块钻石下面有一道小门,猜测道:"下面肯定有更多的宝物。我要瞧瞧去!"

于是,他毫不犹豫地打开门,跳了下去。没想到,在门内等待他的并非什么金

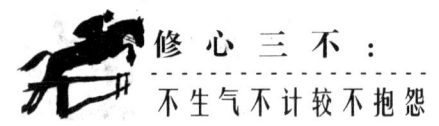

银财宝,而是一片流沙。他在流沙中使劲儿挣扎着,但他越挣扎,身体就陷得越快,陷得越深。最终,这个人和金币、金条、钻石一并长埋在了流沙中。

故事很简单,却耐人寻味。如果这个人能在看了警示后离开的话,能在跳下去之前多想一想,那么他就会平安而返,成为一个富足而快乐的人。

民间流传着一首《十不足诗》:终日奔忙为了饥,才得饱食又思衣。冬穿绫罗夏穿纱,堂前缺少美貌妻。娶下三妻并四妾,又怕无官受人欺。四品三品嫌官小,又想面南做皇帝。一朝登了金銮殿,却慕神仙下象棋。洞宾与他把棋下,又问哪有上天梯。若非此人大限到,上到九天还嫌低。

永不知足是一种病态心理,其病因多是权力、地位、金钱等不良因素诱发的。假如任由这种病态发展下去,就是贪得无厌、欲壑难平,其结局是自我毁灭。而知足、放弃,从某种意义上来讲,能够赋予自己一个生存的空间。有了生存的空间,才可能享受世界上的美好。

我们再看下面这个故事。

方丈下山游说佛法。在一家店铺里看中一尊释迦牟尼像,铸造材料是青铜的,形体逼真,神态安然,方丈非常喜欢,心想:"我要是将它带到寺中,开启其佛光,永世供奉,实在是一件幸事。"然而,店铺老板索价5 000元,一分钱都不能少,加上见方丈对它如此喜欢,更是死死咬住原价,毫不松口。

方丈回到寺中,跟其他僧人谈起这件事,众僧非常着急地问:"方丈,您想花费多少钱买下它呢?"方丈回答说:"500元已经够多了。"众僧听完唏嘘不已:"那怎么可能呢?"方丈说:"天理犹存,当有办法。万丈红尘,芸芸众生,欲壑难填,则得不偿失啊!我佛慈悲,普度众生,可以给他500元足矣!"

"如何普度他呢?"众僧疑惑地问。

"让他忏悔。"方丈笑着说道。众僧更是迷糊了。方丈说:"你们尽管依照我的吩咐去行事就是了。"

接下来,方丈让弟子们乔装打扮了一下,派下山去。

第一个弟子走进店铺中跟老板谈价钱,这个弟子咬定4 500元,未果回山。

次日，第二个弟子进店铺跟老板谈价钱，这个弟子咬定4000元，亦未果回山。

就这样，直到最后一个弟子在第9天走进店铺跟老板谈价钱，他给出的价已经低到了200元。

老板很是着急："日子一天天过去，买主给的价钱却一个比一个低。这可如何是好？"事实上，每一天买主走后，这个老板都后悔不如以前一天的价格卖给前一个人了。他深深地自责不懂得知足，贪心太大。到第10天时，他在心里说："今天若再有人来，无论给多少钱我也要立即出手。"第10天，方丈亲自下山，说要出500元买下它，老板一阵窃喜——竟然又反弹到了500元，马上成交！老板兴奋之余，还格外赠送了方丈一具龛台。

方丈如愿得到了那尊铜像，谢绝了龛台，单掌作揖笑曰："欲望无边，凡事有度，凡事要懂得知足，懂得适可而止啊！善哉，善哉……"

在现实生活中，能够让我们快乐的途径之一，就是随遇而安，知足常乐。少欲知足非常重要，轮回中的痛苦及生死疲劳都来源于贪欲。比如，你总是想要得到更多的财富，这表示你心里一直不满足，有了还要更多，多了还要更好……结果会达到一个极限，最后你就会变得和现实抗争。如果你的抗争不如己愿了，你就会跌入失望的深渊，变得沮丧不已。这就是欲望最可怕之处。

事实上，就算我们拥有了大千世界中的全部，或者是我们面前天天降临取之不尽、用之不竭的各种珍宝，凡夫的欲望依旧是难以获得满足的。正像《因缘品》中所指出的那样："虽降珍宝雨，贪者不满足。"假如随着贪欲放任自流的话，不但生死疲劳，还会成为欲望的奴隶，在轮回的苦海中没有出路。这样的话，快乐又从何处来呢？

人生在世，却也不能没有欲望，欲望在一定程度上是促进社会发展和自我实现的动力。可是，除了生存的欲望以外，要有节制地预防物欲的侵害，时常提醒自己，要淡泊明志，只有心干净，才不至于腐化变质。而知足恰好可以挪去人的各种贪念。

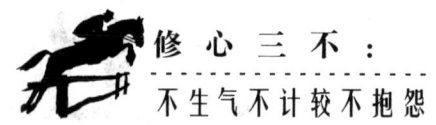
抛开杂念,保持一颗平常心

人活在这个世界上,总会面临金钱的诱惑、权力的纷争、位置的沉浮等问题,这些都让人殚精竭虑。成败、是非、得失让人或喜、或悲、或忧、或惧、或惊、或诧。一旦心中所欲求的未能实现,一旦心中所憧憬的未能成功,一旦心中所期待的落空,化为泡影,就会失落、失意乃至失志。因此,要想让事事平常,唯有以平常心看待世间万事万物。

步步高总裁段永平曾在中国人民大学做过演讲。在演讲时,他指出:"我非常推崇'平常心',这不仅对经营企业重要,在做任何事时都特别重要。比如,在企业中,时常有各种各样的诱惑围绕着你,面对这些诱惑就需要平常心。如果有人推荐一个项目,说投入2 000万元,短时间就可以挣2亿元,我们肯定没兴趣。我们所做的,就是播种、耕种,然后才收获。"

什么是道?平常心就是道。人世间最难得的就是拥有一颗平常心,不为虚荣所诱,不为权势所迷,不为金钱所动,不为美貌所惑。

有一个人对慧海禅师说:"请问禅师,您有与众不同的地方吗?"

慧海禅师回答说:"有!"

"那您说说自己什么地方与众不同吧!"这个人又道。

慧海禅师回答说:"我感觉饿的时候就吃饭,感觉疲倦的时候就睡觉。"

"这算什么与众不同的地方,每个人都是如此啊,没什么不同吧?"这个人不屑地说。

慧海禅师回答说:"当然不同了!"

"这有什么区别呢?"那个人不解地问。

慧海禅师解释说:"他们吃饭的时候总是想着其他的事情,不专心吃饭;他们睡觉的时候也总是做梦,睡不踏实。而我吃饭就是吃饭,什么也不想;我睡觉的时候从来不做梦,所以睡得安稳。这就是我与众不同的地方。"

慧海禅师看了对方一眼,意味深长地说:"世人很难做到一心一用,他们总是在利害得失中穿梭,囿于浮华的荣辱,产生了'种种思量'和'千般妄想'。他们在生命的表层停留不前,这成为他们最大的障碍,他们迷失了自己,也将'平常心'丢失了。要知道,生命的意义并不是如此的,唯有将心融入世界,用平常心去感受生命,方可找到生命的真谛。"

在禅宗眼中,一个人能明心见性,抛开杂念,看透功名利禄,看透胜负成败,看破毁誉得失,就能抵达时时无碍、处处自在的境界,从而进入平常的世界。

慧能大师有云:"本来无一物,何处惹尘埃。"他的这种超脱物外、超越自我的境界正是平常心的最好解释。平常心也是杜甫"一览众山小"式的豁达,更是陶渊明"采菊东篱下"式的超脱。

平常心是一种大境界。周国平先生说:"人生最好的境界是丰富的安静。安静,是因为摆脱了外界虚名浮利的诱惑。丰富,是因为已经拥有了内在精神世界的宝藏。"

平常心绝非用来自我安慰,也不是拿来自嘲的靶子。有些人遇到困难,便将平常心拿过来掩饰落寞,以为将平常心挂在口上,就能够实现心理平衡了。其实这样做反而会导致"消化不良"。

平常心也绝非装饰品,更不是用来标榜的。有些人随时尚而动,昨天小资,今日达人,忽然前后左右的人都拥有"平常心"了,自己也就见谁都是一句"平常心",倘若不如此,就会显得落伍,不够品位。但这并不是"平常心"的体现。

平常心,不平常。一个人想要真正拥有一颗纯粹的平常心,并非是嘴边说说那么简单。在当今这个时时处处都充满诱惑和陷阱的社会中,平常心是一种需要长期"修炼"才会拥有的心态,而保持一颗平常心也绝非一件容易的事情。

首先,要明确自己的生存价值,"由来功名输勋烈,心中无私天地宽"。我们心中不要有过多的私欲,这样才不会患得患失。

其次,认清自己所走的路,得之不喜,失之不忧,不要过于看重得失与成败,

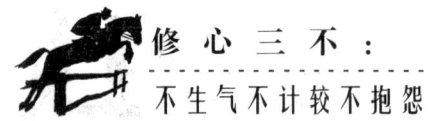
也不要过于在意他人对自己的看法。只要自己努力过、奋斗过,做自己喜欢做的事,按自己的路去走,外界的指指点点、说三道四又算得了什么呢？

再次,无知是不能拥有平常心的,我们要善于学习,因为平常心需要以知识为底蕴。平常心还要以勇气为后盾,性格懦弱是不敢拥有平常心的;平常心还是不墨守成规、不牵强附会、不察言观色、不见风使舵、不蹬鼻子上脸。

放眼滚滚红尘,静观置身其中的人们,大都在忙忙碌碌中度日,尽管各自忙碌的目的不同,但也是各为其事。为了名誉、位置、权力、财富等,像个旋转中的陀螺不得停歇,以致劳累成疾。身处浮沉之中,需要我们拥有一颗平常心。拥有一颗平常心,就不会焦灼与浮躁,就不会被无休止的欲望毒蛇吞噬,更不会让自己的灵魂搁置于无氧之室中。

顺其自然,学会随遇而安

想象生活总是可以让人如愿以偿,无异于痴人说梦。每个人的一生都注定要经历沟沟坎坎,品尝种种酸辣苦涩与不知所措。在这个世界上,不知道该如何是好的时候,选择顺其自然,也许是最佳选择。同样的,人在生活无所适从的时候,选择顺其本性,也许不失为聪明之举。一个人如果懂得了顺其自然,知足常乐,那么,无论发生多大的变化,无论遇到怎样的境遇,都会收获丰美的人生。

三伏天,禅院的草地枯黄了一大片。"赶紧撒点草种子吧!这样简直难看极了啊!"小和尚说。"等天凉了。"师父挥挥手,"随时!"

到了中秋,师父买了一包草籽,吩咐小和尚去播种。秋风起,草籽边撒边飘。"大事不妙啦!好多种子都被风吹跑啦!"小和尚大声喊道。"没关系,吹走的大部分都是空瘪的,撒播到土里,也是没有办法发芽的。"师父说,"随性!"

等到小和尚撒完种子,接着就飞来几只小鸟啄食。"大事不妙啦!种子被鸟儿吃啦!"小和尚暴跳如雷。"没关系!种子多,是吃不完的!"师父说,"随遇!"

半夜一阵骤雨过后,清晨,小和尚冲进禅房说:"师父!这下真完了!好多草籽被雨冲走了!""冲到哪儿,它们就在哪儿发芽!"师父说,"随缘!"

又过了一个星期,原本光秃的地面,居然长出一大片绿油油的草苗。一些原来没播种的角落,也透露出浅浅的绿。小和尚愉悦地手舞足蹈。师父点点头说:"随喜!"

在实际生活中,如果不贪恋、不妄求、不慌乱、不急躁,一切自然随意,那么人生还会有太多的事物能让你坐立不安、愁眉不展吗?世间很多事物都是人人想要的。因此,世事纷争、你怒我怨,但有几人可以得偿所愿?为何不释放自己的心灵,无私无欲?

有些人处于忧伤或不如意的时候,放眼望去,可能会觉得别人都比自己过得都快乐,于是计较之心顿起,感叹自己福薄命差,好机会全属于别人。其实,正如喜乐一样,每个人的忧伤也都只是暂时的,而事态又是发展变化的,所以,一时的忧伤,并不意味着我们一定就得哀哀戚戚地过一辈子。有时,随兴、随心、随缘的顺其自然就是获得快乐与幸福的方式。

一个僧侣问洞山良价禅师:"该怎样回避寒暑呢?"禅师回答道:"何不向无寒暑处?"僧侣又问:"什么才是无寒暑处呢?"禅师又答:"寒时寒杀阇黎,热时热杀阇黎。"(阇黎:梵语音译,指高僧)

禅师最后一句话的意思是:"寒冷时彻底与寒冷打成一片,炎热时彻底与炎热浑然合一。"这话乍听起来,觉得很玄乎,细究之下,其实也就是"顺其自然"的意思。

1954年,巴西的男女老少几乎一致认为,巴西足球队定能荣获世界杯赛的冠军。然而,天有不测风云,足球的魅力就在于难以预测。在半决赛时,巴西队意外地输给了法国队,结果没能将那个金灿灿的奖杯带回巴西。球员们比任何人都明白,足球是巴西的国魂。他们懊悔至极,感到无颜见江东父老。他们认为球迷们的辱骂、嘲笑和扔汽水瓶子是难以避免的。

当飞机进入巴西领空之后,球员们更加心神不安,如坐针毡。可是,当飞机降

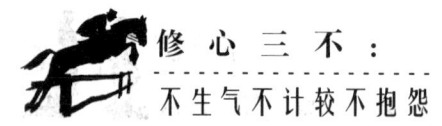

落在首都机场的时候，映入他们眼帘的却是另一种景象：巴西总统和2万多名球迷默默地站在机场，人群中有两条横幅格外醒目："失败了也要昂首挺胸！""这也会过去！"球员们顿时泪流满面。总统和球迷们都没有讲话，默默地目送球员们离开了机场。

4年后，巴西足球队不负众望赢得了世界杯冠军。回国时，巴西足球队的专机一进入国境，16架喷气式战斗机立即为之护航。当飞机降落在道加勒机场时，聚集在机场上的欢迎者多达3万人。在从机场到首都广场将近20千米的道路两旁，自动聚集起来的人数超过了100万。这是多么宏大和激动人心的场面！

人生之旅，成功时就分享成功的喜悦，失败时就享受失败的乐趣(此种乐则要看你是否有宽广的胸怀、包容的心理和淡然的欲望)，摒弃病苦与绝望，时常保持旺盛的生命力与活力，保持一种恬淡快乐的心情，保持一种无欲无求、无拘无束、无挂无碍的上好心境。成也是成，败也是败。

知足常乐，就是要时时刻刻给自己一个好心情，对于求不来、避不开的升迁荣辱不必太放在心上。无论过什么样的生活，都要学会享受生活，自得其乐。这样，生活的滋味会更美妙一些，幸福也会随之而来。我们何乐而不为呢？

人生要耐得住平淡，但不能没有追求

李叔同会作诗、会填词、会书法、会作画、会篆刻，又会音乐、会演戏……无怪乎有人曾无限感叹："试问，这个世界上，还有什么是他不会的？"就连大名鼎鼎的鲁迅、郭沫若也以获得他的一幅字引以为荣。李叔同作的《送别歌》："长亭外，古道边，芳草碧连天。晚风拂柳笛声残，夕阳山外山……"多么如诗如画。

然而，李叔同一入佛门，以前种种，譬如昨日死，今后种种，譬如今日生。入佛前是艺术家李叔同，入佛后是弘一大师。他将佛道修行和艺术生活集合起来，更见出他的人生境界。

有一天,著名教育家夏丏尊先生专程去拜访弘一大师。二人就餐时,只见弘一大师只吃一道咸菜,夏先生忍不住问道:"难道你不觉得这咸菜太咸吗?"

弘一大师回答说:"咸有咸的味道啊!"

过了一会儿,弘一大师就餐完毕后,手中端着一杯开水,夏先生又纳闷地说:"没有茶叶吗?你难不成天天都喝如此平淡的开水吗?"

弘一大师微笑地说:"开水尽管淡了一些,但淡也有淡的味道。"

弘一大师所言的"咸有咸的味道,淡有淡的味道"多么富有佛法禅味啊!

事实上,弘一大师将佛法应用于他的日常生活中,他的人生,处处都是味道。一条毛巾用了3年,已经破洞了,他说还能够再继续使用;住在小旅馆里臭虫满地乱爬,访客嫌恶,他说只有几只罢了。的确,咸有咸的味道,淡也有淡的味道。人生要耐得住平淡。有着辉煌的人生固然是一份幸运,但平淡又何尝不是人生的一种际遇呢?

人生的许多辛苦是因为欲望太盛,耐不住平淡的生活。唯有斩除过多的欲望,将它减少再减少,从而让真实的需求显现而出,你才会发现平淡的生活也是快乐的。

有两位年近古稀的老太太,一位觉得自己到了这把岁数可算是人生的尽头,于是,开始料理后事;另一位却觉得一个人能做什么事不在于年龄的大小,而在于有什么样的追求。于是,她在70岁高龄之际开始练习登山,其中有几座还是赫赫有名的大山。后来她以95岁高龄登上了日本的富士山,将攀登此山年龄最高的记录给打破了。

记得美国哲学家爱默生曾指出:"人的一生就像是他一天中所设想的那样,你怎样想象,就将会有怎样的人生。"

一个人耐得住平淡的生活固然重要,但并不能因享受平淡而放弃积极的追求。真正意义上的平淡,包含着理性的坚韧和睿智的追求。一个人如果在享受平淡中缺乏理性的坚韧和睿智的追求,他的灵魂就很容易变成"死魂灵",日渐沦为不思进取的茫然度日之辈。

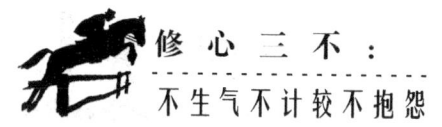
　　智者往往会在平淡中享受生活，在追求中塑造精彩。因为他们懂得，如此行走人生，才能遇见最美的自己。美国大名鼎鼎的钢铁大王安德鲁·卡内基就是这样的一个楷模。

　　安德鲁·卡耐基12岁时从苏格兰移居美国，先在一家纺织厂当工人。当时，他追求的目标是"成为全工厂最出色的工人"。因为他时常这样设想，事实上也是这样行动的，终于有一天他成了全工厂最优秀的工人。后来，命运又安排他做了邮递员。那阵子，他追求的目标是"成为全美最卓越的邮递员"。后来，他的这一追求也成为现实了。他的一生常常依照自己所处的环境和地位塑造最棒的自己，他总在追求"做一个最佳的自己"。

　　做一个最佳的自己，不一定非要成为什么"家"，也不一定非要出什么"名"，更不是与别人比身份高低，比财富多寡。好比人的手指头，有粗有细，有长有短，各有各的用途，各有各的美丽。难道你能说中指就比无名指好吗？你是否能够做最佳的自己，既不是你物质财富的多寡所决定，也并非你身份的高低所左右，关键取决于你是否拥有自己的追求，并且在这种追求的驱动卜，你能将自己身上的潜力发挥到什么程度。

不 计 较 的 心 得

　　人生本来更多的是平淡和寂寞。只有耐得住平淡与寂寞，才能邂逅一场又一场的繁华。耐得住平淡，愿意接受生活的酸甜苦辣，甚至是残酷，世间男女假如能够将心灵修炼到如此境界，那么，这个人就不缺乏幸福！

不抱怨

卡耐基训练大中华地区负责人黑幼龙说过："不抱怨的人一定是最快乐的人，没有抱怨的世界一定最令人向往。"

不抱怨是人生的最佳态度。优秀的人很少抱怨；抱怨是失败者的标签，平庸者与愚者的陋习。人生要面对的是非成败实在太多，如果对所得所失不能泰然处之，就会影响前进的方向。"人生就是与困境周旋"，人生总有诸多不如意，战胜失意才能得意。

第十四章　冷静思考，
你到底在抱怨什么

　　有位心理学家做过一次心理试验，他让自己的学生列出所有恋爱关系中令人抱怨的事情。结果列出的抱怨数目惊人，涉及的范围从严肃认真的（拒绝沟通、缺乏信任感、接受不合理的内疚）到稀松平常的（借太多东西、不更换卷筒卫生纸、看电影时肆意聊天），再到有点惹人厌恶的（以难闻的体臭和挖鼻孔为甚）。

　　抱怨人人有，你也不例外，在生活和工作中，你的抱怨是什么？

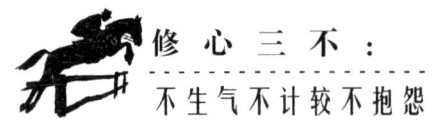
工作琐碎无聊

如果你去问今天的学生(从高中生直到博士),工作好不好找,相当一部分人会说不好找;如果你去问今天的企业经理们,人才是不是很难得,同样也会有相当的一部分人会说找个合适人才真的很难。其中的原因,绝不是"信息不对称"所能解释的。

一些刚走出校门的大学生,心高气傲,心浮气躁,大事做不了,小事不愿做。许多人常常抱怨自己的工作过于琐碎无聊:"我的工作真是无聊透顶""每天面对重复的工作,我简直要疯了""工作做完就行了,哪还管得了那么多"等等。

也许你每天所做的可能就是接听电话、处理文件、参加会议之类的小事。你是否对此心生抱怨,是否因此敷衍应付?

有一位女孩大学毕业后,去应聘秘书的工作,被录取了,由于公司里暂时没有秘书的缺,经理就暂时安排她做泡茶的工作,领秘书的薪水。

刚开始,她很乐意,认为泡茶的工作简单,又可以领秘书的薪水,于是很安心地为公司同事泡了一段时间的茶。3个月过去了,女孩依然做着泡茶的工作,她开始沉不住气了:"我好歹也是个大学生,却天天来做泡茶这样乏味的小事。"心里怀有怨气的她这样一想,泡茶就不像从前那样愉快,泡出来的茶也一天不如一天了。

又过了一段时间,有一天,她将泡好的茶端给经理喝,经理喝了一口茶就吐了出来,大吼道:"这茶怎么泡的,难喝得要命。亏你还是大学生呢!连茶都泡不好。"女孩听了,肺都要气炸了,几乎要哭着喊出来:"谁要在这个鬼地方继续泡茶呢!"她当即决定,下午就炒老板的鱿鱼。

　　正在这个时候，公司有位重要客户来访，经理叫她泡茶招待客人。女孩只好收敛起不满与委屈，心里想："这可能是我在公司泡的最后一壶茶了，不如好好地泡，不要让客人觉得大学生连茶也泡不好。"

　　她专心地将茶泡好，用灿烂的微笑将杯子递给客户，客户喝下一口就说："呀，好久没喝过这么好的茶了。能把茶泡得这么好的人，任何工作都是可以胜任的。"经理也喝了一口，称赞道："这壶茶真的特别好喝！"

　　不久，公司做成一笔大买卖，女孩调任秘书的工作。

　　我们身边有太多的人，总是不屑于小事，总是太自信于"天生我材必有用，千金散尽还复来"，总是盲目地认为"天将降大任于斯人也"。可是你知道吗？能把自己所在岗位的每一件事做成功就很不简单了。不要以为美国总统比村民组长好当，有其职就有其责，有其责就有其忧。如果力有所不及，才有所不逮，必然导致混乱，所以，重要的是做好眼前的每一件事，哪怕这件事是让你泡茶。

　　北京中关村一家公司的人事部经理曾感叹道："每次招聘员工，总碰到这样的情形——硕士生与本科生相比，我们也认为硕士生的素质一般比后者高。可是，有的硕士生自诩为天之骄子，到了公司就想唱主角，强调待遇。别说挑大梁，真正找件具体工作让他独立完成，却拖泥带水，漏洞百出。本事不大，心却不小，还瞧不起别人。大事做不来，安排他做小事，他又觉得委屈，埋怨你埋没了他这个人才，不肯放下架子干。我们招人是来工作、做事的，不成事，光要那硕士生的牌子干嘛？所以有时候，硕士生、本科生相比之下，本科生反而更实际，更有用。"

　　现在，社会上有的企业急需人才，而有的高学历学生却被拒之于门外，不受欢迎，不被接纳，对此现象，人事部经理的一番感叹还是有所启迪的。

　　当你对工作感到厌倦而抱怨时，当你对公司的制度产生质疑时，与其抱怨，不如直面现实，正视自己的工作。你在工作时，眼睛不妨向高处望，但手却要从低处做起。不要把时间浪费在发牢骚、抱怨等没有意义的事情上，要做，就全心全意地去做；要是不想做，就早日另谋高就。如果你只是个小技术员，你可以花上几年的时间，把你手中的工作做到尽善尽美，这样胜任愉快的工作，不比一天到晚混

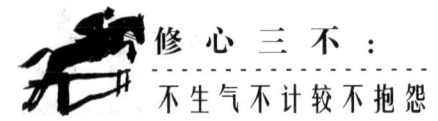
时间、发牢骚好得多吗？

在有些时候，抱怨的确能赢得一些善良人的宽慰之词，使你的内心压力暂时得到缓解。同时，口头的抱怨就其本身而言，不会给公司和个人带来直接经济损失。但是，持续的抱怨会使人的思想摇摆不定，进而在工作上敷衍了事。抱怨使人思想肤浅，心胸狭窄。一个将自己的头脑装满了抱怨的人是无法想象未来的。抱怨只会使你与公司的理念格格不入，更使自己的发展道路越走越窄，最后一事无成，只好被迫离开。

如果你正在因为工作琐碎无聊而抱怨不休，建议你：

重视工作中的小事。世事皆无小事，事事都是工作，只要是对工作有利的事，无论多小，或者多么微不足道，都值得重视。

工作之中无小事。密切关注自己的工作流程，不要放过任何一个可以改良和补救工作结果的小细节。

小事不是小人物的事。差距往往从细节开始，造成不同结果的，通常是那些很容易被忽略的小事。

碰到郁闷的主管

乔安在目前的公司工作了3年，但他越来越觉得他的主管领导无论在工作能力方面，还是在为人处世方面都特窝囊，很多同事也说主管不如乔安，这样乔安就更感到压抑。记得刚工作那会儿，他对主管怎么看都不顺眼，公司的进账出账、财务报表等，每一样都离不开他。

每次听到主管提出的有关财务方面的愚蠢问题，乔安总在心里哀怨：如果我是主管，我们这个部门对公司的贡献会更大。他把自己的心事跟朋友谈起的时候，朋友们也说曾碰到过类似的情况，有的主管领导能指方向但不会干实事，乱讲一通，出了问题，反过来责怪下属糟蹋了他的创意；有的自己没主意，让员工来出谋划策,再一把抢过来占为己有;还有些主管固守老一套,员工都想创新,就他百般阻挠,等等。面对这样的难题,真不知如何解决。

对主管,切不可感情用事,一定要理智地分析和看待他。当心里产生抱怨的情绪时,先问问自己:对主管的反感,是不是带有浓重的个人感情色彩?主管身上真的是找不到一丝优点吗?

学会客观看待所遇到的问题,是职场生存的基本功之一。

公司就是公司,既然老板把公司创立起来,当然是把盈利放在首位的。所以,老板不会安排一个无用的人在任何一个部门。看清了这一点,我们就会理解,这个主管还是有存在的必要的。退一万步说,即使主管不称职,作为一个人,也依然会有我们值得学习的地方。

一个失败的主管也并非一无是处,他可以为我们提供一个反面的案例。我们可以知道,我们真正需要的是一个什么样的主管。当我们升为主管后,我们可以以他为鉴,我们就会知道该怎样做才可以让人心服口服。一个称职的主管,要靠心、靠头脑去领导,而不是在表面上的指手画脚。

当主管下达命令时,我们的心里一定要清楚,我们真正服从的不是主管,而是我们的职业和我们所热爱的行业。主管不过是我们工作的指南针而已。在心里不要产生和主管对立的情绪,毕竟很多时候我们无法选择。人,总要学会适应,总要学会和各种各样的人打交道。有时,尽管我们讨厌某些人,但我们依然要同他们交往。这倒不是因为他们有什么神秘力量吸引我们,而是出于一种生存的需要。我们必须知道,哪些事情是重要的,哪些事情是必须忽略的。

再者,我们的抱怨并不能使主管对我们的态度发生根本的改变,我们的抱怨除了让自己的内心不舒服外,并没有任何好处。

对主管产生抱怨和抵触情绪,会让我们在工作时不支持和配合他,一心想让主管的工作出错,让主管出丑。在我们不断给他的工作制造麻烦的同时,我们的工作还能顺利吗?我们的工作还能有所起色吗?报复的同时是否也给自己带来了伤害?

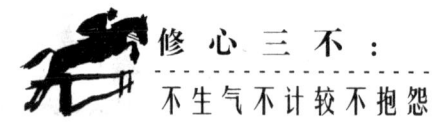
如果在工作中我们时刻满腹怨气，不时地郁闷，又有多少心思可以用到工作上？工作了也多半是应付差事，不要说全身心投入，恐怕连认真都难以做到。如果我们不能在工作中创造价值，那么我们的自身价值又从何而来呢？没有了工作价值，想在职场立足真的就很难了。

不管这件事情的对错与否，都不能把产生矛盾的原因直接归于主管。如果把所有的错都放在别人身上，总认为自己是对的，我们就永远无法看清事情的真相。更多的时候，我们要学会宽容和理解，这不是为了别人，而是为了我们自己。

当别人用过分的方式对待我们，我们再以这种方式对待别人，如果我们认为别人做错了，那么自己是不是也做错了呢？我们要做的是学会化解矛盾，而不是激化矛盾。

不管在什么地方，总会有这样或那样的人，他们虽然让我们不喜欢，但他们却是客观存在着。我们无法改变这一事实。如果我们无法改变事实，就要改变我们的心态。在公司里，最重要的工作态度不是抱怨，而是敬业。不管我们对主管的看法如何，首先都要有敬业的态度。这不仅是对公司负责，更是对自己负责。如果你是一个非常敬业的人，主管没有理由不尊重你。

主管虽然是给我们下达命令的人，但我们绝不是为了主管工作，而是为了公司而工作，为行业工作，为我们的未来工作。明白了我们的工作目的与性质，我们对于自己的所作所为就不会按情绪的安排进行，而是按照我们的需要和目的进行。

我们勤奋地工作，努力付出，就是为了在公司提升自己的身价。我们的身价，会在我们离开的时候体现。将来当我们跨出公司的时候，我们已经成为行业的顶尖高手，成为别人争抢的对象，而不是在行业里成为无足轻重、可有可无的人。

我们可以年轻，但我们不能幼稚。从别人的身上吸取教训，少走弯路和错路，永远是最聪明的选择。对主管喜欢也好，不喜欢也罢，抱着学习的态度永远要比抱怨重要得多。

个人怀才不遇

每个地方都有"怀才不遇"的人，普遍的行为是牢骚满腹，喜欢批评别人，有时也会露出一副抑郁不得志的样子。和这种人交谈，运气不好的时候，还会被他刻薄地批评一顿。

这种人有的真的是怀才不遇，因为客观环境无法配合，"虎落平阳被犬欺，龙困浅滩遭虾戏"，但为了生活，又不得不屈就，所以痛苦不堪。

难道有才的人都会这样吗？并不是的，虽然有时是千里马无缘见伯乐，但大部分都是自己造成的，因为真正有才的人常常是自视过高，看不起能力、学历比他低的人。可是社会很复杂，并不是你有才就可得其所的，别人看不惯你的傲气，自然而然就会想办法给你点颜色看。至于上司，因为你的才干威胁到他的生存，如果你不适度收敛，又怕别人不知你才干似的乱批评，那么你的上司肯定会压制你，不让你出头，于是你就变成"怀才不遇"了。

另外一种"怀才不遇"的人根本就是自我膨胀的庸才，他之所以没有受到重用，是因为他的平庸、无能，而不是别人的嫉妒。但他并没有认识到这个事实，反而认为自己怀才不遇，到处发牢骚，吐苦水。这样的人让人感觉到厌烦。

不管有才或无才，凡是有"怀才不遇"感觉的人都是人见人怕，因为你只要一听他谈话，他就会骂人，批评同事、主管、老板，然后吹嘘他多有本事，多有能耐，遇到这种情况，你也只好点头称是，绝不要跟这种人唱反调。

"怀才不遇"感觉越强烈的人，越把自己孤立在小圈圈里，无法参与到其他人群里面。每个人都怕惹麻烦而不敢跟这种人打交道，人人视之为"怪物"，敬而远之。不好的评价一旦传播开来，除非遇到爱惜人才、明白事理的上司大力提拔，否则将无出头之日。

不管你才能如何，都有可能会碰上无法施展的时候。但就算有"怀才不遇"的

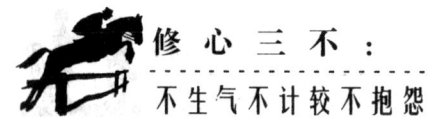
感觉,也不能表现出来,你越沉不住气,别人越把你看得很轻。因此,你首先要做的是:

先评估自己的能力,看是不是自己把自己估计得太高了。如果觉得自己评估自己不是很客观,可以找朋友和较熟的同事替你分析,如果别人的评估比你自我评估还低,那么你要虚心接受。

分析一下为什么自己的能力无法施展,是一时间没有恰当的机会还是大环境的限制?有没有人为的阻碍?如果是机会问题,那只好继续等待;如果是大环境的缘故,那就考虑改变一下现有的环境,寻求更好的发展空间;如果是人为因素,那么可诚恳沟通,并想想是否有得罪人之处,如果是,就要想办法疏通、化解。如果你骨头硬,不肯服软,那当然要另当别论了。

考虑拿出其他专长。有时"怀才不遇"是因为用错了专长,如果你有第二专长,那么可以要求上司给你机会去试试看,说不定就此能走上一条光明之路。

营造更和谐的人际关系,不要成为别人躲避的对象,而要以你的才干积极地去协助其他同事出色地做好工作。但你帮助别人切不可居功,否则会吓跑了你的同事。此外,谦虚、客气、广结善缘,这将为你带来意想不到的收益。

继续强化你的才干,当时机成熟时,你的才干就会为你带来耀眼的光芒。

总之,不要有"怀才不遇"的感觉,因为这会成为你心理上的负担。只要你卧薪尝胆,迟早会见到曙光的。

没有机会青睐

经常听到一些员工埋怨自己的时运不济,命运不公。评价别人的成功,也总是一味强调人家"运气好"。实际上,机会对每一个人都是平等的。在职场打拼,不错过每一个展现自己的机会,才能使自己得到别人的认可和赏识。

然而,相当一部分员工只能靠不断成功的刺激来维持自信心,受不得一点挫折,受了一点挫折就轻言放弃,怨天尤人。爱默生说:"每一种挫折或不利的突变,是带着同样或较大的有利的种子。" 老子也曾经说过:"祸兮福所倚,福兮祸所伏。"所以,困难也是一种难得的机会,所谓时势造英雄,敢于负责的人会在困难中找机会,推卸责任的人是在机会来临时还害怕困难,给自己搜寻种种他们无法利用这机会的理由。

现实中,每一个职场中人都有自己为之奋斗的目标,但人生的第一步是必须学会向别人展现自己的真实实力,为自己争取更多的机会。

林经理是从事营销工作的,有一次他去听某著名管理家的讲演。在讲演过程中,专家忽然提问:"在座的有多少人喜欢经济学?"在场听众没有一个人回应。去听讲座的大都是从事经济工作的,到这儿来的目的就是"充电"。可由于种种原因,大家都选择了沉默。

专家摇头苦笑一下,说:"暂停一下,我给大家讲个故事。"

"我刚到美国读书的时候,大学里经常举办讲座,每次都是请华尔街或跨国公司的高级管理人员来给同学们演讲。每次开讲前,我都发现一个有趣的现象——我周围的同学总是拿一张硬纸,中间对折下,让它可以直立,然后用颜色很鲜艳的笔大大地用粗体写上自己的名字,再放在桌前。于是,每当演讲者需要听讲者回答问题时,他就可以直接看着硬纸上的名字叫人。我开始对此不解,便问旁边的同学。同学笑着解释说,演讲的人都是一流的人物,和他们交流就意味着机会。当你的回答令他满意或吃惊时,他就很有可能给你提供比别人多的机会。这是一个非常简单的道理。事实也正如此,我确实看到我周围的几个同学,因为高超的见解,最终得以到一流的公司供职……"

专家讲完故事之后,林经理以及其他人开始主动举手回答演讲专家的提问。

在人才辈出、竞争日趋激烈的情况下,一般来说机会不会自动找到你。只有你自己动敢于展示自己,让别人认识你,吸引对方的眼球,才能可能寻找到机会。

一个善于表现自己的人,他的成功机会就会比别人多得多。不懂得恰当展示自我的人最可悲的,因为这会使你与许多成功的机会失之交臂。

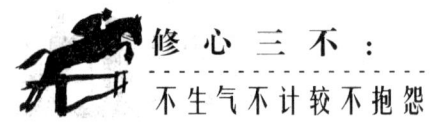
那些埋怨机会为何不降临在自己的头上的人，总觉得自己怀才不遇，因而牢骚满腹。其实，成功不是没有机会，而是你没有很好地识别机会、抓住机会、利用机会而已。

小王在合资公司做白领，觉得自己才华横溢却没有得到上司的赏识，于是总是这样想：如果有一天，能见到老板，有机会展示一下自己就好了。

小王的同事小张，也有类似的想法，他比小王更加积极一些，去打听老板上下班的时间，算好他大约会在何时坐电梯，他便也在这个时候去坐电梯，希望能遇到老板，有机会可能和他打个招呼。

他们同事小刘则更善于制造机会和把握机会，他详细地了解了老板的奋斗经历，弄清老板毕业的学校，人际风格，关心的问题，精心设计几句简洁明快却有分量的开场白，找好时间去乘电梯，跟老板打过几次招呼后，终于有机会跟老板进行了一次深入的谈话，不久就争取到了理想的职位。

所以，愚者错失机会，智者善抓住机会，成功者创造机会这种说法不无道理。机会对每个人而言都是平等的。但机会只肯垂青那些有备的人。要想在职场取得成功，就要抓住每一个展现自己的机会，塑造卓越的自我。

领导大材小用

李晶从一所名牌大学研究生毕业后进了一家公司，与她同时进来的同事要么学历没她高，要么学校没她好，为此她很有优越感。

当领导分配她做最基础的工作时，她立即觉得自己被大材小用了。一次，在结算时，她把一笔投资存款的利息重复计算了两次，虽然最终没有给公司造成实际损失，但整个公司的财务计划却被打乱了。

事后，她却觉得就像做错了一道数学题，改正过来，下次注意就是了。

她的这种态度让主管很不放心，以后再有什么重要的活，总找借口把她"晾"

在一边，不再让她参与了。没过多久，这位名牌大学毕业的高材生就与自己的第一份工作说再见了。应当说，她不是败给了别人，而是败给了自己。

究竟是因为你牢骚满腹而不得升迁，还是因不得升迁而牢骚满腹，就像是鸡生蛋还是蛋生鸡这个问题一样，谁也说不清。但有一点是肯定的，那就是两者绝对是相互影响的，形成恶性循环。不要总是认为自己怀才不遇或者是大材小用。首先你要认清自己的才能到底怎样，然后再给自己合适的定位。

有一位留学美国的计算机博士，毕业后在美国找工作，结果接连碰壁，许多家公司都将这位博士拒之门外。这样高的学历，这样吃香的专业，为什么找不到一份工作呢？

万般无奈之下，这位博士决定换一种方法试试。他收起了所有的学位证明，以一种最低身份再去求职。不久他就被一家电脑公司录用，做了一名基层的程序录入员。这是一份稍有学历的人就都不愿去干的工作，而这位博士却干得兢兢业业，一丝不苟。

没过多久，上司就发现了他的出众才华：他居然能看出程序中的错误，这绝非一般录入人员所能比的。这时他亮出了自己的学士证书，老板于是给他调换了一个与本科毕业生对口的工作。过了一段时间，老板发现他在新的岗位上游刃有余，还能提出不少有价值的建议，这比一般大学生高明，这时他才亮出自己的硕士学位证书，老板又提升了他。

有了前两次的经验，老板也比较注意观察他，发现他还是比硕士有水平，其专业知识的广度与深度都非常人可比，就再次找他谈话。这时他才拿出博士学位证明，并叙述了自己这样做的原因。此时老板才恍然大悟，于是就毫不犹豫地重用了他，因为对他的学识、能力及敬业精神早已全面了解了。

这个博士是聪明的，碰了几次钉子后，他放下身份与架子，甚至让别人看低自己，然后在实际工作中一次次地展现自己的才华，让别人一次一次地对自己刮目相看，他的形象就逐渐高大起来。

如果这位博士有"大材小用"的想法，那么他的才华很可能就真的没有地方

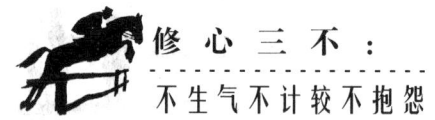

可以施展。

在不顺心的境地里，如果总是感叹自己"大材小用"、"明珠暗投"，那么抱怨会让你的生活更加糟糕，你会看不到生活中美好的东西。这样只会消磨你的志气，是你成功进取的致命伤。

即使你真的遭遇了不公平的事情，自怨自艾也绝对不是解决问题的办法。靠你的实力证明自己吧，没有人可以阻止你努力。当你的成就有目共睹的时候，就没有什么能够阻挡你前进的脚步了。

老板苛刻盘剥

有些打工者常常这样算账：老板进了多少货，进价多少，卖价多少，赚了多少，才分给我多少；或者这样想：我工资多少，创造的价值多少，剩下被老板剥削了多少。照这样算下去，世界上有多少个老板，就有多少个黑心肝。

很多账只有老板自己心里清楚，也许一笔生意是赚了很多，但1年中还有很多没有生意的时候，没有生意仍然有支出，所以公司不能不有所储备。另外还有一些生意是亏本的，公司要办下去，总得扯平了算账，削高补低，才能维持。既然亏本的时候工资要照发，赚了钱也不可能全部分光，老板和打工者的着眼点不同，算法也不一样。

打工者往往过高估计自己，只算自己创造的价值，不算自己产生的消耗，更看不到自己所取得的一切，必须依靠企业这个平台，而搭建这个平台所消耗的庞大费用，是需要每一个人每一个环节来分担的。

在一个企业里，利益分配是这样的：一部分以税收形式上缴国家，一部分以公益支出形式给了社会，一部分以分红的形式给了股东，一部分以薪金福利等形式给了员工，一部分留存在企业里作为企业下一步发展所需的公积金。

我们不得不承认，个人利益与组织利益之间存在着你多我少，或者你少我多的选择,从某一个时点上看,个人利益和组织利益是冲突的。但事实上,从一个较长时期来看,个人利益与组织利益绝对是统一的。这非常好理解。你看看那些效益好的企业,员工的收入不是很高吗?反之,那些效益差的企业,员工的收入不是很微薄吗?不要太计较一时的你多我少。如果每一个员工都把目光放长远一点,今天少索取一点,让企业发展更快,明天获取的就不会是这一点了,而是许多倍。

很多人就某一时点上个人利益与企业利益的冲突引申出老板剥削员工的理论。更有人说:"我不可能长久地待在这个企业里,我不可能看那么长远,我就看现在,我不能容忍属于我的不给我。"

你真的在被剥削吗?真的有属于你的工资而没给你吗?如果你没有创造价值,就是你在"剥削"老板了。公司房租是谁在支付?固定资产的折旧谁在承担?办公耗材是谁掏的钱?水电费是谁在买单?老板雇用一个人,即使不支付一分钱薪水,他也得为这个人付出高昂的办公成本。假如你是一个老板,一个不能为你创造价值的人对你说:"让我为你工作,我一分钱工资也不要。"你会接受吗?你肯定不会。把这样一个人招进你的公司,你最起码得给他椅子和办公桌吧,这不得花钱吗?

打工者的局限在于只见树木,不见森林,只看得见具体的业务,看不见整个企业的运作。要营造好企业这个平台,老板所付出的不仅是资金,更重要的还有精力、学识、智慧,这些也许就是他人生的全部贮备,是一个人的生命精华,这笔账又该如何去算呢?

俗语说:当家才知柴米贵,养儿才知父母恩。小孩子往往只看见父母的威风,不知道父母的辛劳。统领全局的是老板,而不是我们,我们只是在这个公司的一个位置做了我们具体的一份工作而已,我们所做的,还远比不上老板所做的。尽管我们有能力把手头的工作做好,能够为老板创效益,如果老板不给我们这个工作机会,我们也不可能赚到这份薪水。

我们在一家公司工作,得知通过自己的工作,老板赚了多少钱,主管拿到多少钱,这些钱与自己的收入差距很大,心理难免失衡,感到非常不公平。于是心灰

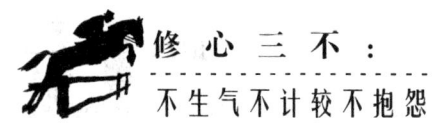

意冷，工作时不像以前那么投入，说话时牢骚满腹。

我们这样做，其实就是没有找到自己的位置，没有弄清楚自己和老板的关系。尽管我们工作在一线，做具体的事情，仿佛一切价值都是我们创造的，跟老板和主管没有太大的关系，事实上则不然。没有老板和主管，就没有我们的工作平台，甚至连我们付出的机会都没有。

用一个形象的比喻：我们的工作结果是一幢大楼，老板就是这幢大楼的设计师和工程师，而我们只是泥瓦匠。

大楼盖成了，我们总认为这幢楼是自己动手盖的，而自己只拿到很少的工钱，感觉很委屈。但是我们要明白，没有设计师，是不可能有大楼的；没有图纸，水平再高、技术再好的泥瓦匠也建不出楼来。一幢大楼外观的美与丑，质量的好与坏，和设计师、泥瓦匠都有关系，但是设计师决定着泥瓦匠的命运。

我们还要知道，任何一个行业首先需要的是设计师而不是泥瓦匠。老板给了我们工作的机会，也就是给了我们从泥瓦匠成为设计师的机会。

有了老板，才会有我们的工作，才有我们和老板进行交换的机会。老板利用我们赚钱，我们利用老板提供的平台锻炼能力，使自己这支刚刚上市的股票不断增值。

明白了这一点，我们就能踏实地坐在自己的位子上，学习再学习，努力再努力，在实践中不断地领会和感悟，培养自己的工作能力，积累自己的工作经验，建立自己在行业里的人脉。不要看老板赚了多少钱，我们赚了多少，而是要把注意力放在自己的发展前途上，关注自己与老板的距离，自己现在的位置与这个行业理想位置的距离。

找到了距离，就找到了努力的方向。找到了距离，就知道自己缺什么，要学习什么，从而更加珍惜现在拥有的机会，也就获得了比工资更有价值的东西，这些东西都将决定我们的身价。

老板是我们最好的榜样——好的榜样和坏的榜样。就凭这一点，也值得我们对老板的感恩。他不仅仅是雇佣我们赚钱，也给我们一个很好的学习与实践的机

会。我们要实现自己的理想，只能珍惜这个机会，把握这个机会，利用这个机会。

在老板那里，在很多事情上，我们的努力和付出，不会很快就能有回报。但事实上，如果从更长远的眼光来看，只要我们投入了，付出了，努力了，总是会有回报的。而且有时回报来得越晚，回报的结果就越大，或许我们追求的只是一个元宝，回报我们的却是一块比它更大的金子。

无法适应新环境

汤姆刚刚到一家名气较大的公司工作，论学历他有硕士文凭，论才干他的模具设计能力突出，可是最不顺心的却是同事和主管对他的态度，每个人的态度都很冷漠。虽然汤姆对同事们很热情，可以他们却当他像一个透明人一般不理不睬，主管也经常给汤姆横挑鼻子竖挑眼，让汤姆憋气又窝火。最让汤姆难以适应的是这家公司怪异的工作方式和充满斗争的企业文化。公司内部帮派林立，为了有形和无形的利益，帮派之间充满斗争。因为汤姆是新人，所以每个圈子都融入不进去。

最后，汤姆决定辞职。递交辞职信时，在楼梯间遇见一位相邻部门的经理，因为与他仅有数面之缘，两人互相微微一笑，点头招呼。

经理看见汤姆手上的辞职信，一脸的惊讶，对他说："如果你另有高就，那恭喜你，如果是为了公司内部的人际关系，那你可能要考虑一下：你一定要学会如何与不同的人相处，不然你到哪里可能都难以立足，只会手足无措。"

这位经理的一席话，一下子说到了针尖上。一个很多职场人愤愤然跌跌撞撞没有搞懂的问题，原来只在这简短的几句话里。

汤姆被震动了。之后，他撕掉了那封辞职信。重新回到岗位上，练习着如何与看不惯的主管和同事相处，虽然他仍然不认同一些违反他的做人原则的事情，但他开始不去较真，尽量去看事情好的一面。

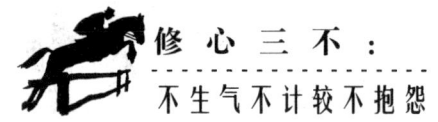

1年后,汤姆因为业务突出,被总公司调去组建分公司,并担任负责人。

他还是经常遇见那位点拨了他几句话的经理。经理依然有着一副酷酷的表情,虽然汤姆从没有开口向他说声"谢谢",但是他永远记得那一天,曾在楼梯间遇见这位智者,几句淡淡的话,解开了一颗原本冷冻而充满棱角的石头般的心。

在适应的环境下,我们可以生活得很好,在不适应的环境下,我们依然可以生活得很好。因为我们要改变的不是环境,而是要改变我们自己。

在选择离开之前,我们一定要寻找一下离开的原因。我们是因为做不了这份工作离开,还是因为适应不了新公司的环境而离开?如果是前一个原因,我们可以选择离开,如果是后一个原因,我们一定需要改变一下自己的心态。

初到一个公司,在新环境下,我们处于弱势地位。我们希望跟其他人一样,享受尊重和理解。不过我们要清楚,当我们还不具备被别人仰视的资本时,我们想要的尊重和理解都是奢侈的。

如果我们是行业里的高手或权威人士,别人对我们的态度就会产生180度的大转弯,马上就会变成另一副模样。冷眼变笑脸,傲慢变谦虚。我们不再担心别人对我们有看法,也没工夫计较别人说三道四。也不必为复杂的人际关系伤脑筋,不必花费更多的心思了解别人的心理,也不必再看人家的脸色行事。

我们现在还是普通小职员,身上没有任何耀眼的光环,还不具备吸引人的力量。所以,我们不能对别人有过高的希望和要求,如果有,也得不到。多一点自知之明还是明智的,别人怎样对待我们是他们的权利,我们也没有理由指责甚至不满。

老员工轻视我们,因为他们比我们强,我们要被人瞧得起,就得超过他们,做他们做不到的事情,比他们的业绩更突出,他们才会对我们另眼相看。

能力与业绩永远是最好的证明,在公司里,实力意味着地位,决定着我们的位置。当我们成为公司里的骨干,行业里的高手时,我们就能得到大家的关注,再没有人轻视我们,忽略我们的存在了。

因挫折和自卑而选择离开,是弱者的表现。离开意味着逃避和放弃,这是一种失败的表现。不论你为自己找到一个多合情合理的、有说服力的理由，都不能掩盖为放弃而找来的借口的事实。

世界任何一个角落，都不会有让你百分之百满意的地方。一走了之绝不是解决之道，哪个单位都不可能样样都好，如果因无法适应而换来换去，最终后悔的是自己。

社会绝不可能给每个人都搭建一个现成的、完全适合自己的环境，环境得靠自己去适应，不能适应环境，不用说事业，连生存都谈不上。不管进入的公司如何，只有两个选择：要么逐步融入，要么就是走人。

在竞争如此激烈的今天，轻易地离开，意味着丧失了一个来之不易的机会。所以，离职前一定要认真思考，因为每一次选择不仅会影响你一生的轨迹，也会对你的人生态度产生深远的影响。

坐不住冷板凳

在足球比赛中，除了上场踢球的11名队员外，还有几个队员是不能上场的，俗称"板凳"队员。在一场比赛中，这些板凳队员有的只能上场几分钟，有的连上场的机会都没有。我们认为，坐"冷板凳"并不是一种没本事、丢人的事，即使是国脚也有"失脚"的时候，也要有坐"冷板凳"的勇气。只要还能坐"冷板凳"，就还算队中的一员，就总有上场的机会。如果你连"冷板凳"都坐不住，不要说赢不赢球，首先心态就不正，自己就已经输球了。

有一位外贸学院毕业的大学生，应聘到某外贸公司当职员。小伙子非常能干，颇具实力，在刚进公司时很受老板赏识，但不知怎的，在并没犯什么错误的情况下，他却被"冷冻"了起来，整整1年时间，老板从未过问他的情况，也不交给他重要的工作。小伙子渐渐觉得受不了了，找到老板，希望老板能给一个说法。老板告诉他，他还是个新员工，需要磨炼。小伙子认为自己不应该被"冷冻"，应该得到

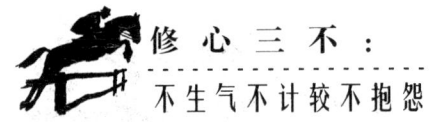

重用，于是提出辞职，离开了公司。

任何时候，我们都不要把自己看得太高，坐不住"冷板凳"。大凡坐"冷板凳"，不外乎这几种情况：一是本身能力欠佳。只能做一些无关紧要的事，却还没有到被炒鱿鱼的地步，因为在工作中犯了错误，使你的老板和上司对你的工作能力失去了信心，只好暂时把你"冷冻起来"。二是老板或上司有意考验你。人要做大事必须有面对挑战的勇气，面对困难的耐心，同时还要有身处孤寂的韧性。有时要培养一个人，除了让他做事之外，也要让他无事可做，一方面观察，一方面训练。这种考验事先是不会让他知道的，知道就不会是考验了。三是大环境有了变化。人说"时势造英雄"，很多人的崛起是由环境造成的，因为他的个人条件适合当时的环境，可当时过境迁时，英雄便无用武之地了，这时候你只好坐"冷板凳"。四是你冒犯了上司或老板。宽宏大量的人对你的冒犯无所谓，但人是感情动物，你在言语或行为上的冒犯如果惹恼了他，你便有坐"冷板凳"的可能。五是威胁到老板或上司。你能力如果太强，又不懂得收敛，让你的上司或老板失去了安全感，那么你便会受到"冷冻"。老板怕你夺走商机自己去创业，上司怕你夺了他的位置，那么让你坐"冷板凳"就是必然的了。

坐"冷板凳"的原因还很多，无法一一列举。大凡人遭到冷遇，难免都会自怨自艾，疑神疑鬼，而不去冷静思考、寻找原因。仔细想想，坐"冷板凳"也未必不是什么不光彩的事情，大可借此机会调整自己的心态，蓄势待发，把"冷板凳"坐热，待时机到来时再大显身手。

面对冷遇，我们可以采取以下几种方法，化消极因素为积极因素。

一是强化自己的能力。在不受重用的时候，正是你广泛收集、吸收各种情报的最好时机。能力强化了，当时运一来，便可跳得更高，表现得更耀眼。而在坐"冷板凳"期间，别人也在观察你，如果你自暴自弃，那么恐怕要坐到屁股结冰了，而且恶评一起，再翻身恐怕就很困难了。二是以谦卑姿态来建立良好的人际关系。有些人不乏打落水狗的劣根性，你坐"冷板凳"，他们巴不得你永远不要站起来。所以要谦卑，广结善缘，但不要光提当年勇。光提当年勇不但于事无补，还会使你坠入怀才不遇的情境中,徒增自己的苦闷。三是要采取宽恕的态度。言谈举止中,且轻且淡,既可见自己的风度,也可留有余地,这种方式比破口指责、扬长而去更能让人接受。

总之,一旦自己坐了"冷板凳",不要抱怨,不要灰心丧气,要冷静地对待冷遇,理智地对待困境。用平和的情绪、低调的姿态表现自己的真实,也许更能赢得他人的钦佩和认同。

受到同事的孤立

上班之后,每天和我们相处时间最长的人是谁?不是爱人,不是父母,而是同事。早上一睁开眼,便急急忙忙赶去与他们见面;直到夜幕低垂,才满脸倦意地互道再见。上班前父母都要千叮咛万嘱咐:在外面,讲究的是一团和气,和同事抬头不见低头见的,千万别生嫌隙。

然而,人算不如天算,尽管你小心翼翼地维护着和同事的关系,但有一天却仍可能惊奇地发现,自己居然被同事孤立了,成了孤单的丑小鸭。

被同事孤立的滋味不好受,被孤立的原因也是五花八门。但每个感到孤立的人都可以想一想,为什么被孤立的是自己,而不是别人呢?除了遇上一些天生善妒的小人,大部分时候,自身的一些缺点也是导致被孤立的重要因素。在单位里,飞扬跋扈的人、搬弄是非的人、打小报告的人、爱出风头的人,往往都是被孤立的对象。假如你被孤立了,赶快检查一下自己是不是这类人。

归纳而言,被同事孤立的原因主要有以下3种。

1. 薪水太高

陈晓雨自从进了现在这家公司后,就一直被同部门的两位女同事孤立。每天上下班,陈晓雨都会向她们微笑、打招呼,但她们总是面无表情,装作没看见。每当这时,陈晓雨的微笑就一下子僵在了脸上,别提多尴尬了。平时,她们也不和陈

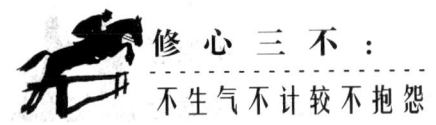

晓雨讲话,有时陈晓雨凑过去想和她们一起聊天,结果她们像商量好的一样,马上不说话,各做各的事情去了,丢下陈晓雨讪讪地站在一边。

在这种环境下工作,陈晓雨的郁闷可想而知。

后来,她才迂回曲折地从其他同事那里听到一点风声:陈晓雨虽然来公司没两年,但工资却比这两位来了4年的女同事高出一大截,于是引来了她们的嫉恨。

陈晓雨对现在的工作非常满意,因为不仅轻松,工资待遇也很称心。她不想因为同事关系不和就牺牲了工作,可心头的烦恼却一天甚似一天。

解决之道:堡垒都是从内部攻破的,想不被人孤立,关键在于打破敌方的统一战线。陈晓雨可以找机会多接近两人中比较好说话的那位,经常赞美她的服饰、气色,聊聊家常;另一位就只打招呼,少说话。时间长了,她们的阵营自然就被分化了。不过,使用这一计,必须有十足的耐心。

2. 弄错角色

赵蕾在一家国有企业从事财务工作,财务部只有主任、出纳和她3个人。主任不管业务,出纳去年才凭关系进来,于是全部门所有的工作几乎都压在了赵蕾身上。出纳只做现金一块的活计,连最基本的报销都不做,但主任从来不说半个"不"字,因为她有靠山。在领导的纵容下,出纳工作极其马虎。相反,赵蕾做事努力尽心,可到最后总是吃力不讨好。主任有时还会暗示赵蕾,她对工作太认真,把事情都默默地做完了,不等于把他架空了吗?

赵蕾心底里直呼冤枉。主任连电脑都不懂,动不动就甩手把所有的工作都推到她一个人身上,把她累得几乎趴下。到头来,却埋怨她太过能干,赵蕾感到自己简直里外不是人。

现在,主任和出纳都明显地表现出不喜欢赵蕾,平时两人总是有说有笑、有商有量,单单把赵蕾排除在外,赵蕾为此郁闷不已。

解决之道:被同事孤立时,我们也应从自身找找原因。如果一个人不喜欢你,可能是他不对;如果所有人都不喜欢你,也许问题就出在你身上。赵蕾对工作兢兢业业,为什么不被主任肯定?很可能是她平时有些越级的举动,令主任不满。她说,自己很想把财务部工作做好,可是,3个人中,就只有她有这个意识。由此可以看出,她把自己的角色弄错了。把部门发展好是主任的事情,作为下属,应当配合上级完成这一目标,而不是干脆代替上级去思考。她在言谈中,对主任颇为鄙视,主任对此怎么会没有察觉呢? 看来,赵蕾还是应该先摆正自己的位置。

3. 太出风头

董虹羽是个精明能干的女子,年纪轻轻便受到老板的重用,每次开会,老板都会问问她,对这个问题怎么看。她的风头如此之足,公司里资格比她老、职级比她高的员工多少有些看法。

董虹羽观念前卫,虽然结婚几年了,但打定主意不要孩子。这本来只是件私事,但却有好事者到老板那里吹风,说她官欲太强,为了往上爬,连孩子都不生了。这个说法一时间传遍了整个公司,董虹羽在一夜之间变成了"当官狂"。此后,董虹羽发觉,同事看她的眼神都怪怪的,和她说话也尽量"短、平、快",一道无形的屏障隔在了她和同事之间。董虹羽很委屈,她并不是大家所想的那么功利,为什么大家看她都那么不屑?

解决之道:在职场中锋芒太露,又不注意平衡周围人的心态,有这样的结果并不奇怪。董虹羽并非是目中无人,只是做人做事一味高调,不善于适时隐藏自己的锋芒。只要她能真诚地对待同事,日子久了,他们自然会明白,这就是她的真性情。

不抱怨的世界

　　每天晚上睡前告诉自己要努力,即使看不到希望,也依然相信自己。压力不是有人比你努力,而是比厉害几倍的人依然比你努力。每一个优秀的人,都有一段沉默的时光。那一段时光,是付出了很多努力,忍受孤独和寂寞,不抱怨不诉苦,日后说起时,连自己都能被感动的日子。惟累过,方得闲。惟苦过,方知甜。

第十五章　不要抱怨，
抱怨就是伤害自己

我们在抱怨时，可能会被关注或同情，也可以回避让自己紧张的事。然而抱怨的行为也是双刃剑，会带来负面的影响。抱怨会让我们自己变得很累，更会让别人厌烦。

抱怨起不到任何作用

生活中许多失业者,都有一个共同的特点,那就是充满了抱怨。失业的痛苦困扰他们的身心,使他们觉得自己仿佛被命运挤到墙角(其实是他们自己走到了命运的墙角),因此只有通过抱怨来平衡自己。然而,这种抱怨的行为恰好说明他们所遭遇的处境是咎由自取。

季某是北京一名牌大学的毕业生,能说会道,各方面表现都不同凡响。他在一家私营企业工作2年了,虽然业绩很好,为公司立下了汗马功劳,可就是得不到老板的提升。

季某心里有些不舒畅,常常感叹老板没有眼力。一日,和同事喝酒时季某发起了感慨:"想我自到公司以来,努力认真,试图在事业上有所成就,我为公司建立了那么多的客户,业绩也很不错。虽然兢兢业业,成就人所共知,但是却没人重视、无人欣赏。"

世上没有不透风的墙,本来老板准备提升季某为业务部经理。得知季某之言,心里不是滋味,后来放弃了提升他。季某之所以得不到老板的提升,就在于他不了解老板的心理,而只是一味地从自己的利益出发抱怨老板没有识人之"能"。

抱怨是无济于事的,只有通过努力才能改善处境。人往往就是在克服困难的过程中,形成了高尚的品格。相反,那些常常抱怨的人,终其一生,也无法产生真正的勇气、坚毅的性格,自然也就无法取得任何成就。不妨假想一下,你喜欢与那些抱怨不已的人为伍,还是与那些乐于助人、充满善意、值得信赖的人一起共事呢?哪一种同事更受欢迎呢?

有时候,在工作和生活之中,碰到一些并非我们职责范围内的工作,只要我

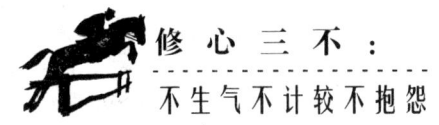

们站在公司的立场上，为公司着想，而不是置身事外，采取观望态度。那么，我们所作出的努力将会得到回报。在现实中，我们难免要遭遇挫折与不公正待遇，每当这时，有些人往往会产生不满，不满通常会引起牢骚，希望以此引起更多人的同情，吸引别人的注意力。从心理角度上讲，这是一种正常的心理自卫行为。但这种自卫行为同时也是许多老板心中的痛，牢骚、抱怨会削弱员工的责任心，降低员工的工作积极性，这几乎是所有老板一致的看法。

许多公司管理者对这种抱怨都十分困扰。一位老板说："许多职员总是在想着自己'要什么'；抱怨公司没有给自己什么，却没有认真反思自己所做的努力和付出够不够。"

对于管理者来说，牢骚和抱怨最致命的危害是滋生是非，影响公司的凝聚力，造成机构内部彼此猜疑，涣散团队士气，因此他们时刻都对公司中的"抱怨者"有着十二分的警惕。

抱怨的人很少积极想办法去解决问题，不认为主动独立完成工作是自己的责任，却将诉苦和抱怨视为理所当然。其实这样的抱怨毫无意义，至多不过是暂时的发泄，结果什么也得不到，甚至会失去更多的东西。一个将自己的头脑装满了过去时态的人是无法容纳未来的。聪明的做法是停止计较过去，不要对自己所遭遇的不公正待遇耿耿于怀。

现在一些刚刚从学校毕业的年轻人，由于缺乏工作经验，无法被委以重任，工作自然也不是他们所想象的那样体面。然而，当老板要求他去做应该负责的工作时，他就开始抱怨起来："我被雇来不是要做这种活的。""为什么让我做而不是别人？"对工作就丧失了起码的责任心，不愿意投入全部力量，敷衍塞责，得过且过，将工作做得粗陋不堪。长此以往，嘲弄、吹毛求疵、抱怨和批评的恶习，将他们卓越的才华和创造性的智慧悉数吞噬，使之根本无法独立工作，成为没有任何价值的员工。

一个人一旦被抱怨束缚，不尽心尽力，应付工作，在任何单位里都是自毁前程。中软国际副总裁林惠春先生说："抱怨是失败的一个借口，是逃避责任的理由。这样的人没有胸怀，很难担当大任。"

抱怨和嘲弄是慵懒、懦弱无能的最好诠释，它像幽灵一样到处游荡扰人不安。如果你想有所作为，如果你想让自己变得优秀，不妨在遇到不公或是心情郁闷想要发泄时多问一下自己"我抱怨什么？有什么可值得我去抱怨的"，然后平静地将答案告诉自己。

抱怨让你一无所有

在我们的社会生活中，每份工作都有它的价值。你在这个世界上找到什么样的工作，你便会过着什么样的生活。工作是我们赖以生存的基础，是陪伴我们安然行走在人生大道上的重要保障。因此，对我们来说，一切合法的工作都值得我们去尊重，一切值得我们尊重的工作都有它不容轻视的价值。

现为通泰电子集团首席执行官的约翰·克林斯顿在向外界介绍他的成功秘诀时说："我并不认为自己有多么优秀，我只是经常对自己的员工强调：在公司中无论你是什么身份，干着什么样的工作，是CEO，还是普通员工，都必须记住一点，否定自己的劳动是个巨大的错误，只有看重自己所从事的工作才会有发展。"

现在，有很多人认为自己所从事的工作只能勉强领薪，在人生事业上无足轻重。正是这样的态度严重地限制了他们的人生价值，阻碍了他们事业的发展。他们置身于自己所从事的工作之中，虽也将工作当成一种必须，但却认识不到工作的真正价值，日复一日、年复一年的辛苦劳作不过是为了生计。他们轻视自己的工作，对工作敷衍了事，总把心思放在怎样才能干一件大事来摆脱自己的现状上。这样的人怎么可能有大的发展。

一个人认为自己是怎样的他便会朝着他认为的那个方向发展。你认为自己的工作很卑微，没有前景，之所以每天要去工作只是为了糊口。你对工作缺乏热情，甚至消极怠工，工作自然不会使你成功。同样，你认为自己能力有限，不能承

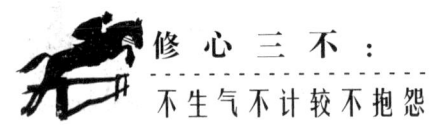
担重任,因此在工作上只是不马虎行事,而从不去积极进取。这些想法就注定你只能成为公司的二流员工,平平庸庸地过一辈子。

反过来,如果你认为自己很重要,自己的工作亦非常重要,便能在工作中不断总结经验,接收到一种积极的心理信息,会帮助和促使你把工作中的每一件事都做得更好。一件做得更好的工作意味着更多的升迁机会、更多的薪金、更多的权益,以及更多的发展空间。因此,一个人尊重自己的工作其实就是尊重自己。

著名的管理咨询专家蒙迪·斯泰尔在为《洛杉矶时报》所撰写的专栏中曾经说道:"每个人都被赋予了工作权利,一个人对待工作的态度决定了这个人对待生命的态度,工作是人的天职,是人类共同拥有和崇尚的一种精神。当我们把工作当成一项使命时,就能从中学到更多的知识,积累更多的经验,就能从全身心投入工作的过程中找到快乐、发现机会,取得成功。当然,拥有这种工作态度或许不会有立竿见影的效果,但可以肯定的是,当'轻视工作'成为一种习惯时,其结果可想而知。工作上的日渐平庸虽然表面上看起来只是损失了一些金钱和时间,但是对你的人生将留下无法挽回的遗憾。"

奎尔是一家汽车修理厂的修理工,从进厂第一天起,他就开始喋喋不休地抱怨:修理这活太脏了,没本事的人才干这样的活,一天到晚累个半死,浑身上下没一处干净地方,真是丢死人了。

如此,奎尔每天都在这种抱怨和不满的心情中度过。他认为自己的工作是一份很低等的工作,只是日复一日的在为一点可怜的工资出卖苦力。因此,他便慢慢的开始消极怠工,当同他一起进厂的同事将眼光盯着师傅手上的"活"时,他却窥视着师傅的眼神和举动,稍有空隙便偷懒耍滑,应付手中的工作。

几年过去了,当时同他一起进厂的3个工友,各自凭着自己的手艺和工作的劲头,或升职做了他的上司,或另谋高就有了自己的事业,或被公司送进大学进修,只有他,仍旧在抱怨声中,做着他自己蔑视的修理工。

奎尔的行为所造成的结果难道是一种偶然吗?相反,这是一种必然。作为员工,你幼稚地认为你对工作的轻视目光,会瞒得过老板的视线。老板们或许并不了解每个员工的具体表现，熟知每一项工作的细节，但他能作为你的老板，或者因为经验，或者因为曾经在某方面卓有成效的努力，一定有他超出一般的能力和见识，你轻视他给你的工作，他自然也会根据你对工作态度，来设定你在公司的未来。这一点，天经地义。

在我们身边，奎尔这样的人并不少见，他们不尊重自己的工作，不将工作看成是创造人生事业的必由之路和发展人格的助力，而把它视作衣食住行的供给工具，认为工作是生活的代价，是无可奈何、不可避免的劳碌。这样的错误观念将他们人生和事业都定格在一种永远被动的生活方式里，使他们不愿意奋力崛起，努力改善自己的生存环境。对他们来说只有体面的工作才是真正的工作，只有从事有高薪的工作才能使自己致富。岂不知任何伟大的工程都始于一砖一瓦的堆积，任何耀眼的成功也都是从一点一滴中开始的。这一砖一瓦、一点一滴的累积，都需要他们在工作中以尽职尽责的精神去完成。

好岗位、好工作人人趋之若鹜，普通琐碎的工作人人唯恐避之不及。但好工作和好岗位是从哪里来的呢？什么样的工作才算是普通琐碎的工作呢？

亨利和阿尔伯特是同班同学，两个人大学毕业后，恰逢英国经济动荡，都找不到适合自己的工作，便降低了要求，到一家工厂去应聘。恰好，这家工厂缺少两个打扫卫生的职员，问他们愿不愿意干。亨利略一思索，便下定决心干这份工作，因为他不愿意依靠领取社会救济金生活。

尽管阿尔伯特根本看不起这份工作，但他愿意留下来陪亨利一块儿干一阵子。因此，他上班懒懒散散，每天打扫卫生时敷衍了事。一次，两次，三次，老板认为他刚从学校毕业，缺乏锻炼，再加上恰逢经济动荡，也同情这两个大学生的遭遇，便原谅了他。然而，阿尔伯特内心深处对这份工作抱着很强的抵触情绪，每天都在应付自己的工作。结果，刚干满了3个月，他便彻底断绝了继续干这份工作的念头，辞了职，又回到社会上，重新开始找工作。当时，社会上到处都在裁员，哪儿又有适合他的工作呢？他不得不依靠社会救济金生活。

相反，亨利在工作中，抛弃了自己作为大学生——高等学历拥有者的身份，

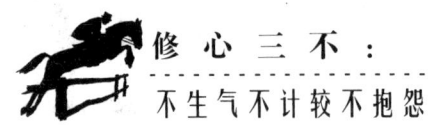

完全把自己当做一名打扫卫生的清洁工，每天把办公走廊、车间、场地，都打扫得干干净净。半年后，老板便安排他给一些高级技工当学徒。因为工作积极，认真勤快，1年后，他成为了一名技工。尽管如此，他依然抱着一种积极的态度，在工作中不断进取，认真负责。2年后，经济动荡的局面稍稍稳定后，他便成为了老板的助理。而阿尔伯特，此时，才刚刚找到一份工作，是一家工厂的学徒。但是，他认为自己是高等学历拥有者，应该属于白领阶层。结果，在自己的工作岗位上，仍然把活干得一塌糊涂，终于在某一天又回到街头，去寻找工作。

今天工作不努力，明天努力找工作。一个不轻视自己工作的人，工作中任何一件琐碎和不起眼小事都会成为他成长和锻炼自己的机会，一个尊重自己所从事工作的人，根本无需为他的未来担心。

平凡的是工作岗位，平庸的是工作态度。无论你从事的工作多么琐碎，都不要看不起它。要知道，所有正当合法的工作都是值得尊敬的。只要你诚实地劳动，没有人能够贬低你的价值，你在工作中所能收获到的一切，完全取决于你对工作的态度。

抱怨让你失去机会

生活中，我们经常可以看见这样一些人，他们整日在不同公司之间穿梭，看起来很忙，但却不是在为工作而忙，而是在忙着到处寻找工作。他们曾经在许多公司任职，从事过不同的职业，能力不能说没有，但却被自己满腹的抱怨掩盖。其实，他们所抱怨的东西并不是导致失业的最主要原因。恰恰相反，这种抱怨的行为正好说明，他们现在的处境——四处寻找工作的苦楚，完全由自己一手造成。

他们说："每天累死累活，只能拿到这点钱，这算是什么工作。"

他们说："老板太抠门，干得再好有什么用？"

他们说："公司领导一个比一个差劲，这根本就是一个烂摊子，在这干得再久

也翻不了身。"

……

　　他们就这样抱怨公司的老板抠门;抱怨工作时间过长;抱怨公司管理制度严苛;甚至抱怨自己当初怎么会进这家公司……他们的这种抱怨,有时在管理者和被管理者固有的矛盾之间会得到一些实据,因而也许会受到一些善良之人的宽慰,使自己的内心压力暂时得到一定的缓解,并不会给公司造成损失而影响自己的发展。但是,持续的抱怨势必会使人的思想摇摆不定,进而不能专注地工作,甚至敷衍了事。久而久之,问题自然就出现了,到那时即使你不辞职,老板也已将你排在了最应辞去的人之列。何况,如果你因此养成抱怨的习惯,想找到下一份工作,或者想在下一份工作中有所作为,实是一件很难的事。这一点,凡是频繁换过工作的人都应该有自己的体会。

　　《致加西亚的信》的作者阿尔伯特·哈伯德曾向一位聘用过数以百计员工的管理者请教,他是如何考察不同的应聘者的。这位管理者说:"我招聘员工时,十分看重应征者如何评价自己刚刚离开的那家公司和以前从事的主要工作。如果前来应征的人只是说过去雇主的坏话,甚至恶意中伤,这种人我是无论如何也不会加以考虑的。"

　　抱怨使人思想肤浅,心胸狭窄,一个将自己头脑装满了抱怨的人无法容纳未来,也不会被未来容纳。

　　看看我们周围那些只知抱怨不努力工作却在努力找工作的人吧,他们从不懂得珍惜自己目前的工作机会,总是抱着近乎愚蠢的奢望,以为下一个工作会更好。他们不懂得,丰厚的物质报酬是建立在努力工作的基础上的,更不懂得,即使薪水微薄,也可以充分利用工作的机会提高自己的技能。他们在日复一日的抱怨中,失去一次又一次工作机会,任自己的大好年华白白流逝,使自己未得到良好增长的技能。他们始终没有清醒地认识到一个严酷的现实:在竞争日趋激烈的今天,工作机会来之不易。不珍惜工作机会,不在自己现有的工作中努力,不管学历有多高,能力有多强,最终都会被庞大的失业队伍淹没。

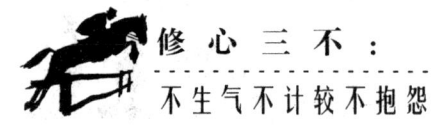

小王大学毕业后便找到了一份不错的工作，同学、朋友都祝贺他，他开玩笑道："瞧瞧你们那点追求，这工作就算好了，这只是开头，好的还在后面呢。"小王工作后，在公司附近租了一套房子，这时他的女友也找到了一份不错的工作，于是俩人决定合租。两个人两份工资，交完房租外，剩下的足够贴补生活之需，日子过得相当惬意。

可是好景不长，没过几个月小王就突然烦躁起来，从公司一回家就对女友诉说对公司的不满，抱怨公司领导层的无能，没几天就辞职另找了一份自己认为不错的工作，并将家也搬了过去。

如此几年后，他因不停更换工作，将家从南城搬到东城，再从东城搬到北城，有时1年光搬家就有好几次。她的女友开始还以为他真的没碰上好工作，还经常安慰他，让他不要着急。后来越发觉得不对，也慢慢对他各种各样的抱怨产生了反感，终于在他又一次准备辞掉工作时，向他发出了最后通牒。

她说："咱们俩在一起这么多年，光工作你就换了七八个，每个你都说不行，难道这些公司真都像你说的那样不行吗？我看你干事就是虎头蛇尾，而且不愿意吃苦，别人住在东城都可以去北城上班，你为什么不行？"接着说，"如果你这次再不坚持下去，我看我们也只能做个普通朋友了。"

听了女友的话，小王不知如何是好，没几天就一个人搬了出去。原来，这次不是他不想坚持干下去，而是他没好好干，公司要辞他，他不好意思给女友说实话，才说是自己想要辞职的。这样的事在他身上并不是第一次发生，却是第一次的无可挽回。

几个月后，小王在一家超级市场门口偶然碰到他的女友，女友问他最近怎样，他很尴尬地笑了笑说："现在要找一份好工作真是不容易，到处都是找工作的人，竞争很激烈。不过我刚找到一家还算合适的，虽工作性质和以前不同，工资也没有以前的高，但和我找的别的几家比起来已经很不错了。"

女友看到他这种情况显然不知道说什么。他急忙说："我得走了，这家公司约我两点半面试，我不能迟到。"

　　故事中小王的情况具有一定的普遍性。生活中像他这样因不努力工作而去努力找工作的人比比皆是，他们在一次一次的失业中降低了自己，使自己得到了应得的藐视。

　　人们说，赌博就像用两只碗来回倒一碗水，倒来倒去，只有一个结果：碗里的水越来越少。其实，因为自己不努力而频繁更换工作也一样，是用无数个碗来倒一碗水，最后能剩下什么可想而知。

　　现在社会上找工作的越来越多，光北京1年大型招聘会就有几十场，每一场都是人满为患。据此，很多人认为，大多数人的失业是因为用人单位减少了对劳动力的需求，才使得很多很有能力的人无工可做。事实真的是这样吗？当然不是，现在许多公司、机构里，有很多空缺职位没有合适的人填补。在报纸上，到处都有"诚聘职员"的广告，许多老板也正急切地想找到能为自己所用的人才。再者，1年几十场的大型招聘会本身也说明这种说法根本就不成立。

　　如果非要对此作出解释，那答案或许只有一个，所有的公司需要的都是那些受过良好的职业训练、具有非凡才干的人才和那些能够努力工作、积极进取的员工，而不是投机取巧、马虎轻率、嘲弄抱怨、朝秦暮楚的平庸劳动力。

　　迈斯曾经做过许多种工作，却一次次地沦落为一位可怜的失业者。他总是唉声叹气地对身边的人说："工作压力太大，生活负担太重。"他渴望能够获得一个有充分闲暇时间的工作，有时候他甚至将无所事事看成一种人生乐趣。

　　如此他换了很多种工作，但没一个能达到他要求的标准，于是他到中年时，仍觉得自己的生活苦不堪言，想改变却又无从着手，只好逢人便说："我怎么这么倒霉，这么多年连个像样的工作都找不到。"

　　人都有好逸恶劳的习性，按部就班的人不会没事找事，如果不是被环境所迫，多半都只会安于现状，不求上进。而当不幸真的降临时，他们却只会问："为什么倒霉的事总发生在我身上？"从不在自己身上找原因。

　　好工作不是找出来的，是干出来的。其实，我们每一个人一直都拥有成为优秀员工的潜能，一直都拥有被委以重任的时机，一直都面对升迁和加薪的大门。

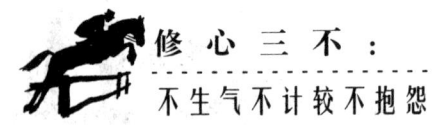
但是，为什么一定要等到无路可走的时候，在遭遇人生的"晴天霹雳"之后，才试着改变自己的心态和做事方式呢？不要在平安舒服的日子里让光阴一点点溜走，不要在那里坐等"晴天霹雳"突然将你击倒。努力工作的人懂得，要把命运牢牢地掌握在自己手中，不给"晴天霹雳"击倒自己的机会。

有位哲人说过，只有拒绝成长的人，才会觉得成长痛苦不堪。上天通常都是先用温和的警报来提醒我们，但当我们对他的警报置之不理时，他老人家就会重重地敲下一锤来。

从平凡的工作中脱颖而出，一方面由个人的才能决定，另一方面则取决于个人的进取心态。这个世界为那些努力工作的人大开绿灯，直到他生命的终结。

抱怨破坏你的人际关系

"烦死了，烦死了！"一大早就听王宁不停地抱怨，一位同事皱皱眉头，不高兴地嘀咕着："本来心情好好的，被你一吵也烦了。"

王宁现在是公司的行政助理，事务繁杂，是有些烦，可谁叫她是公司的管家呢，事无巨细，不找她找谁？

其实，王宁性格开朗，工作认真负责，虽说牢骚满腹，但该做的事情，一点也不曾拖延。设备维护、购买办公用品、交电话费、买机票、订客房……王宁整天忙得晕头转向，恨不得长出8只手来。再加上她为人热情，中午懒得下楼吃饭的人还请她帮忙叫外卖。

刚交完电话费，财务部的小李来领胶水，王宁不高兴地说："昨天不是来过了吗？怎么就你事情多，今儿这个，明儿那个的。"抽屉开得噼里啪啦，翻出一个胶棒，往桌子上一扔，说："以后东西一起领！"小李有些尴尬，又不好说什么，忙赔着笑脸说："你看你，每次找人家报销部叫亲爱的，一有点事求你，脸马上就长了。"

大家正笑着呢，销售部的王娜风风火火地冲进来，原来复印机卡纸了。王宁脸上立刻晴转多云,不耐烦地挥挥手:"知道了。烦死了! 和你说一百遍了,先填保修单。"单子一甩,"填一下,我去看看。"王宁边往外走边嘟囔:"综合部的人都死光了,什么事情都找我!"旁边的小张气坏了:"这叫什么话啊,我招你惹你了?"

态度虽然不好,可整个公司的正常运转还真离不开王宁。虽然有时候被她抢白得下不来台,但也没有人说什么。怎么说呢? 她不是应该做的都尽心尽力做好了吗? 可是,那些"讨厌","烦死了","不是说过了吗"……实在让人听了不舒服。特别是同办公室的人,王宁一叫,他们头都大了。"拜托,你不知道什么叫情绪污染吗?"这是大家的一致反应。

年末的时候公司民主选举先进工作者,大家虽然觉得这种活动老套可笑,暗地里却都希望自己能榜上有名。奖金倒是小事,谁不希望自己的工作得到肯定呢? 领导们认为先进工作者非王宁莫属,可一看投票结果,50多份选项票,王宁只得到了12份。

有人私下说:"王宁是不错,就是嘴巴太厉害了。"

王宁很委屈:"我累死累活的,却没有人体谅……"

有时,抱怨的确可以让人的情绪得到舒解,有益健康,但如果抱怨太多,就会使人厌烦。抱怨绝对不是好事,它不会为你带来多少正面的效益。

企业从不重用抱怨的人

露西和安娜同在一个公司做临时工。两个女孩都很努力、勤奋。可是,不久公司传闻要裁员。于是公司里人人自危,露西和安娜更是如此。一个星期后公司正式宣布裁员名单,露西和安娜都在名单之内,因为她们是临时工。被裁人员1个月之后离职。

听到这个消息,露西很伤心也很气愤,在办公室大哭了一场。第2天,碰到人就抱怨:"我这么勤奋还要被裁,真是没天理。公司太不人道了! 老板太狠心了! 不

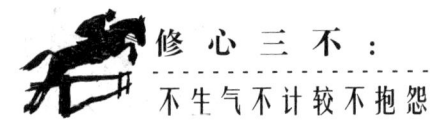
要用功呀，你看看我，平时那么认真，最后却落个炒鱿鱼的结局。天下没有一个好老板！"

在这最后1个月里，露西不再是同事们喜欢的那个女孩了，她也不再认认真真了。在办公室的时候，不是摔文件就是拍机器，弄得整个办公室的人战战兢兢的，好像是他们赶走她的。不在办公室里就到处吐苦水，所以整个公司都知道有个"不幸"的露西。

1个月后，露西按时被裁了，但是她的"难友"安娜却从裁员名单中被删除了。

露西感到被耍了，于是怒不可遏地跑到经理的办公室讨说法。经理很平静地说："这是董事长亲自定的。"露西大吃一惊。经理又问："在这1个月里，你知道安娜做了些什么吗？"露西摇了摇头。经理说："在你到处'申冤'的时候，安娜不仅什么话也没说，而且仍然很好地完成自己的工作。同事们不好意思再派遣工作给她，她却主动要求，还像平常一样跑到同事面前要事做，而且比以前还卖力。她说以前和同事们相处得很愉快，现在要分开了，她想在最后1个月里给大家留一个好的回忆，所以要珍惜这最后的1个月；而且事已无法改变，就顺其自然。但是工作不能因为裁员而不做了，既然公司给我们1个月，说明还是信任我们的，所以还是要做好。"

最后，经理意味深长地说："不是公司不要你，而是你首先不要你自己。"露西听了，悔恨不已。

当我们得知自己可能成为下一个裁员对象时，要做的不是抱怨，而是做好眼前的事，站好最后一班岗。你要用能力告诉老板，失去你，对他来说是一种损失，因为你是不可替代的。你要有意识地培养独立工作的能力，工作上不要依赖别人，要能够独当一面，这样，你才会有存在的价值。

你要让老板看中你如下的闪光点。

1. 敬业：认真地对待每份工作

珍惜你的生存权。一个人的工作是他生存的基本权利，有没有权利在这个世界上生存，就看他能不能认真地对待工作。能力不是主要的。能力差一点，只要有敬业精神,能力会提高的。

2. 学习:学习也是工作能力

文凭只代表你过去的文化程度,它的价值只会体现在你的底薪上,它的有效期只有3个月。要想在这儿继续干下去,那就必须从小学生做起,积极主动地寻求新的知识。

3. 专业:人才的价值是专业

你要让老板真正地感悟到你是人才,还应在你的专业技能上下工夫。切记,你的智慧,体现在专业技术的水准高低上。

4. 创意:创意比知识更重要

信息时代是物质性极弱的时代,非物质需求成为人类的重要需求,信息网络的全球架构使人类生活的秩序和结构发生根本变化。人才,尤其是信息时代所需的人才,最重要的是智慧,不是知识。

5. 个性:不循规蹈矩地做事情

人才更多的是指一种心态,是指与传统思维完全不一样的那种人。真正的人才不是看他学了多少知识,而是看他能不能承担风险,不循规蹈矩地做事情。

6. 协作:聪明人的交叉激励

一种协作的文化,在信息流的增强之下,就会使公司的聪明人彼此发生可能的联系。当公司拥有一定数量的高智商人才并能良好协作时,其能量水平将会冲出一条路。交叉的激励产生新的思想——那些不太有经验的雇员也会因此被带动到一个更高的水平上。

坦然接受工作中的一切

生活中我们经常看到一些人抛怨自己的工作枯燥、卑微,因而轻视自己所从事的工作,无法全身心投入工作。他们在工作中敷衍了事做一天和尚撞一天钟,

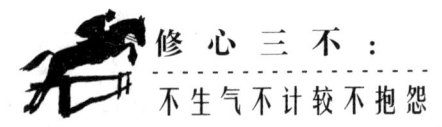
从来不愿多做一点儿，但在玩乐的时候却是兴致高昂，得意的时候春风满面，领工资的时候争先恐后。他们将大部分心思都用在如何摆脱目前工作环境上，似乎不懂得工作应是付出努力，总想避开工作中棘手麻烦的事，希望轻轻松松地拿到自己的工资，享受工作的益处和快乐。

美国独立联盟主席杰克·弗雷斯从13岁起就开始在他父母的加油站工作。弗雷斯起初想学修车，但他父亲却让他在前台接待顾客。当有汽车开进来时，弗雷斯必须在车子停稳前站到司机门前，然后去检查油量、蓄电池、传动带、胶皮管和水箱。

弗雷斯在工作中注意到，如果他活干得好，顾客大多还会再来。于是弗雷斯每次总是多干一些，帮助顾客擦去车身、挡风玻璃和车灯上的污渍。

有一段时间，每周都会有一位老太太开着她的车来清洗和打蜡。这个车的车内踏板很难打扫，而且这位老太太每次都将它弄得很脏，人还极难打交道。每次当弗雷斯将车清洗好后，她都要仔细检查好几次，让弗雷斯重新打扫，直到自己满意为止。

终于有一次，弗雷斯忍无可忍，不愿意再侍候她了。

这时，他的父亲告诫他说："孩子，记住，这就是你的工作。不管顾客说什么或做什么，你都要记住做好你的工作。"

父亲的话让弗雷斯深受震动，许多年以后他仍不能忘记。

弗雷斯说："正是在加油站的工作使我学到了严格的职业道德和应该如何对待顾客，这些东西在我以后的职业生涯中起到了非常重要的作用。"

看完这个故事，那些在求职时念念不忘高位、高薪，工作中却不能接受工作所带来的辛劳、枯燥的人；那些在工作中推三阻四，寻找借口为自己开脱的人；那些不能不辞辛劳满足顾客要求，不想尽力超出客户预期提供服务的人；那些失去激情，任务完成得十分糟糕，总有一堆理由抛给上司的人；那些总是挑三拣四，对自己的工作环境、工作任务这不满意那不满意的人，是不是都应该对自己说一声："记住，这是你的工作！"记住，丰厚的物质报酬和巨大的成就感永远是与付出辛劳的多少、战胜困难的大小成正比的。

我们知道，人都有趋利避害、拈轻怕重的本能。若接到搬钢琴的任务，多数人会自告奋勇地去拿轻巧的琴凳。但我们是在工作，不是在玩乐。既然你选择了这个职业，选择了这个岗位，就必须接受它的全部，而不是只享受它带给你的益处和快乐。就算是屈辱和责骂，那也是这个工作的一部分。如果说一个清洁工人不能忍受垃圾的气味，他能成为一名合格的清洁工吗？如果说一个推销员不能忍受客户的冷言冷语和脸色，他怎能创下优秀的销售业绩呢？

每一种工作都有它的辛劳之处。体力劳动者，会因为工作环境不佳而感到劳累；在窗明几净的办公室里工作的人，会因为忙于协调各种矛盾而身心疲惫；居于高位的领导者，背负着公司内部管理和企业整体运营的压力。但他们或许正因为如此，在工作出现佳绩的同时也享受到相应的报酬和快乐。

而那些只想享受工作的益处和快乐的人，是无法体会工作带给他的快感的。他们在喋喋不休的抱怨中，在不情愿的应付中完成工作，必然享受不到工作的快乐，更无法得到升职加薪的快乐。

记住，这是你的工作！我们应该把这句话告诉给每一位员工。不要忘记工作赋予你的荣誉，不要忘记你的责任，更不要忘记你的使命。坦然地接受工作的一切，除了益处和快乐，还有艰辛和忍耐。因为这是你的工作，与你的老板、同事、工作对象没有任何关系，他们不能真正帮助你；同样，在你工作得很起劲时，他们也不能真正阻止你。你的事业和前程在自己手中，在你所干的每一份工作中。

打铁还须自身硬

职场中到处充斥着竞争。有人能在工作上发挥得淋漓尽致，晋升为中高阶层主管，成为大家称羡的职场达人，但是也有人终其一生都与升迁无缘，到底这些人的差别何在？俗话说，"打铁还需自身硬"，一个人要想跻身于成功的职场达人

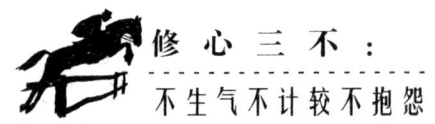

之列,就得在日常工作中多讲究一些策略和技巧,铸造自己的硬度。

1. 作出优秀业绩,学会推销自己

许晓羽是从事企业标志设计的,她工作十分努力,为了一个标志的设计经常几天几夜待在工作台上,直至最后定稿。

许晓羽不是一个善于表现自己的人,从自己的设计中她能够获得足够的满足与自我的肯定,也许正是因为这个原因,对于每次的成功,在老板眼中是整个企业设计部努力的结果,而丝毫没有注意到作为总体设计的许晓羽所起到的作用。就这样,许晓羽拿着与其他人相同的薪金,却干着超出旁人几倍压力与辛劳的工作。

她感到了一种失落与不公,毕竟她也要生活,也要休闲。于是,她提出了辞职,好在她的老板此时也意识到了什么,以高薪挽留住了许晓羽。

在工作上,你除了应努力作出优秀的业绩之外,更应注意让上司知道它们。当然这并不是让你不论大事、小事都要汇报,而是要学会适时地表现自己,因为你的付出应获得应有的回报,而且应该成为让上司记住你甚至提升你的筹码。

我们要多给自己创造机会,如果不知道去创造机会,则有了机会也不知道如何把握,在职场竞争中失败当然在所难免,恰如一只不懂得在人前开屏的孔雀,又怎会让众人因它的美丽而发出赞叹的欣赏呢?如果没有坚强的后台做硬件,要想在竞争中取胜只有依靠自身的软件了。比如,你是否有良好的沟通能力?有没有团队精神?外交能力是否出色?是否知道编织自己的人际关系网?等等。当然,你所拥有的这些软件一定是对手所没有的,这样才能体现你的优势。然后再通过适当的途径把它们展示出来。

安阳平时所做的策划文案十分精彩,并常有文章在报纸杂志上发表,当安阳得知办公室主任一职空缺,公司内定的人选是打字员小李时,自信的他便来了个毛遂自荐。总经理边翻看着安阳的文案,边对他一手漂亮的字发出赞叹,考虑之后终于决定放弃了那个文笔平平的小李。

“酒好不怕巷子深”、“土不埋金”的古训有时在职场竞争中并不适用,与其消极地等着被别人发现,使自己与机遇失之交臂,不如积极地去推销自己,让别人发现自己。

2. 重视沟通与协调

张丰是一个公司的部门经理,后来,领导任命王遵为这个部门的副经理。张丰感到王遵的到任对自己是个威胁,于是张丰为了保住现在的职位,自恃在公司的老资格,便经常在老板面前说王遵的坏话,有一次竟当着全体员工的面因为一点小事对王遵大发肝火。王遵尽管心中十分生气,但很有涵养的他并没有与张丰发生正面的冲突。半年后王遵正式被公司委派做部门经理,而张丰则一气之下辞了职。

没有老板会把一个心胸狭隘、与同事矛盾重重的人放到最重要的职位上。如果张丰能采取另一种更积极的方法:比如与王遵进行良好的沟通与协调,多向他学习一些管理之道,注意与其他同事的交往方式,在上司面前谈及同事时,着眼于他们的长处而不是短处,那么凭着他在公司的资历,老板又有什么理由不让他坐稳这个部门经理的职位呢?可见,与同事发生正面冲突是一种不好的做法。

3. 多理解别人

理解别人会使他更乐于接近你并与你共事,在竞争中会得到更多的支持。在公司这个讲究团队合作精神的地方,其实并不需要有太强的个性。有时个性太强会使上司觉得你缺少服从和整体意识。如果你能理解对手,那么你的同事和上司会相信你能理解在以后工作和人际关系中所发生的种种矛盾和不愉快,从而使大家的合作变得顺畅自然。"成者王侯败者寇"并不适用于竞争激烈的办公室,因为不论胜败如何,大家以后还是要在一起工作。试着让自己拥有一颗宽容的心,让心绪变得平和,使自己能理解别人,这样无论成败你都是英雄。

广告部经理在离职之前,曾向公司推荐林文代替自己,但最终坐在这个位子上的人却是王波。有人为林文感到不平,毕竟王波无论从资历还是从学历或水平上都比不上林文,但林文笑着说其实王波有许多优点。王波深知自己为了得到这个职位使用了不光明的手段,所以心里也觉得愧对林文。但大度的林文却不去追

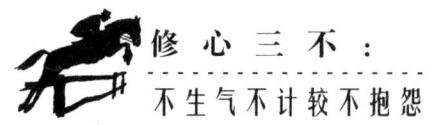
究这件事,在同王波的交往中仍保持着友善的态度,令他既意外又感动。第2年的薪资评比,林文得到了最高的加薪幅度,身为广告部经理的王波在其中当然起了举足轻重的作用。不久林文也被委派做了公关部的经理。

不理解的后果是带来仇恨和对别人的指责,这时的你已经被自以为是蒙上了双眼,紧盯着对手的短处,看不清楚自己的劣势,又何谈进步与提高。而且,成败得失也会左右自己的情绪,从而影响工作和人际关系。一旦你在竞争中失败,将很难与对手保持友善的合作关系。竞争并不意味着与自己的竞争对手发生正面冲突,这往往会招致别人的看低和上司对你的负面评价。因此,选准时机运用以退为进的战术,才是一种更高明的竞争手段。

不 抱 怨 的 世 界

人生祸福相依,笑泪交织,得到不必太喜,你拥有一些,必然会放弃另一些;失去的无须过悲,没有什么可以永久地停留。不要以事业的成败、收入的多寡来定义人生的幸福,它们只是附庸,与幸福没有必然的联系。只要凡事抱以平常心,不抱怨,不嫉恨,不懈怠,不冷漠,幸福才有所依附。

第十六章　认清事实，
优秀的人不抱怨

　　狮子如果能追上羚羊，它就生存，如果它跑不过羚羊，只能饿死。羚羊要想活下去，只有平时加强训练，提高奔跑的速度，让自己跑得更快，即使跑不过狮子，也要比其他羚羊跑得快，只有这样才能得以生存。因此，我们要想优秀就应该马上停止抱怨。

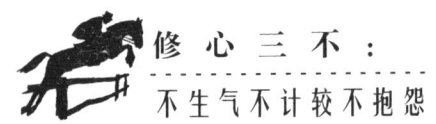
在失败面前屡败屡战

爱默生说："伟大高贵人物最明显的特征,就是他坚定的意志,不管环境变化到何种地步,他的初衷与希望,仍然不会有丝毫的改变,而终至克服障碍,以达到企望的目的。""跌倒了再站起来,在失败中求胜利。"这是历代伟人的成功秘诀。有人问一个孩子,他是怎样学会溜冰的。那孩子回答道:"哦,跌倒了爬起来,爬起来再跌倒,再爬起来就学会了。"使得个人成功,使得军队胜利的,实际上就是这样的一种精神。跌倒不算失败,跌倒了站不起来,才是失败。

因此,要看出一个人的品格,最好是看他遇到逆境以后怎样行动。失败之后,能否激发他的能力,想出更多的计谋? 是使他更勇往直前,还是心灰意冷?

"我在这儿已经做了30年,"一位员工抱怨他没有升级,"我比你提拔的许多人多了20年的经验。"

"不对,"老板说,"你只有1年的经验,你从自己的错误中,没学到任何教训,你仍在犯你第1年刚做时的错误。"

不能从失败中吸取教训是悲哀的。即使是一些小小的错误,你都应从其中学到些什么。

错误对我们的损失是否非常严重,这往往不在错误本身,而在于犯错人的态度。能从失败中获得教训的人,就能把错误的损失降至最低。

也许过去的一切,对一些人来说是一部极痛苦、极失望的伤心史。所以,有的人在回想过去时,会觉得自己处处失败、碌碌无为,他们在衷心希望成功的事情上失败了,或许他们所至亲至爱的亲属朋友,离他而去,或许他们曾经失掉了职位,或是事业失败,或是因为种种原因而不能使自己的家庭得以维系。在这种人

看来,自己的前途似乎是十分的惨淡。然而即便有上述的种种不幸,只要你不甘屈服,则胜利就在前方,在向你招手。

美国著名的电台播音员莎莉·拉斐尔在她的30年职业生涯中,曾遭18次辞退,可是每次她都放眼最高处,确定更远大的目标。

最初由于美国的无线电台认为女性不能吸引听众,没有一家电台肯雇用莎莉。她好不容易在纽约一家电台谋到一份差事,不久又遭辞退了,辞退她的理由是说她跟不上时代。

莎莉并没有因此抱怨,她总结了失败的教训,又向国家广播公司电台推销她的节目构想。电台勉强答应了,但提出要她在政治台主持节目。"我对政治所知不多,恐怕很难成功。"她曾一度犹豫,但坚定的信心促使她大胆地去尝试了。她对广播早已轻车熟路,于是她利用自己的长处和平易近人的作风,大谈7月4日美国国庆节对她自己有何意义。另外,她还邀请听众打电话来畅谈他们的感受。听众立刻对这个节目产生兴趣,她也就因此而一夜成名了。

如今,莎莉·拉斐尔已成为自办电视节目的主持人,曾两度获奖。在美国、加拿大每天有800万观众收看这个节目。她说:"我遭人辞退18次,本来大有可能被这些遭遇所吓退,甘愿放弃,做不成我想做的事情。结果相反,我让它们鞭策我勇往直前。"

失败是一种挑战,也是一种测试。没有勇气奋斗、自我放弃的人,其目标就会离他越来越远。而那些毫不畏惧、勇往直前、永不放弃目标的人,才会达到自己的目标。

有人抱怨说,已经失败多次了,再试也是徒劳无益的。这种想法真是太自暴自弃了。对意志永不屈服的人,就没有所谓失败。无论成功是多么遥远,失败的次数是多么多,最后的胜利仍然在他的期待之中。狄更斯在他小说里讲到一个守财奴斯克鲁奇,最初是个爱财如命、一毛不拔、残酷无情的家伙,他把全部的精神都钻在钱眼里。可是到了晚年,他竟然变成一个慷慨的慈善家、一个宽宏大量的人、一个真诚爱人的人。狄更斯的这部小说并非完全虚构,世界上也真有这样的事

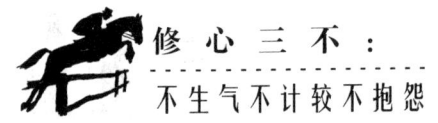
实。人的禀性都可以由恶劣变为善良,人的事业又何尝不能由失败变为成功呢?现实生活中这样的例子也不少,许多人失败了再站起来,沮丧而又不怕挫折,抱着不屈不挠的无畏精神,向前奋进,最终获得了成功。

世间真正伟大的人,对于世间所谓的种种成败,并不介意,所谓"不以物喜,不以己悲"。这种人无论面对多么大的失望,绝不失去镇静,这样的人终能获得最后的胜利。在狂风暴雨的袭击中,那些心灵脆弱的人唯有束手待毙,但有些人的自信精神,却依然存在,而这种精神使得他们能够克服一切困难,去获得成功。

美国著名成功学家温特·菲力说:"失败,是走上更高地位的开始。"许多人之所以获得最后的胜利,就在于他们屡败屡战。对于没有遇见过大失败的人,有时反而让他不知道什么是大胜利。通常来说,失败会给勇敢者以果断和决心。的确,逆境可以激励人心,帮助你战胜生活大道上的"恐怖地带"。因此,一个不了解自己强项的人,只能吞下失败的苦果。

逆境让人变得更坚强

许多成功人士已用他们成功的轨迹表明,逆境是成功的起点。自古以来,富家的子弟大多是财富的奴隶。那些富家子弟一般不能拒绝种种诱惑,即使有所追求,也常半途而废,无功而返。

有人问一位著名的艺术家,跟他学画的那个青年将来会不会成为大画家时,艺术家回答说:"不,永远不!他每年有一笔不错的收入。"这位艺术家知道,安身立命的为人技巧是从艰难奋斗中锻炼出来的,而在财富的阳光下,这种精神很难生长。

"不幸而生为富家子弟的人,他们的不幸,是因为他们从开始就背负着包袱而赛跑的。"卡耐基说,"大多数的富家子弟,总是不能抵抗财富所加于他们的试探,因而陷入不屑的生命中。这些人不是那些穷苦孩子的对手;对于这些小老板,你们'穷苦的孩子'无须害怕。但你们应当小心着,不要被那些比你们还苦,还苦得多,甚至他们的父母不能给予他们以任何学校教育的孩子,在事业上挑战你们,而终于超越了你们。应该注意那些走出小学,就得投身工作,而所做的又只是拖洗地板之类的工作的孩子,而最后胜利的恐怕都是这类人。"

为了脱离贫困的境地而奋斗,这种努力,最能造就人才。如果世人都是1年之中不为需要被迫去做工,人类文明到现在恐怕还在很幼稚的阶段吧。

回顾历史就可以知道,凡成功的人,大都是在逆境中长大的孩子。成功的人,大都是从困乏与需要的"学校"中训练出来的。大商人、发明家、科学家、大学校长、教授、演讲家、实业家,大都是需要的鞭棍驱策向前,为改善自己的地位的愿望而导引向上。

卓别林出身贫寒,小时候尝尽穷困的滋味。为了得到一些可以充饥的东西,他天天在路边的垃圾桶里寻找。在那种饥寒交迫的极端艰难的环境中,他仍坚信自己一定会成功。他在回忆录中这样写道:"我在孤儿院那段时期,由于饿着肚子,在街上到处游荡的时候,我还是一直告诉自己,有什么好抱怨的?有一天我一定会成为世界上最有名的喜剧演员,现在这种逆境,只不过是让我变得更坚强些而已。"

一个人最重要的是在不幸中保持自信。尝尽了穷困的滋味,卓别林的表演潜质也逐渐在艰难中成熟。我们看到的那个让我们含着泪微笑的"流浪汉"形象,正是卓别林自身的写照,正如卓别林自己所说:"我没有特别的天赋,我只是尽力去表达我自己。"

童年时那段悲惨遭遇成为卓别林情感体验的现实源泉。我们欣赏的"卓别林式幽默"因这种丰富的体验而得以升华:它不是轻浮肤浅的,而是凝重深刻的,不是虚伪造作的,而是真切动人的。卓别林因此而赢得巨大的成功,成为世界公认的表演大师、幽默大师。

可以这样说:"不幸造就了卓别林。"我们害怕不幸,然而人生无常,命运多变,谁又能料到什么时候不幸会不期而至呢?

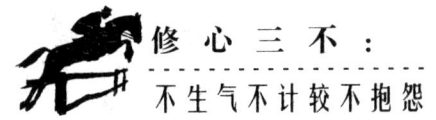
人必须承受生活的压力，这种压力会使人的潜能不致沉睡不醒，可以使人为了生存的需要而去努力奋斗。如果一个人养尊处优，那么他就很有可能望着他那一生也享不尽的财富而不去努力工作。只有那些近乎一无所有的人，才深知除了奋斗就没有第二条道路可走。幸运之神偏爱这些奋斗者，必定赐予和他们努力对等的成功。

优秀的人都不抱怨

优秀的人之所以优秀，就在于他们能承受磨难，而不是抱怨磨难。最好的才干诞生于烈焰，诞生于砺石之上的磨炼。奥里森·马登说："磨难并不是我们的仇人，而是我们的恩人。正是磨难使我们奋力前行的力量得以增强。这就好像那些橡树，经过千百次暴风雨的洗礼，非但不会折断，反而愈见挺拔。在克里米亚的一场战争中，有一枚炮弹毁灭了一座美丽的花园，弹坑却流出泉水，成了一眼著名的喷泉。这对经历磨难的人而言不啻是一个谶语。"

许多人不到穷途末路的境地，就不会发现自己的力量，而灾祸的折磨反而使他们发现真我。磨难也是一样，它犹如凿子和锤子，能够把生命雕琢出力与美来。磨难会激发人的潜力，唤醒沉睡着的雄狮，引人走上成功的道路，如同河蚌能将体内的泥沙化成珍珠一样。

牢狱生活能唤起真正的勇士心中沉睡的火焰。在马德里的监狱里，塞万提斯写出了著名的《堂吉诃德》；《鲁滨孙漂流记》一书诞生在牢狱中；一部《圣游记》也诞生在贝德福德的监狱中；瓦尔德·罗利爵士那著名的《世界历史》，也是在他被困监狱的13年当中写成的；马丁·路德被监禁的时候，把《圣经》译成德文。另外，但丁在他被放逐的20年中，仍然孜孜不倦地创作；约瑟尝尽了地坑和暗牢的痛苦，终于做到了埃及的宰相。

塞万提斯在监狱里穷困潦倒，甚至连稿纸也无力购买，只好在小块的皮革上

写作。有人劝一位富裕的西班牙人来资助他，可是那位富翁答道："上帝禁止我去接济他的生活，他唯因贫穷才使世界富有。"

音乐家贝多芬在两耳失聪、穷困潦倒之时，创作了最伟大的乐章。席勒病魔缠身15年，却在这一时期写就了最辉煌的著作。弥尔顿就是在他双目失明、贫困交加之时，写下他最著名的作品。也许正是因为如此，有人甚至说："如果可能，我宁愿祈祷更多的磨难降临到我的身上。"

一个年轻人，原来家境非常贫寒，常被那些家境富裕的同学取笑。在同学们的讥笑中，他立志要作出一番轰轰烈烈的事业来。后来，这个青年果然取得了成功。他说，自己在上学时所受到的各种讥笑是对他最好的磨砺。

近于绝望的境地最能激发人潜伏着的力量；没有这种经历，人们便难以显露真正的力量。很多成功人士都把自己所取得的成就归功于生理的障碍和奋斗的苦难。有人说，如果没有那障碍与苦难的刺激，他们也许只会发掘出他们1%的才能。足够的刺激可以使这一比例扩大5倍以上。

恩格斯说："不幸是一所伟大的学校。"此话极深刻。世界上只有一种不幸比任何不幸都不幸，那就是一辈子从未遇到过不幸。尽管谁都不愿意遇到逆境，但能让人变得聪明、成熟一点的办法只能是挫折、逆境，而不是其他。因此，你确实应该把逆境当作上天的恩赐，愉快地接受下来。到你老了的时候，莫说平庸的日子难于回忆得起，就是那些鲜花似海和掌声如雷的岁月也远没有遭受的挫折更值得回味。不信你看，说书唱戏哪个讲的不是困难、问题、挫折、斗争呢？四平八稳，一壶白开水肯定会乏味的。

不放弃就不算输

海明威的名著《老人与海》里面有这样一句话："英雄可以被毁灭，但是不能被击败。"

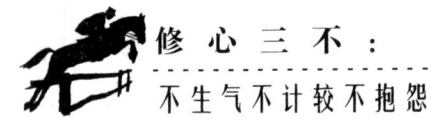

尼采说过这样一句名言："受苦的人，没有悲观的权利。"

英雄的肉体可以被毁灭，但是精神和斗志不能被击败。受苦的人，因为要克服困境，所以不但不能悲观，而且要比别人更积极。在冰天雪地中历险的人，也都知道，凡是在中途说"我撑不下去了，让我躺下来喘口气"的同伴，必然很快就会死亡，因为当他不再走、不再动，他就会很快被冻死。

在事业的战场上，我们不但要有跌倒之后再爬起来的毅力，拾起武器再战的勇气，而且从被击败的一刻，就要开始新的奋斗，甚至不允许自己倒下，不准许自己悲观。那么，我们就不是彻底输，只是暂时地"没有赢"罢了。

有位外资企业老总的办公室里，各种豪华的摆设、考究的地毯、忙进忙出的员工似乎在告诉参观的人，他的公司成就非凡。殊不知这位老总成功的背后，却藏着鲜为人知的辛酸史。他创业之初的头半年，就把所有存款都用光了。他因为付不起房租，一连几个月都以办公室为家。他因为坚持实现自己的理想，而拒绝了几家跨国企业的高薪诚聘。他曾被顾客拒绝过、冷落过，但欢迎他、尊敬他的客户和拒绝过、冷落他的客户几乎同样多。

8年艰苦卓绝的努力，他没有一句抱怨，他反而对手下员工们说："我还在学习啊。这是一种无形的、捉摸不定的生意，竞争很激烈，实在不好做，但不管怎样，我还是要继续学下去。"有一位员工看到他的老总清瘦但刚毅的面容，忍不住问："这几年来您感到过疲倦吗？"他大笑，说："没有，我不觉得辛苦，反而认为这是受用无穷的经验。"

这是一个成功者平常心深刻的再现，他认真、踏实、肯干。我们完全有理由相信，彪炳的功业，无一不受过无情地打击，只是这些成功者能坚持到底，终于获得辉煌成果。

天底下没有不劳而获的果实，如果能利用种种困难与失败，绝不轻言放弃，使你更上一层楼，那么一定可以达到成功。

不管做什么事，只要放弃了，就没有成功的机会；不放弃，就会一直拥有成功的希望。

如果你有99%想要成功的欲望，却有1%想要放弃的念头，这样便只能与成功无缘。

遇到困难，有的人在1个月之后放弃，有的人在2个月之后放弃，有的人在3个月之后放弃……这些人抱着这样的习惯和态度，是不可能成功的。因为，放弃本身也是一种习惯；放弃，代表你对困难的恐惧，对成功的恐惧。

不要因困难而变成一位抱怨的懦夫。当你尽了最大的努力还没有成功时，不要放弃，只要开始另一个计划就行了。

希腊一位名叫戴莫森的演说家，在他小时候，由于口吃、说话吐字不清而感到羞于见人。戴莫森的父亲留下一块土地，希望儿子富裕起来。然而，希腊当时有一条法律规定，某人在向社会公众声明土地所有权之前，首先要在公开的辩论中战胜所有人，否则，他的土地就会被没收，由政府公开拍卖。口吃，加上性格内向，戴莫森在辩论赛中败下阵来，失去了那块土地的所有权。在这次事件的严重刺激下，戴莫森认识到，失败很难使人坚持下去，而只要不放弃，成功就容易继续下去。从此他发奋努力，创造了希腊有史以来的演讲高潮。戴莫森成功了，他从此受到许多有同样口吃的老人、青年和孩子的崇拜。

拿破仑·希尔说，在放弃所控制的地方，是不可能取得任何有价值的成就的。轻言放弃是意志的地牢，它跑进里面躲藏起来，企图在里面隐居。放弃带来迷信，而迷信是一把短剑，伪善者用它来刺杀灵魂。

不管你做什么事情，如果你选对了行业，如果你切实渴望成功，只要你不放弃，就会到达成功的彼岸，幸福女神就会垂青于你。

有的人为了自己的梦想，可以坚持1年、2年，甚至10年、20年，有的人则能够坚持一辈子，至死不渝，在他们眼里，想要成功就不能放弃，放弃就一定不会获得成功。

你若不是逼迫自己走向失败、悲哀，就是正引导着自己攀向成功的最高峰，这完全取决于你如何去做，如何去想。如果你要求自己获得成功，并采取明智的行动，那么，你定会获得成功。

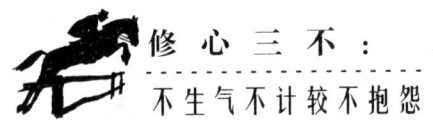
比别人更努力

如果问沃尔玛百货公司的董事长山姆·沃尔顿成功是什么，他会说："比别人更努力。"

如果问世界豪富保罗·盖蒂成功是什么，他会说："比别人更努力。"

如果问微软公司总裁比尔·盖茨成功是什么，他会说："比别人更努力，然后找一群努力的人一起来工作。"

如果问每个成功的人士成功是什么，他们都会说："比别人更努力。"

努力是成功的捷径，而且是成功必须付出的代价。要想比别人优秀，就要比别人更努力。

每一个成功者都是非常努力的，成功者有成功的方法，可是成功者一定是努力的。

一个伟大的艺术家要成就一件传世之作，不知道要吃多少苦头，不知道要经历过多少年的磨炼；一个作家要成就一部优秀的作品，不经过几番痛苦的思考是写不出来的；一支部队要赢得一场战役的胜利，就必须作出巨大的牺牲。这些画家、作家和战士，都是用艰苦的努力和辛勤的汗水铸就荣誉的桂冠。

奈迪·考麦奈西是第一个在奥林匹克体操比赛中获得满分的运动员。他说："我常对自己说，我一定能做得更好。要成为奥林匹克的冠军，你就得有不凡的地方，要比别人更吃得了苦。我不要过普通而平庸的生活，所以给自己确立的生活准则是：'不要想过简单容易的生活，而要追求做一个坚强有实力的人。'"

真正的冠军都明白，无论你有多么充分的借口，任何失败都是自己懒惰的后果。

"当一个人觉得不满意、不舒服和受折磨的时候，他才会得到最好的磨炼，"另一位金牌选手彼特·维德玛这样说，"每天，我都会把准备在体育馆里完成的项目列出清单，不管要花多少时间，没有把这些项目完成，我绝对不会离开。我每天的生活目标就是这样，只要走出体育馆，我都可以说今天已经尽力了。"

人才是磨炼出来的，人的生命具有无限的韧性和耐力，只要你始终如一、脚踏实地做下去，无论在怎样的处境，都不放松自我，不自暴自弃，你便可以创造出令自己和他人都震惊的成就。

"跬步不休，跛鳖千里"，跛脚的鳖也能走到千里之外，因为它总是不懈地向前走；"佛许众生愿，心坚石也穿"，态度坚决可以穿透顽石，足见心力的神奇。

成功的人永远比一般人做得更多，当一般人放弃的时候，他们总是在寻找如何自我改进的方法，他们总是希望更有活力，产生更大的行动力。有的人每天吃过量的饭，睡过头的觉，不做运动，不学习，不成长，每天都在抱怨，这又哪儿来的行动力？记住成功永远不在于一个人知道了多少，而在于采取了什么行动去做。

所有的知识必须化为行动，因为只有行动才有力量。

我们是凡人，生命不是无限的，不可能放弃自己的一切去听从别人的想法，由他操纵我们的一生。否则，到一定的时候，我们就会悔恨自己，也埋怨他人。与其如此，不如从现在开始就学会去计划自己的生活。

还等待什么呢？

不 抱 怨 的 世 界

在这个社会上，身不由己那是常有的事情。不抱怨把牙齿往身体里吞咽也是理所应当。有时候，在情绪低落的时候，总是会想起那些努力，却没有结果的人，他们都不曾放弃，或者从不曾想过放弃，既如此，我们为何要选择放弃？

第十七章 与其抱怨，
不如主动改变

　　没有一种生活是完美的，也没有一种生活会让一个人完全满意。如果抱怨成了习惯，就像搬起石头砸自己的脚，于人无益，于己不利，生活就成了牢笼一般，处处不顺，处处不满；但是当我们作出改变的时候，就会发现，自由地生活着，本身就是最大的幸福，哪会有那么多的抱怨呢？

抱怨不如改变

如果你想抱怨,生活中一切都会成为你抱怨的对象;如果你不抱怨,生活中的一切都不会让你抱怨。一味地抱怨不但于事无补,有时还会使事情变得更遭。

有这样一个故事:画家列宾和他的朋友在雪后去散步,他的朋友瞥见路边有一片污渍,显然是狗留下来的尿迹,就顺便用靴尖挑起雪和泥土把它覆盖了,没想到列宾对他说:"几天来我总是到这来欣赏这一片美丽的琥珀色。"在生活中,当我们一直埋怨别人给我们带来不快,或抱怨生活不如意时,想想那片狗留下的尿迹,其实,它是"污渍",还是"一片美丽的琥珀色",都取决于你自己的心态。

不要抱怨你的专业不好,不要抱怨你的学校不好,不要抱怨你住在破宿舍里,不要抱怨你的男人穷或你的女人丑,不要抱怨你没有一个好爸爸,不要抱怨你的工作差、工资少,不要抱怨你空怀一身绝技没人赏识你。现实有太多的不如意,就算生活给你的是垃圾,你同样能把垃圾踩在脚底下,登上世界之巅。

抱怨,是一件随时都会发生的事情。早上起床晚了,抱怨的人会想"唉!又要扣工资了",不抱怨的人会想"是不是我太累了,是该找个时间好好休息一下了";路上走路,与别人撞了一下,抱怨的人会想"没长眼睛啊",不抱怨的人可能根本就没意识到,最多会想"他也不是故意的";到了公司,有个同事对面走过连个招呼也没打,抱怨的人会想"对我有意见?我还懒得理你呢",不抱怨的人可能想都没想,最多会想"他也是想着做事,没留神";工作上辛辛苦苦完成了一个任务,自认为无可挑剔,哪知交上去了才发现还有个小错误,抱怨的人会想"为什么事先没想到啊,真是白辛苦了",不抱怨的人会想"我这么小心还是有疏漏,下次要吸取教训,要更加小心了";喝口水呛着了,抱怨的人会想"怎么这么倒霉,喝水都要

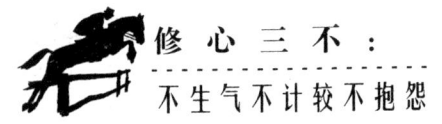
找我麻烦"，不抱怨的人会想"现在有点急躁了，沉稳一点"；吃饭咬到沙子，抱怨的人会想"谁洗的米，沙子都不去掉"，不抱怨的人会想"有沙子是正常的，怪我不小心没看到"；下班了，领导说大家留一下，晚上要开会，抱怨的人会想"又开会，怎么不在工作时间开啊？我女朋友的约会怎么办"，不抱怨的人会想"原来这就是鱼与熊掌不可兼得也"；晚上回到家，累得不行，抱怨的人会想"为什么生活会这么累啊"，不抱怨的会想"又过一天了，今天还真有不少收获，现在马上好好休息，明天还要好好工作"……

为什么抱怨的人会说活得这么累，因为他只看到了自己的付出，而没有看到自己的所得；而不抱怨的人即使真的很累，也不会埋怨生活，因为他知道，失与得总是同在的，一想到自己获得了那么多，他就会感到高兴。

没有一种生活是完美的，也没有一种生活会让一个人完全满意。如果抱怨成了习惯，就像搬起石头砸自己的脚，于人无益，于己不利，生活就成了牢笼一般，处处不顺，处处不满；反之，则会明白，自由地生活着，本身就是最大的幸福，哪会有那么多的抱怨呢？

不要害怕改变

每个人都希望自己能够得到上司的欣赏，得到同事的尊重；都希望自己的想法能够得到别人的肯定与重视。是的，人都是希望自己在他人的心目中是有分量的，在自己所从事的领域有分量。但是很多时候，这个分量并不是别人给你的，而是你自己为自己争取的。一个人如果总是很自卑，觉得自己的想法肯定不会得到别人的认可，那么他就没有勇气向别人去表达自己的看法。久而久之，别人就会把他当成是一个没有主见的人，也不会有人再去询问他的看法与观点。如果一个人很自信，或者说很看重自己，在一些事情上能够说出自己的独到见解，这会让周围的人形成一个良好的印象，时间久了，大家也就会越来越重视他的看法。

所以，自己的分量是由自己来决定的。任何时候，都不要看轻自己，一个不懂爱自己的人怎么能得到别人的爱呢？往往只有自信的人才更容易得到别人的尊重和重视。

有一个寓言故事能让我们有所收获。

有一天，龙王与青蛙在海滨相遇，打过招呼后，青蛙问龙王："大王，你的住处是什么样的？"龙王说："珍珠砌筑的宫殿，贝壳筑成的阙楼；屋檐华丽而有气派，厅柱坚实而又漂亮。"龙王说完，问青蛙："你呢？你的住处如何？"青蛙说："我的住处绿藓似毡，娇草如茵，清泉汩汩，白石映天。"说完，青蛙又向龙王提出一个问题："你高兴时如何？发怒时又怎样？"龙王说："我若高兴，就普降甘露，让大地滋润，使五谷丰登；若发怒，则先吹风暴，继而打雷闪电，让千里以内寸草不留。那么，你呢？"青蛙说："我高兴时，就面对清风朗月，呱呱地叫上一通；发怒时，先瞪眼睛，再鼓肚皮，最后气消肚瘪，万事了结。"

龙王的龙宫自然是令人羡慕的，豪华气派，青蛙自然不会有这样的环境，但是青蛙并没有因此觉得自己的环境就是不好的，就一味地去羡慕龙王，相反，它表现了自己的自信，让龙王看来它生活地同样快乐，居住的同样舒服。这就是劝解人们，人都是生而平等的，无论你贫穷或是富有，都不应该看不起自己或者看不起别人。但是在现实生活中有很多人总是顾影自怜，觉得自己什么都比不上别人，总是一副自卑的样子，这样的人怎么能得到别人的尊重。记住鲁迅的那句话吧——"不要把自己看成别人的阿斗，也不要把别人看成自己的阿斗！"

自卑的人往往很爱慕虚荣，害怕被别人瞧不起，所以总是会想尽办法让自己看起来高贵，看起来上档次，这样的人往往更容易让自己陷入困难的境地。

还记得《项链》中的马格丽特吗？那是怎样虚荣的一个女人啊！为了去参加一个舞会，向朋友借来了一条所谓的钻石项链，就是希望自己能够不被人看不起，的确，那天晚上她成了众人瞩目的焦点，但是一夜的狂欢之后发现自己把那条"昂贵"的项链丢了，这对本来就不富裕的家庭来说无异于雪上加霜，所以她付出了自己最宝贵的青春年华来偿债，当终于还清了债务的时候，她却得知自己最初

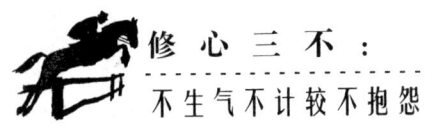
借到的项链是假的,根本不值多少钱。这样的结局多么具有讽刺意味啊!

她根本不懂得人的高贵和分量岂是一条项链带来的? 能不能让自己有分量更关键的是自己的态度,自己把自己定位在一个什么样的位置上。富裕的生活的确让人羡慕,因为可以做到很多穷人无法做到的事情,但是不富裕的生活就没有乐趣可言了吗? 就不能得到别人的尊重吗? 没有必要为了满足自己的虚荣心去刻意做自己根本没有能力做到的事情,只要自己自立、自强,生活得坦荡,即使是贫穷一些也不会有人看不起你。只要你自己能够看得起自己,只要你愿意为了自己的生活去努力,去拼搏,这就足够了。

一个人只有看重自己的分量,别人才会同样看得起你,所以一个人无论能力大小、地位高低、条件好坏、都应该有充分的自信,而不应该自感低人一等,这种平等观念是每个人都应具备的。

态度决定命运

有人问3个砌砖的工人:"你们在做什么呢? "

第1个工人没好气地嘀咕:"你没看见吗,我正在砌墙啊。"

第2个工人有气无力地说:"嗨,我正在做一项每小时9美元的工作呢。"

第3个工人哼着小调,欢快地说:"我正在建造这世界上最伟大的教堂! "

我们不妨设想一下他们3位的命运,前两位继续在砌着他们砖,因为他们没有远见,不重视自己的工作,不会去追求更大的成就。但那位认为自己在建造世界上最伟大的教堂的工人,一定不会永远是个砌砖的工人,也许他已经变成了承包商,甚至变成了很有名气的建筑设计师,说不定他还会继续向上发展。因为他善于思考,他当时对于工作的热情已经明显地表现出他想更上一层楼。

你可能很不喜欢你眼下的工作,你从工作中得不到丝毫的乐趣,但这并不是老板或单位领导的错。老板没有逼着你来他的公司上班,领导也没有强迫你在他的手下工作。当初,是你主动应聘到了这家公司;或者,是你托了关系好不容易才挤进了这家单位。你的历史,是你自己写成的。

老板待你很刻薄,领导压根儿就没把你当人才看,那么,你就炒他们的鱿鱼好啦。如果你不想炒他们的鱿鱼,就说明他们可能还没你说得那么可怕,那么需要改变的是你自己。

一个人的做事态度决定他一生的成就。你的工作,就是你生命的投影。它的美与丑、可爱与可憎,全操纵于你的手中。一个天性乐观、对人生充满热忱的人,无论他眼下是在洗马桶、挖土方,或者是在经营着一家大公司,都会认为自己的工作是一项神圣的天职,并怀着深厚的兴趣。对所干的事充满热忱的人,不论遇到多少艰难险阻,哪怕是洗一辈子马桶,也要做个最优秀的洗马桶人。

有时候我们应该站在老板或领导的角度换位思考一下,你挣人家的钱,拿人家的薪水就得给人家一个交代。这是作为一个人最起码的职业素养,也是良心与道德的问题。如果你的员工偷懒懈怠,你有何感想?再从自己的角度想一想,如果你想做一番事业,那就应该把眼下的工作当作自己的事业,应该有非做不可的使命感。你也许认为自己志向远大,要做轰轰烈烈的大事,而不适合做这些具体、琐碎的小事,可是你有没有想过,如果你连这些琐碎、具体的事情都做不好,你又怎么可能去做轰轰烈烈的大事呢?

假如你对你所做的事是出于被动而非主动的,像奴隶在主人的皮鞭督促之下一样;假使你对你所做的事感觉到厌恶,没有热忱和爱好之心,不能成为一种喜爱,而只觉得其为一种苦役,那你在这个世界上一定不会有很大作为。

一位中年人走进一家袜子店,一个年纪不到17岁的少年店员迎面询问到:"先生,您要什么?"

"我想买双短袜。"中年人看到这位少年眼睛闪着光芒,话语里含着激情。"您是否知道您来到的是世界上最好的袜店?"中年人一愣,发觉自己从来就没有思考过这个问题,因为他的需求仅仅是一双短袜,而走进这家商店纯粹就是一种偶然。

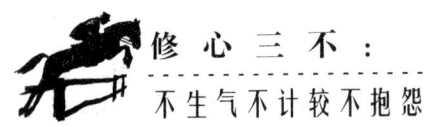
少年从货架上抱下一只只盒子,把里面的袜子展现在中年人的面前,让他鉴赏。"等等,小伙子,我只买一双。"中年人有意提醒他。"这我知道,"少年说,"不过,我想让您看看这些袜子有多美,多漂亮,真是好看极了!"

少年的脸上洋溢着庄严而神圣的狂喜,像是在向中年人宣讲他所信奉的宗教的玄理。中年人立刻对这个少年产生了兴趣,把买袜子的事情抛于脑后。他略犹豫了一下,然后对少年说:"我的朋友,如果你能一直保持这样的热情,如果这份热情不只是因为你感到惊奇,或因为得到了一个新工作——如果你能天天如此,把这种热心和激情保持下去,不到10年,你会成为著名的短袜大王。"

不管你的工作是怎样的卑微,你都应当以一种艺术家的精神投入其中。世界上没有卑微的工作,只有卑微的工作态度。只要全力以赴地去做,再卑微的工作也会变成最出色的工作,就像希尔顿所说的那样:"世界上没有卑微的职业,只有卑微的人。"

这就是问题的症结。如果你只把目光停留在工作本身,那么即使从事你最喜欢的工作,你依然无法持久地保持对工作的热情,而如果在拟定合同时你想的是一个几百万的订单,搜集资料、撰写标书时你想到的是招标会上的夺冠,你还会认为自己的工作百无聊赖、枯燥无味吗?

工作满意的秘密之一就是能"看到超越日常工作的东西"。一旦心情愉快起来,就会全身心投入,本来你觉得乏味无比的事情就会变得妙趣横生。这正是工作的本质所在。

假使你决意做每一件事,都能竭尽全力,你对工作就不会产生厌恶或痛苦的感觉。一切全视你的精神和你的态度,充沛的精神可以使最卑微的工作变得妙趣横生,颓废的精神可以使人对于最高尚的事务产生厌恶的感觉。

通用公司的人力资源负责人曾经这样说:"我们在分析应征者能不能适合某项工作时,经常要考虑他对目前工作的态度。如果他认为自己目前的工作很重要,我们就会觉得他很重要,即使他对目前的工作不满也没有关系。这个道理很简单,如果他认为他目前的工作很重要,他对下一项工作也可能抱着'我以工作成就为荣'的态度。我们发现,一个人的工作态度跟他的工作效率确实有很密切的关系。"

就像你的仪表一样,你的工作态度,也会对你的领导、同事、部属以及你所接触的每一个人表现出你的内心世界,你的价值取向。

这也就是说,你认为你是怎样的人,你就会变成怎样的人。因为你的思想不知不觉会使你变成你所想的那样,你对工作没有热情,表现得很消极,那你就不可能在工作上取得任何成就。如果你认为你很虚弱,你的条件不足,会失败等,这些想法会注定让你平平庸庸地过一辈子。

反过来,你如果认为自己很重要,有足够的条件,是一流的人才,自己的工作也确实很重要,那么你很快就会迈上成功之路。

不要被昨天的事情牵绊

时间是往前走的,我们也不能因为有了辉煌的昨天就忘记了明天的跋涉,已经取得的成就或者已经遭受的损失都是过去的事情了,要学会忘记过去,让自己重新开始,整装出发,抓住今天才是最关键的。

被世人尊称为"现代管理之父"的彼德·杜拉克曾说过一句很重要的话:"管理者要集中精力做好一件事,一条原则是不让'昨天'影响'今天',将不再具有生产性的'昨天'甩掉。"

过去的始终是过去的,没有必要沉溺其中,无论过去你怎么优秀,如果不能继续努力,最终还是只能平庸过完一生;无论过去你怎么不顺利,只要你愿意努力,坚持自己的梦想,今天总会比昨天进一步,相信明天的你将比今天更加优秀。

综观芸芸众生,有谁能一生都活得春风得意,一帆风顺,无波无澜?没有。成人世界的背后总有残缺,命运就如一叶颠簸于海上的小舟,时刻会遭受波涛无情的袭击。"万事如意"只不过是美好的祝福而已,在活生生的现实面前它显得总是

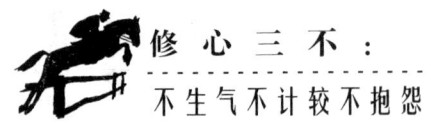
如此苍白无力。因此，我们应学会忘记，忘记过去生活中不如意的事带给我们的阴影。只要退一步想一想，给人类带来光明的太阳也有黑子，给我们以阴柔之美的月亮也有阴晴圆缺，我们就能渐渐地忘记昨天生活给我们带来的阴影，坦然地面对今天的太阳，微笑地迎接明天的生活。

疯狂英语的创始人李阳先生，现在可以说成为了英语学习的代言人，他练就的一口纯正英语是天生的吗？答案当然是否定的。他在高中时候的学习成绩并不理想，甚至有过退学的念头，上了大学之后，他在大一、大二也多次补考英语。面对这种情况，很多人都会选择放弃，因为他会觉得自己就是不行，以前一直都不好，以后怎么会学好呢？所以总是会怀疑自己，其实就是走不出自己过去的阴影。如果他不能从以前的阴影中走出来，他能成为今天的李阳吗？李阳曾说他的家庭教育是打击式的，家长会说他这不行那不行，这肯定会给自己的自信心造成很大的影响，然而，李阳没有被过去的不理想牵绊，反而更成了他前进的动力。他不会把自己当成一个英语很弱的人来看自己，他只会往前看，把自己的努力放在每天的疯狂练习中，所以，在大一、大二英语还是弱科的他，大四的时候已经开始出入各种场合做起翻译了。他是怎么做到的？他的努力自然是最关键的因素，但是如果他没有彻底抛开过去的失意，他的成功也许会来得很晚。

李阳小时候是一个性格非常内向的人，不敢和别人交流，能去买一瓶酱油就是很成功的事了，当多年以后，他成为一位善于与别人交流的大家，他的父母看到他的表现都会很惊讶地问："那是李阳吗？"

李阳从一个性格内向的人，变成了今天可以在上万人面前流利地说英语，传授自己的疯狂英语，这样的转变不是很大吗？如果从他小时候的性格来看，谁能相信他会成为今天的李阳呢？这就说明了今天的你完全可以彻底颠覆昨天的形象，只要你愿意去改变，只要你不被昨天牵绊。

不要被昨天的事情牵绊。或许，昨天的事情可能在我们心里留下了深深的烙印，或者使我们对一切有了固执地认识，昨天那些不能忘却的点滴，让我们对生活的态度偏离了方向，迷惑了原本最真实的感觉，我们的思想不再清澈了，不再有勇气站在那里纯粹地微笑,情真意切地去做感动别人的事情了。不要跟昨天过不去了,不要再揪住昨天的自己不放了。当亮丽的思想在今天被打开时,我们会说,原来昨天也会是一段历史,发生过的一切事情其实已经变得不再重要了。我们在和自己的较量中成长起来了,在心灵那个最大的战场上,我们闯了过来。如果一味沉醉于昨天的成功或昨天的失败,我们便很可能会输掉今天的努力。

心态归零,坚持改善

有一个篮球明星,曾经红极一时,后来沦落到一家洗车店里打工。老板要求他在擦车时摘下冠军戒指,以免将车划伤,但遭到了他的拒绝。他说,那枚戒指是他剩下的唯一荣耀,如果把它拿走,他就会崩溃。结果他被洗车店解雇了。

有一个股民,一开始的时候几乎没有什么钱,后来炒股发了家,就对此神魂颠倒,但是一次选择失误,所有的钱被套住,他又回到了起步时候的情况,情绪失控就跳楼自杀了。

有一个老板,自己创业,白手起家,企业做得很大,但是一次决策失误,企业一下轰然倒下,老板们无法面对这种情况,觉得自己无法再过普通人的生活,便意志消沉地混起日子,最后郁郁而终。

上面这3个人经历不同,但有一个共性,就是成功了一次之后,再成功第二次却很难。让他们回到起跑线上,心态上便承受不了了,总是还停留在过去的成功之中。

这些人的缺少一种叫做“归零”的心态。什么是归零心态呢?就是无论你现在是底层员工,还是公司老板,永远把自己放在一个很低的位置上,一切从零开始,永不满足自己的现状。

为什么惠普女总裁卡莉·菲奥莉娜说“惠普离破产还有12个月”?为什么三星总裁李健熙说“除了妻儿,什么都要变”?这些企业家给我们的启示是,如果你的

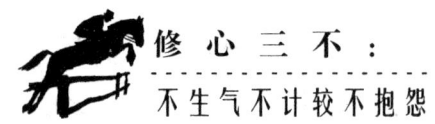
心态不归零，始终觉得自己足够好了，那你就很容易被竞争所击败。

瓦雷让是法国西部的一个著名商学院的学生，在校期间，非常活跃，表现也十分优秀。不过，最近他的工作让他十分郁闷。他觉得，他所从事的工作和当初的想象差别太大了，这不是他希望的工作，他要寻求改变。

"经理，我感到这份工作和我当初的想法有些差距，这不是我希望的工作，我要辞职。"周一的早晨，瓦雷让把自己的辞职信放在了总经理的办公桌上，一脸的沉重。

"哦？你当初怎么想的，现在又是在做些什么呢？"总经理说。

"我觉得，我的能力可以承担更大的责任，而不仅仅是这些琐碎的日常工作。"瓦雷让说。

"嗯。不错，小伙子。你很有潜力，但你应该正视你的缺点。我来告诉你，昨天你给我的市场研究报告，总共有12处错误，很多错误都是致命的。你知道这些错误是什么吗？"总经理问瓦雷让。

"怎么可能？那可是我费了很大的力气才完成的。"瓦雷让说。

"瓦雷让，你现在的错误，可以由我来给你修改，如果我有错误的话，就会直接给公司带来损失。你知道咱俩换换职位会有什么结果么？手中的事情都做不好，怎能去承担更大的责任？瓦雷让，我明白你的想法。你在大学校园里，呼风唤雨，风光无限；到了公司，你就是一个新兵，是一个普普通通的员工，你的能力可以在平时工作中体现。到了一个新的环境，你就需要有新的心态。初入职场，你必须忘掉校园里的表现，无论是优秀的，还是糟糕的。把你的心态归零，是你顺利工作的第一步。你的辞职信暂时放我这里，如果你在明天上午之前，还是坚持你的想法的话，我可以答应你的要求。"总经理说。

"经理，对不起。我想我应该收回我的辞职信。"瓦雷让说。

很多的研究生、博士生，像瓦雷让一样"出身名门"，在大学里也是有口皆碑的好学生，但是到企业里面却吃不开，甚至找不到工作。因为这些人从一毕业就没有把自己的姿态放低，不能接受从底层认认真真地做事情，总是以为自己就应该获得重用,事实上他们还差得很远。

如果你也遇到了这样的问题,不要抱怨你的老板对你的才能视而不见,把心态归零,从小事做起,总会有一天,你的老板会说你既有才华又值得信赖,交给你更多的责任。

另外,有很多老员工,他们在公司拼搏了很多年,帮助企业取得了发展,有的人还是企业的"开国元勋"。但是企业发展好了,这些人反倒满足于现状,抱着"吃老本"的心态混在公司,稍有不如意,就摆出老资格的姿态发脾气,增加了企业管理上的难度,变相增加了管理成本。结果企业不是越做越好,反而越做越差。

还有一些精英,有着多年的行业经验、出众的个人能力、卓越的业绩以及良好的业界口碑,被企业挖去做经理人。但是,过去只能意味着结束,如果过于看中过去,过去也就成了包袱。也许正是这样,太多不适应新环境,临场发挥失常的职业经理人,最后抱憾离去。

这些人都没有很好的做到心态归零,所以他们只能取得暂时的成功,却无法将小的成功变成大的成就,不能让自己从优秀走向卓越。

心态归零,是为了更好地前进,为了取得更大的成功。心态的每次归零都将是一个自我完善的过程,一个自我提高的机会。让我们时刻保持清醒的头脑,为下次进攻做更好的准备。我们时刻会面临着新的工作环境,会遇到新的问题,这意味着我们过去的辉煌已经结束,必须时刻为新的开始做好准备。

如何做到归零心态呢?就是把每一天都当作崭新的开始,把自己的姿态放到最低,坚持不懈地改善。永远不要去想你已经有多好,而是眼光紧盯着你下一个阶段的更大的目标。永远不要去想别人有哪些缺点,而是想自己还有哪些不足。

商业环境日新月异,当别人都在拼命进步的时候,你还在"原地踏步"的话,等于把机遇拱手让给了别人。如何让成功从一句空话变成现实?答案就是:心态归零,坚持不懈地改善。

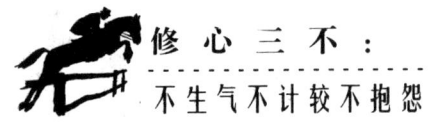
面对挫折不气馁

一场大火，把实验室烧成一片瓦砾。爱迪生研究有声电影的所有资料和样板被烧成灰烬。他的老伴难过得哭了出来："多少年的心血，叫一场火烧了个精光。而今你已年迈力衰，这可怎么办啊！"爱迪生也很伤心，但他绝不会由此趴下。发明电灯时，他就先后试验了7 600多种材料，失败了8 000多次，仍不气馁，终于获得成功。眼下这场火灾也同样不能使他后退。爱迪生对老伴说："不要紧，别看我67岁了，可是我并不老。从明天早晨起，一切都将重新开始。"

你才多少岁？17岁，27岁，37岁？遇到挫折的时候有这种豪情和勇气吗？"一切都将重新开始"，多么简单的一句话，却有千钧重。什么时候你能够举重若轻地说出这句话，就是你可以坦然面对失败之时。

19世纪法国著名的科幻小说家儒勒·凡尔纳的第一部作品《气球上的五星期》一连投了15家出版社，均不被赏识，第16次投稿才被接受；美国作家杰克·伦敦最初投稿，也没有一家出版社愿意发表，以致他不得不去干苦力。后来他的《北方故事》被一家有眼力的《西洋月刊》看中，一举成名；丹麦著名童话家安徒生处女作问世，有人知道他是一个鞋匠的儿子，即攻击他的作品"别字连篇"、"不懂文法"、"不懂修辞"。但他毫不气馁，笔耕不辍，终于成名……

你能够把挫折当动力吗？他们之所以能够不为拒绝和嘲笑所动，是因为他们心中的自信。因为相信自己，所以他们可以把挫折当动力，对未来充满期待。

人生活在这个世界上，本来就不是件容易的事情，尤其是在这样一个竞争如此激烈的现代社会中，所以我们必须要学会承受一些痛苦，一些磨难……在前进的路上，或许暂时会有些疲倦，或许需要稍作调整，但当然要继续走下去，始终相信成功会来临。

追求幸福是每个人的权力，也是与生俱来的责任，生活中所有的不如意或许就是在考验着我们。也许成功和幸福就在身边,但它却像个少女一样,充满羞涩,得到它需要力量,需要永不放弃地去追求,因为一切美好的事物总要努力去追求才能得到。

选择正确就坚持下去

1832年,林肯失业了,这显然使他很伤心,但他下决心要当政治家,当州议员。糟糕的是,他竞选失败了。在1年里遭受两次打击,这对他来说无疑是痛苦的。

接着,林肯着手自己开办企业,可一年不到,这家企业又倒闭了。在以后的14年间,他不得不为偿还企业倒闭时所欠的债务而到处奔波,历尽磨难。

随后,林肯再一次决定参加竞选州议员,这次他成功了。他内心萌发了一丝希望,认为自己的生活有了转机:"可能我可以成功了。"

1835年,他订婚了。但离结婚还差几个月的时候,未婚妻不幸去世。这对他精神上的打击实在太大了,他心力交瘁,数月卧床不起。

1836年,他得了神经衰弱症。

1838年,林肯觉得身体状况良好,于是决定竞选州议会议长,可他失败了。1843年,他又参加竞选美国国会议员,但这次仍然没有成功。

1846年,他又一次参加竞选国会议员,最后终于当选了。2年任期很快过去了,他决定要争取连任。他认为自己作为国会议员表现是出色的,相信选民会继续选举他。但结果很遗憾,他落选了。

因为这次竞选他赔了一大笔钱,林肯申请当本州的土地官员。但州政府把他的申请退了回来,上面指出:"作本州的土地官员要求有卓越的才能和超常的智力,你的申请未能满足这些要求。"接连又是2次失败。

然而林肯没有服输。1854年,他竞选参议员,但失败了;2年后他竞选美国副

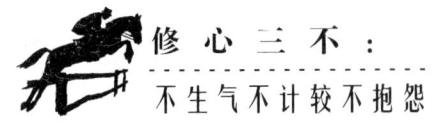
总统提名,结果被对手击败;又过了2年,他再一次竞选参议员,还是失败了。

林肯尝试了11次,只成功了2次,可他一直没有放弃自己的追求,他一直在做自己生活的主宰。1860年,他当选为美国总统。

和林肯比起来,奥巴马简直太幸运了,他只经历过一次重大挫折。然而,他们的共同点是,如果在挫折之后放弃了,就不能成为总统。姑且不谈林肯的政绩,就冲他这种历尽磨难,仍要坚持挑战挫折的精神,我们就不得不肃然起敬。毕竟,不是谁都可以做到的。

人这一生,谁也逃避不了失败和挫折。摔倒了并不可怕,可怕的是摔倒了之后不肯爬起来,不敢走下去。有太多人做了懦夫,面对困境长吁短叹、愁眉苦脸、茶饭无味、怨天尤人,把失败归咎于命运和社会,最终一事无成。

没有岩石的阻挡,哪能激起美丽的浪花? 不要因为曾经有过失败,就以为成功与你无缘,就给自己孜孜以求的梦想画上句号。是对的,就坚持走下去。

你有多么渴望成功

有两个一心渴望成功的年青人,一直在想办法让自己成功。所以他们也经常请教很多身边的成功者,有人让他们请教一位住在海边的哲学家。

第二天,他们两人就开始出发去寻找那位哲人。他们决定两个人各自去请教哲人。

第一天,一位年轻人来到了哲人住处,年轻人表明了来意——请教怎样才能使自己成功的秘诀。哲人什么话也没有说,只是把他带到了海边,一直把他拉进海水中,突然哲人用力把年轻人一头按进水中,年轻人越挣扎,哲人越是往水里按,年青人用尽全力终于挣脱了哲人,一边吐着大气,一边盯着哲人。哲人却平静地问年青人:"这回你明白了吗?"年轻人一脸迷惑的样子。"如果你渴望成功的心情有现在急切想呼吸这般迫切的话,那么你离成功就不远了"哲人对年轻人说。

　　第二天，另一位年轻也去找了那位哲人，年轻人表明来意之后，哲人还是没说什么，同样把他带到海边，年轻人以为也要把他拉到水里去了，可这次没有。哲人慢慢地从口袋中掏出一粒珍珠，然后把它丢在沙滩中再让他从中把它拾回来。年轻人很快找到了那颗珍珠放到了哲人手中。接着哲人从沙滩中拾起一粒沙子，又丢进沙滩中再让年轻人去拾回那粒沙子。这回年轻人为难地说："这么多一模一样的沙子，而且那粒又这么小，我怎能找得到呀？""这回你明白吧。想要成功就要努力地成为沙滩中的那颗珍珠，你现在还没有成功，是因为你还是千百万中的一粒普通的沙粒，别人看不到你有什么特点和你的亮点，如果你想成功就必须努力地成为像沙滩中的珍珠般夺目，让人一眼就能看出你的与众不同。"这就是哲人告诉年轻人的又一种成功的哲学。后来，这两位年轻人，在他们的事业上都有了很大的成就，两人都拥有了自己的公司。

　　这两个年轻人得到的忠告，正是成功的秘诀。成功是蕴藏于心底的一份强烈渴望，甚至是一个梦想。你必须对成功有强烈的渴望，才有可能在以后漫长的奋斗过程中保持热情，让自己成长得与众不同。

　　现实中，很多人都拥有渴望成功的热情，但这热情太短暂，不足以支持你走到最后。想要达到某个目标之前，问问自己，我到底有多渴望成功？

　　飞人乔丹谁都知道，但是你们可能不知道，乔丹在高中的时候，连高中篮球校队都没有办法加入，他的教练看完他打球后，跟他说："你这个人有两个问题：第一个呢，你的篮球技术不太好；第二个呢，你的身高只有1.70米，实在太矮了，以后不可能打大学篮球，更不可能进入NBA。"乔丹听了这两句话，说："教练，假如你觉得我身高不够高，我会想办法长高。"

　　我们知道，迈克尔·乔丹的身高是1.98米。他的父亲曾经接受记者的访问，记者说："请问你，乔丹家族全部没有人身高超过1.80米，为什么乔丹可以长到1.98米？"他的父亲告诉记者，是乔丹渴望成功的企图心，让他身高长高了28厘米。

　　连身高都可以靠强烈的动机长高，不可思议吧？然而，乔丹虽然开始慢慢地长高，但由于技术不够，教练还是不让他加入球队。他就跟教练谈判，说自己只要

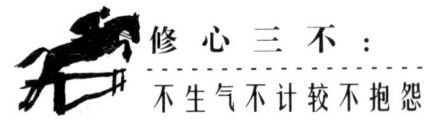

求跟那些优秀的球员一起练球,自己不出场比赛,愿意帮所有的球员拎行李,他们流汗的时候帮他们递毛巾,他只求跟这些球员练球。他的态度感动了教练,于是教练给了乔丹机会。这之后,在乔丹身上产生了什么奇迹,我们都知道。

奇迹是怎么产生的,从乔丹身上你能看到吗?你对梦想的热情、对成功的渴望的力量势不可挡。世界上没有一样东西可取代毅力。除非你放弃,否则你就不会被打垮。人们往往高估自己所欠缺的,却又低估了自己所拥有的。如果你对成功的渴望激情四射,那么你就迈出了成功的第一步。

这是你最艰难的时候吗

通常,在心理学家考克斯讲演完后,总有人来找他说:"嗨,我现在的处境糟糕透了,我必须好好和你谈谈。"

考克斯此时就会反问他们:"这难道是你一生中最艰难的时刻吗?"

这往往让他们无语而陷入沉思。

"不是,"他们往往答道,"现在这个远不及最困难的时候。"

"那好。"考克斯接着说,"如果我们用你度过最艰苦时刻的状态去应付现在的话,你将会很快度过面前的这个难关。"

如果这不是你最艰难的时刻,你当然不必害怕,全力应对它就是了。即便你觉得遭遇了人生中最艰难的处境,也不必灰心,永不绝望的人将会永远有希望。

"奋力向前,即使时运不济,也永不绝望,哪怕天崩地裂。"这是李·艾柯卡的座右铭,他曾是美国福特汽车公司的总经理,后来又成为了克莱斯勒汽车公司的总经理。

数年前,年纪轻轻的艾柯卡靠自己的奋斗,由一名普通的推销员,终于当上了福特公司的总经理。但是,1978年7月13日,他被妒火中烧的大老板亨利·福特开除了。当了8年的总经理,在福特一帆风顺地工作了32年,从来没有在别的地方工作过的艾柯卡，突然间失业了。昨天他还是英雄，今天却好像成了麻风病患者，人人都远远避开他，过去公司里的朋友都抛弃了他，这是他生命中最大的打击。"艰苦的日子一旦来临，除了做个深呼吸，咬紧牙关尽其所能外，实在也别无选择。"艾柯卡是这么说的，最后也是这么做的。他没有倒下去。他接受了一个新的挑战：应聘到濒临破产的克莱斯勒汽车公司出任总经理。

艾柯卡，这位在世界第二大汽车公司当了8年总经理的事业上的强者，凭他的智慧、胆识和魄力，大刀阔斧地对企业进行了整顿、改革，并向政府求援，舌战国会议员，取得了巨额贷款，重振企业雄风。1983年8月15日，艾柯卡把面额高达8.1348亿美元的支票，交到银行代表手里。至此，克莱斯勒还清了所有债务。而恰恰是5年前的这一天，亨利·福特开除了他。

成功人士之所以能成功，是因为他们当初选择了正确的举动。如果被福特开除后，艾柯卡没有接受新的挑战，那么今天我们肯定不知道他是谁。

面对困境的时候，也可以垂头丧气地哭泣或哀号；也可以把恐惧和烦恼暂时放在一边，唱首动听的歌，放松自己，也鼓舞别人。顺便想想看这是不是自己所遇到的最棘手的问题。如果不是，就乐观看待；如果是，就奋力一搏。毕竟，拿到什么牌不重要，如何打好才是关键。

不抱怨的世界

遇到挫折的时候，不用灰心，反省自己哪里出问题了；别人成功的时候，不用羡慕，反省自己哪里做得不如别人；生活平静的时候，不要麻木，反省自己哪些方面需要改进。一个懂得时刻自我反省的人，才不会一次又一次地犯同一类错误，才能更好地提升自己能力。

第十八章　拒绝抱怨，

远离各种借口

制造和接受借口都会产生一系列问题，从愤恨、抱怨、推诿、卸责、拖延发展成为部分或全部失败的恶性循环。经常意识不到自己正在找借口，因为这已经成为一种无知的、下意识的习惯，而这一习惯更因为和其他借口制造者的联合而变得更加顽固。"没有任何借口"是唯一的、完整的、没有国界的获得个人、企业和组织成功的方法；它是建立在自我责任、目标、服从、正直、宽容、自尊和稳固基础上的简单的、可操作的核心价值观和行动计划，帮助你重塑团队，并将你和你的团队带往更高水平。

没有任何借口

著名的美国西点军校有一个历史悠久的传统,那就是遇到学长或军官问话,新生只能有四种回答:

"报告长官,是。"

"报告长官,不是。"

"报告长官,没有任何借口。"

"报告长官,我不知道。"

除此之外,不能多说一个字。

新生可能会觉得这个制度不近情理,例如军官问你:"你的腰带这样算擦亮了吗?"你的第一反应必然是为自己辩解。但遗憾的是,你只能有以上四种回答,别无其他选择。

所以对待刚才上面的那个问题,你也许只能说:"报告长官,不是。"

如果军官再问为什么,唯一的恰当回答只有:"报告长官,没有任何借口。"

这四种回答方式,一方面是要新生学习如何忍受不公平——人生不可能永远公平;另一方面也是让新生们学习必须勇于承担责任:现在他们只是军校学生,恪尽职责可能只要做到服装仪容的要求即可,但是日后他们的责任却关乎其他人的生死存亡。因此,必须"没有任何借口"。

从西点军校毕业的学生许多后来都成为了杰出的将领或商界奇才,不能不说这与在西点军校培养成的"没有任何借口"的观念存在着密切的关系。

真诚地对待自己和他人是明智和理智的行为,在很多情况下,与其为了寻找借口而绞尽脑汁,不如坦率地对自己或他人说"我不知道"。

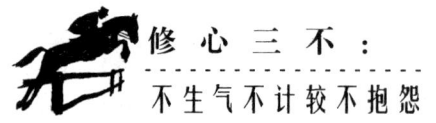
这是诚实的表现，也是对自己和他人负责的表现。

齐格勒曾经这样说过："如果你能够尽到自己的本分，尽力完成自己应该做的事情，那么总有一天，你能够随心所欲从事自己要做的事情。"

所谓尽自己的本分就要求我们勇于承担责任，承担与面对紧密相关，面对是勇于正视问题，而承担意味着让自己担当起解决问题的责任。因此可以这样理解，没有面对问题的勇气，承担就没有基础；没有承担责任的能力，而面对就没有价值。

假如一个人除了为自己承担之外，还能为他人承担，他就会无往而不胜。这就是"没有任何借口"这种信念的真谛。

在日本的零售业巨头大荣公司曾有这样一个故事广为流传：两个年轻人刚进入公司不久，被同时派遣到一家大型连锁店做一线销售员。一天，这家店在清查账目的时候发现需要交纳的营业税比以前多了很多，经过仔细检查后发现，原来是两个年轻人负责的店面将营业额后面多打了一个零。面对这样的事件，两人来到经理的办公室，当经理问及此事时，两人开始都对此面面相觑，但账单就在面前，不容抵赖。在一阵沉默之后，两个年轻人分别开口了，其中一个解释说自己刚开始上岗，难免有些紧张，而且对公司的财务方案还不是很熟，所以出了差错。而另一个年轻人却没有作太多的解释，他只是对经理说，这的确是他们的过失，他愿意用两个月的奖金来作为对公司的补偿，同时他保证以后再也不会犯同样的错误。走出经理室，最先说话的年轻人对勇于承担的年轻人说："你也太傻了吧，两个月的奖金，那岂不是白干了？这种事情咱们新手说说就行了。"后者轻轻地笑了笑，没有说什么。在这以后，公司里好几次培训的机会，每次都是勇于承担的年轻人能够获得这样的机会。另一个年轻人开始坐不住了，他跑去质问经理为什么对待他们两人如此不公平。经理没有多说什么，只是对他说："一个事后不愿承担责任的人，不值得团队的信任与培养。"

人们大都习惯于替自己寻找、搜罗各种借口，而很少有人敢于完全承担责任，所以，那些敢于说"没有任何借口"的员工，才是精英员工。

一个被下属的"借口"搞得焦头烂额的经理无奈之下在办公室里挂上了这样的标语:"这里是'无借口区'。"

后来他又宣布,9月是"无借口月",并告诉所有员工:"在本月,我们只解决问题,任何人都不要找借口。"

一位顾客打来电话抱怨该送的货迟到了,物流经理马上说:"的确如此,货迟了,下次再也不会发生了。"随后他安抚顾客,并承诺补偿。挂断电话后,他说自己本来准备向顾客解释迟到的原因,但想到9月是"无借口月",也就没有找理由而是立刻把顾客的问题解决了。

没想到,后来这位顾客专门向公司总裁写了一封信,评价了在解决问题时他享受到的出色服务。他说这次没有听到千篇一律的托辞令他颇感意外和惊喜,他赞赏公司的"无借口运动"是一项伟大的运动。

借口与责任相关,高度的责任心才有可能产生出色的工作成果。要做一名优秀员工,就要做到没有借口,勇于负责。

借口是对懒惰的纵容

工作中只有两种行为:要么努力挑战困难完美执行,要么避重就轻寻找借口。前者可以带来成功,而后者只能走向失败。

无论什么工作,都需要这种不找任何借口去执行的人。对我们而言,无论做什么事情,都要记住自己的责任,无论在什么样的工作岗位上,都要对自己的工作负责。不要用任何借口来为自己开脱或搪塞,完美的执行是不需要任何借口的。

一位长期在公司底层挣扎,时刻面临着失业危险的中年人来看心理医生。医生问他发生了什么事。他神情激昂地说:"我怎么也睡不着,想不通。"然后开始抱怨公司老板如何不愿意给自己机会。

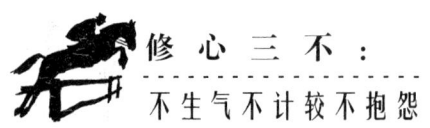
"那么你为什么不自己去争取呢？"医生说。

"我曾经也争取过，但是我不认为那是一种机会。"他依然义愤填膺。

"你能说得具体点吗？"

"前些日子，公司派我去海外营业部，但是我觉得像我这样的年纪，怎么能经受如此折腾呢？"

"为什么你会认为这是一种折腾，而不是一种机会呢？"

"难道你看不出来吗？公司本部有那么多职位，却让我去如此遥远的地方。我有心脏病，这一点公司所有的人都知道。"

医生无法确认这位先生是否真的得了心脏病，但他已经知道了这位先生的"病根"，那就喜欢在困难面前为自己找借口。

于是，医生给他讲了一个与他的情形截然相反的故事，故事的主人公就是体育界的成功者罗杰·布莱克。

罗杰·布莱克的杰出并不仅在于他非凡的令人瞩目的竞技成绩——他曾经获得奥林匹克运动会400米银牌和世界锦标赛400米接力赛金牌，而更让人心生触动的是，所有的成绩都是在他患有心脏病的情况下取得的。

除了家人、亲密的朋友和医生等仅有的几个人知道其病情外，罗杰·布莱克没有向外界公布任何消息。带着心脏病从事这种大运动量的竞技项目，不仅很难有出色的发挥，而且有可能危及生命安全。第一次获得银牌后，他对自己依然不满意。如果他告诉人们自己真实的身体状况，即使在运动生涯中半途而废，也会获得人们的理解。但是罗杰却说："我不想小题大做。即使我失败了，也不想将疾病当成自己的借口。"作为世界级的运动员，这种精神一直存在于他的整个职业生涯中。

医生刚讲完罗杰·布莱克的事，这位中年先生就走出了医生的治疗室。

那些认为自己缺乏机会的人，往往是在为自己所面临的困难寻找借口。成功者不善于也不需要编制任何借口，因为他们能为自己的行为和目标负责，也能享受自己努力的成果。

在工作中，我们每个人都应该发挥自己最大的潜能，努力地工作而不是浪费时间寻找借口。要知道，公司安排你在这个职位，是为了解决问题，而不是听你对困难的长篇累牍的分析。

习惯性的拖延者通常是制造借口与托辞的专家。他们经常为没做某些事而制造借口，或想出各式各样的理由为事情未能按计划实施而辩解。"这个工作做起来难度太大"、"客户不回信我有什么办法"、"这段时间实在太忙，把这件事给忘了"、"这么大的工程只给这么点时间，怎么可能完成"、"什么样的工作条件出什么样的活"等，听上去好像是"理智的声音"、"合情合理的解释"。但不论借口是多么的冠冕堂皇，借口就是借口，它所能带给你的结果，一点也不会因你的借口如何完美而有丝毫改变。

在工作中找借口是最愚蠢的人都能想到的办法，更是世界上最容易办到的事情，如果你存心拖延逃避，你总能找出借口。找借口是一种很不好的习惯。出现问题不是积极、主动地加以解决，而是千方百计地寻找借口，你的工作就会拖沓，以致没有效率。借口变成了一面挡箭牌，事情一旦办砸了，就能找出一些看似合理的借口，以换得他人的理解和原谅。一般情况下，我们找借口无疑是为了把自己的过失掩盖掉，心理上得到暂时的平衡。但长此下去，借口成习惯，人就会疏于努力，不再想方设法积极进取了。

有多少人因为把宝贵的时间和精力放在了如何寻找一个合适的借口上，而耽误了自己的前程。有多少人因为工作不努力、不认真，一见困难就找机会推脱，一出问题就找借口掩盖，而错过了一次又一次挑战自我争取成功的机会。

罗斯是公司里的一名老员工，专门负责跑业务，业绩一直不错。有一次，他负责的一笔业务突然被别的公司抢先拿走了，给公司造成了一定的损失。事后，他向公司领导解释说，因为自己的腿伤发作，比竞争对手晚去了半个小时。公司领导知道他工作一直很卖力，而且腿伤也是因前几年出差受伤的，所以并未对他有任何责备之意。

其实罗斯的腿伤并不严重，只有仔细去看才会觉得他有点跛，但根本不影响

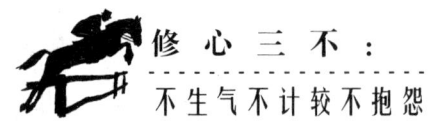
他的形象，也不影响他的工作。可不幸的是，罗斯自从用这个借口将责任推脱过去后，心里得意极了。以后每当公司要他出去联络一些困难较大的业务时，他都以他腿不行，不能胜任这项工作为借口而推诿。

公司领导开始还挺注重他的能力，但因为他经常推脱，时间一长，就渐渐将他忘了，一有重大任务便委派别的业务员去做。罗斯见领导不再将一些困难的任务交给自己，心里还暗自庆幸自己的明智。心想，这种费力不讨好的任务，谁爱做谁去做，完不成任务那才丢人呢。

从此以后，罗斯将大部分时间和精力都花在如何寻找更合理的借口上，一碰到难办的业务能推就推，好办的差事能抢就抢。而无论什么样的业务一旦没有完成，他就找出种种借口为自己开脱。

1年后公司按绩效施行裁员，罗斯列在被裁名单的第一位。公司领导将他叫进办公室，对他说："你为公司负过伤，以前干得也不错，公司最不该裁的就是你，但是你这1年都干了些什么？绩效几乎是零，而更重要的是作为一名老员工，你已在公司内部造成了负面影响……因此，公司只能让你走。"

罗斯刚要张嘴说什么，公司领导立即说道："你不要再对我讲什么理由，这1年我听够了，你去财务办手续吧。"

在任何一家公司或者企业中，那些企图靠种种借口来蒙混公司、欺骗管理者的人，最后只能落得像罗斯一样的下场。他们不尊重自己，却企求别人对他们的尊重；他们不尊重工作，却梦想从工作中得到一切。这种毫无责任心的人在社会上也不会被大家信赖和尊重。

借口是对惰性的纵容。每当我们要付出劳动，或要作出抉择时，总想让自己轻松些、舒服些。这时借口总是在我们的耳旁窃窃私语，告诉我们因为某原因而不能做某事，久而久之，我们甚至会潜意识地认为这是"理智的声音"。假如你有此类情况，那么请你做一个实验，每当你使用"理由"一词时，请用"借口"来替代它，也许你会发现自己再也无法心安理得了。

一个人在面临挑战时，总会为自己未能实现某种目标找出无数理由。正确的做法是,抛弃所有的借口,找出解决问题的方法。因为那些实现自己的目标,取得成功的人,虽然成功的因素各不相同,也并非都有超凡的能力和超凡的心态,但他们却有一个共同的特点:他们从不为自己的工作找借口。

借口造就平庸

在西方的宗教观念中,人性中有7种不可饶恕的罪恶,它们是懒惰、贪婪、愤怒、淫欲、贪吃、傲慢、妒忌。在这7种罪中,懒惰位居第一。因为懒惰看似无关大碍,事实上却会引起很多严重的后果。懒惰会让人怠于行动,懒惰会让人怠于思考,懒惰会让人只想坐享其成。

解释,一个看似合理的行为,其实在它的背后隐藏的是人天性中的懒惰和不负责任。在事实面前,没有任何理由可以被允许用于掩饰自己的失误,解释只是自己为了推卸责任而强加于事实的借口。而借口除了造成效率低下、公司业绩受损以外毫无意义。

山西兴安化学工业(集团)有限公司始建于1953年,2001年年初整体改制为山西兴安化学工业(集团)有限责任公司。截至2003年年末,该公司资产总额达到了2.2976亿元。然而就是这样一个大型的企业,却在2004年申请破产,很重要的原因之一便是:很多公司员工面对工作的不利事实、结果时,首先想到的是解释,这样的解释推垮了一个原本很有前途的大型企业。这样来看,借口便成为一种罪过!

每个人在其天性中都存在一个"黑暗的种子",那就是推卸责任。如果不对自己这颗"黑暗的种子"时时提防的话,就很容易陷入以借口掩饰责任的怪圈。面对没有完成的营销任务,面对没有做完的公司报表,很多人便企图用时间紧张、不熟悉程序、他人不肯合作等借口来作出一个看似合理的解释。粗看起来,好像很有道理,可以原谅,其实不然,这种解释不过是从潜意识里给自己的工作失误寻

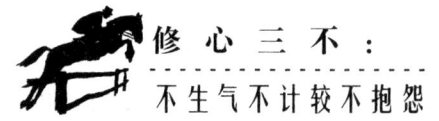

找借口，为了将自己的过失推给他人，这恰恰是高效合作的工作团队所不能够容忍的。允许这种情况的存在便是对团队的不负责任，允许这样的情况存在便是对整个公司的摧残。一群总是寻找借口的员工只能带来低下的效率与失败的命运。

一个真正的成功者，一位真正优秀的员工总是拒绝寻找任何解释与借口。美国历史上划时代的杰出总统富兰克林·罗斯福打破美国传统，连任了4届总统职务，然而，他壮年时身患小儿麻痹症，下身瘫痪。其实，他最有理由寻找借口去放弃、去依赖。然而他没有，他以自己的信心、勇气和全部的努力向一切困难挑战，最终成为一个真正的强者，成为自己的主人，主宰了自己的灵魂和命运。

寻找借口进行解释实际上是通向失败的前奏。寻找借口只能造就千千万万平庸的企业和千千万万平庸的员工。而你所要做的，你所想要的，绝对不是平庸无能。

这个时代要的是真正强大的公司，真正优秀的员工。拒绝寻找解释、借口的软弱行为，要从心态上首先让自己强大起来。

成为公司一流的员工

清华大学高级总裁班曾经接受这样的一份调查问卷："什么样的员工是你们最喜欢的员工？什么样的员工是你们最不愿意接受的员工？"

对于第一个问题，总裁班给出的答案是：没安排工作却能主动找事做的员工，通过方法提升业绩的员工，从不抱怨的员工，执行力强的员工，能为公司提建设性意见的员工。对于第二个问题，总裁班给出的答案是：做事不努力而找借口的员工，损公肥私的员工，过于斤斤计较的员工，华而不实的员工，受不得委屈的员工。

这两个问题的答案证实了这样一个结论：凡事找借口的员工，是公司里最不受欢迎的员工；凡事主动找方法的员工，是公司里最受欢迎的员工。

在职场中,那些找借口的人,最不会主动想办法解决问题,哪怕有现成的办法摆在面前,他也难以接受。这就是一流员工与末流员工的根本区别。

阿当应聘到一家皮鞋店当营业员的第一天,便碰到了一位挑剔的顾客。

这是一位穿着时尚的女孩,挑了半天皮鞋却连一双都看不上,阿当耐心地又拿出一双新潮时装鞋,说:"小姐,这鞋款式不错,穿在你脚上定会足下生辉。"

"真的?"女孩浅浅一笑,拿鞋试了一下,"哟,是不错,好,我就买这双。多少钱?""360元。"阿当回答。

女孩打开钱包取钱,突然眉一皱,"糟了,我钱未带够,身边只有250元,这样吧,我先付250元,余下的110元明天拿来给你,好吗?"说完,两只眼睛热辣辣地盯着阿当。

阿当给她看得不好意思,忙说,"可以!可以!"说完,随即在一张纸上写着"购鞋一双360元,先付250元,暂欠110元。"写好后递给女孩:"对不起,麻烦你签个名。"女孩先是一愣,随即爽快地签下了"刘沙沙"三个字。

阿当收了钱利索地将鞋包扎起来,那女孩拎过鞋子,抛了个媚眼,走了。

这一切都被老板看在眼里,"这人你认识?"

阿当摇摇头说:"不认识。"

老板一听火了,说:"不认识你怎么能赊给她呢?你被她骗了。"

阿当胸有成竹地说:"我已将两只鞋子全部调成左脚的,她过几天肯定要来换的。"

老板恍然大悟,不由开心地竖起了大拇指:"真是高招啊!"

过了一段时间,阿当被提升为销售部的经理。

主动找方法的人永远是职场的明星,他们在公司里创造着主要的效益,是今日公司最器重的员工,是明日公司的领导以致领袖。

杨先生是浙江温州人,十多年前,他的一位远房亲戚在欧洲开饭店,邀请他过去帮忙。没料到,他到欧洲不久,亲戚就突然患病去世了,饭店很快也垮了。

杨先生不想回国,就在当地找了份工作。几年后,他到了一家中等规模的保

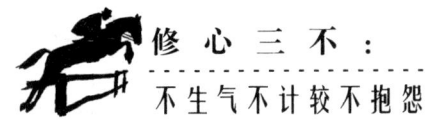

健品厂工作。公司的产品不错，但知名度却很有限。

杨先生从推销员干起，一直做到主管。一次他坐飞机出差，不料却遇到了意想不到的劫机。度过了惊心动魄的10个小时之后，在各界的努力下，问题终于解决了，他可以回家了。就在要走出机舱的一瞬间，他突然想到电影中经常看到的情景：当被劫机的人从机舱走出来时，总会有不少记者前来采访。

为什么自己不利用这个机会，宣传一下自己的公司形象呢？

于是，杨先生立即做了一个在那种情况下谁都没想到的举动：从箱子里找出一张大纸，在上面写了一行大字："我是公司的，我和我们公司的保健品安然无恙，非常感谢营救我们的人！"

他打着这样的牌子一出机舱，立即被电视台的镜头捕捉住了。他立刻成了这次劫机事件的明星，很多家新闻媒体都对他进行了采访报道。

等他回到公司的时候，公司的董事长和总经理带着所有的中层主管，都站在门口夹道欢迎他。原来，他在机场别出心裁的举动，使得公司和产品的名字几乎在一瞬间家喻户晓了。公司的电话都快打爆了，客户的订单更是一个接一个。董事长动情地说："没想到你在那样的情况下，首先想到的竟然是公司和产品。毫无疑问，你是最优秀的推销主管！"董事长当场宣读了对他的任命书，让他提任营销主管和公司的副总经理。之后，公司还奖励了他一笔丰厚的奖金。

一位老总说，他曾经正式招聘过一位员工，但没想到，还不到半个月时间，他就不得不把她辞退了。

那员工是一位刚毕业的女大学生，学识不错，形象也很好，但有一个毛病：做事不认真，遇到问题总是找借口搪塞。

刚开始上班时大家对她印象还不错。但没过几天，她就开始迟到，办公室领导几次向她提出，她总是找这样或那样的借口来解释。

一天，领导安排她到北京大学送材料，要跑3个地方，结果她仅仅跑了1个就回来了。领导问她怎么回事，她解释说："北大好大啊。我在传达室问了几次，才问到一个地方。"

老总生气了："这3个单位都是北大著名的单位,你跑了一下午,怎么会只找到这一个单位呢?"

她急着辩解："我真的去找了,不信你去问传达室的人。"

老总心里更有气了:我去问传达室干什么?你自己没有找到单位,还叫老总去核实,这是什么话?

其他员工也好心地帮她出主意:你可以找北大的总机问问这3个单位的电话,然后分别联系,问好具体怎么走再去;你不是找到了其中一个单位吗?你可以向他们询问其他两家怎么走;你还可以在进去后,问老师和学生……谁知她一点也不理会同事的好心,反而气鼓鼓地说:"反正我已经尽力了……"

就在这一瞬间,老总下了辞退她的决心:既然这已经是你尽力之后达到的水平,想必你也不会有更高的水平了。那么只好请你离开公司了。

尽管女孩的举动让很多人难以理解,但是像这种遇到问题不是想办法解决而是找借口推责任的人,在职场上并不少见。而他们的命运也显而易见——凡事找借口的人,只有被辞退。

一流员工找方法,末流员工找借口。如果你想获得发展,你就应该寻找方法,不找借口。

想办法才会有办法

"实在是没办法!""一点办法也没有!"这样的话,你是否熟悉?是否你的身边,经常有这样的声音?当你向别人提出某种要求时,得到这样的回答,你是不是会觉得很失望?当你的上级给你下达某个任务,或者你的同事、顾客向你提出某个要求时,你是否也会这样回答?当你这样回答时,你是否能够同样体验别人对你的失望?

一句"没办法",我们似乎为自己找到了不做事的理由。但也正是一句"没办

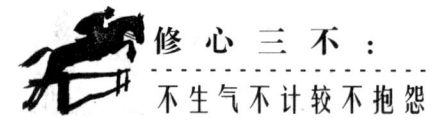

法"，浇灭了很多创造之花，阻碍了我们前进的步伐。是真的没办法吗？还是我们根本没有好好动脑筋想办法？

辛巴是一个16岁的男孩，他想在暑假来临之前找到一份工作。

辛巴在广告栏上仔细寻找，终于选定了一个很适合他专长的工作，广告上说找工作的人要在第二天早上8点钟到达76号街的一个地方。辛巴在7点45分就到了那儿。可他看到已有20个男孩排在那里，他只是队伍中的第21名。

形势对他而言并不乐观。怎样才能引起特别的注意而竞争成功呢？他应该怎样处理这个问题呢？根据辛巴所说，只有一件事可做——想办法。因此他进入了那最令人痛苦也是令人快乐的程序——想办法。只要你认真思考，办法总是会有的。终于，辛巴想出了一个办法。他拿出一张纸，在上面写了一些东西，然后折得整整齐齐，走向秘书小姐，恭敬地说："小姐，请你马上把这张纸条转交给你的老板，这非常重要。"

"好啊。"她说，"让我来看看这张纸条。"她看了不禁微笑起来。她立刻站起来，走进老板的办公室。老板看了也大声笑了起来，因为纸条上写着：

"先生，我排在队伍中第21位，在你没看到我之前，请不要作决定。"

结果可想而知，他得到了这份工作，因为他很善于想办法。

一个会动脑筋想办法的人总能掌握住问题，也能够解决它。

辛巴懂得了遇事必须想办法的道理，眉头一皱创意来，有了创意便有了优势，有了优势，机会自然属于他了。

上面讲的只是一个求职故事，但它充分说明了只要想办法就一定有办法。著名的思维学家吴甘霖先生说："我相信，更好的方法出现，很大程度上来自于有一个好的心态。想办法是想到办法的前提。如果让脑袋放假，就算是天才，面对问题时也会一筹莫展，所以办法是在想的过程中产生的，它不会凭空而出。"

法国数学家、哲学家彭加勒曾经说过："出人不意的灵感，只是经过了一些日子，通过有意识的努力后才产生。没有它们，机器不会开动，也不会产生出任何东西来。"

德国哲学家黑格尔曾嘲讽那些以为可以不经艰苦思索就能获得灵感的人："诗人马特尔坐在地窖里面对着6000瓶香槟酒,可就是产生不出诗的灵感来。最大的天才尽管朝朝暮暮躺在青草地上让微风吹来,眼望着天空……温柔的灵感也始终不会光顾他。"

我们平时喜欢讲一句话"眉头一皱,计上心来。"其实,这是在特定时期,特定人物的状况。要有好的点子和想法,应当付出更多的努力。

一位著名企业家说到这样一件事:

"小时候,妈妈拿来一个苹果在手中,对我们说:'这个苹果最大最好吃,谁都想得到它。很好,现在让我们来做个比赛,我把门前的草坪分成3块,你们3人一人一块,负责修剪好,谁干得最好,谁就有权得到它。'

我非常感谢母亲,她让我明白一个最简单也最重要的道理:要想得到最好的,就必须努力争第一。她一直都是这样教育我们,也是这样做的。在我们家里,你想要什么好东西要通过比赛来赢得,这很公平,你想要什么、想要多少,就必须为此付出努力和代价。"

你看,妈妈用一个巧妙的方法,让一个苹果的香味永留儿子的心间。这便是方法的力量。

从前有一个在轮船上工作的美国青年,一心一意想做百万富翁。为了这个梦想,他去请教许多人。他们告诉他:你赤手空拳要做百万富翁,必须有方法才行。

于是,这个青年开始动脑子,想主意。美国许多制糖公司把方糖运往南美洲,但在海运途中总会使方糖点受潮造成巨大损失。这些公司花了很多钱请专家研究,却一直未能尽如人愿。而这个青年却用最简单的方法解决了问题:在方糖包装盒的一角留个通气孔,这样,方糖就不会在海上运输时受潮了。

这种方法使各制糖公司减少了几千万美元的损失,而且几乎不花成本。这个青年的专利意识十分强,他马上为该方法申请了专利保护。后来,他把这个专利卖给各制糖公司,成了百万富翁。

上面这个点子又启发了一个日本人,这个日本人想:钻孔的方法可用于其他

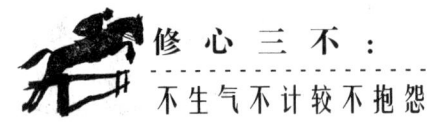
许多方面，不光是方糖包装盒。他研究了许多东西，最终发现：在打火机的火芯盖上钻个小孔，能够大量延长油的使用时间。他凭着这个专利也发了财。

你看，这就是用方法成功的奥秘。

许多人抱怨自己做不好事情，原因可能就在缺少一个好的方法上。人的智力提高是一个逐步的过程。只要你能够战胜对艰难的畏惧，并下决心去努力，你就能找到越来越多地解决问题的方法，并越来越智力超群。

工作意味着担当责任

在任何一家公司，只要你勤奋工作，认真、负责地坚守自己的工作岗位，你就会受到尊重，从而获得更多的自尊心和自信心。不论一开始情况有多么糟糕，只要你能恪尽职守，毫不吝惜地投入自己的精力和热情，渐渐地你会为自己的工作感到骄傲和自豪，也必然会赢得他人的好感和认可。以主人翁和责任者的心态去对待工作，工作自然就能够精益求精。

那些勤奋、负责的员工往往会在工作中受益匪浅：在精神上，他们获得了愉悦和享受；在物质上，他们也获得了丰厚的报酬。相反，一个对工作敷衍塞责的人，将工作推给他人时，实际上也将自己获得快乐和信心的大好机会拱手送给了他人。

工作的底线是尽职尽责。改变态度，努力培养自己勇于负责的精神，这样的员工才有可能成为工作与生活中的赢家。

格林大学毕业后在一家保险公司做业务代表。这是一个很不易打开局面的工作，因为很多人都对保险业务员敬而远之，所以，格林的工作一开始并不顺手。

办公室的其他业务员整天对这份工作牢骚满腹："如果我能找到更好的工作，我绝对不会在这里待下去。""那些投保的人，实在太可恶了，整天觉得自己上当了。"当然，这些人只能拿到最基本的薪水来维持生计。他们只有在业务部经理的不断催促下，或者是"胡萝卜加大棒"的政策下，才有一点点进步，否则就只能原地踏步甚至退步。

格林却和他们有不同的想法。尽管格林对现状也不是特别满意，他的薪水不高，地位也很低，但是格林没有就此放弃，因为他知道，与其说是放弃工作，不如说是自己放弃了自己的人生理想和信念。格林相信，负责努力工作是没有错误的，担负责任还会让平凡单调的生活充满乐趣。

于是，格林千方百计去寻找客户源。他熟记公司的各项业务情况，以及同类公司的相关业务，对比自己公司和其他同类公司的不同，让客户自己去比较和选择。虽然一些人很希望多了解一些保险方面的常识，但是他们对保险业务员的反感使他们在这方面的知识很欠缺。格林知道这些情况之后，主动到社区里办起"保险小常识"讲座，向人们免费宣传保险知识。

人们对保险有了更多的了解，对格林也开始另眼相看。这时，格林再向这些人推销保险业务，阻力就要小得多，格林的工作业绩一再提升，当然薪水也有了很大的提高。

工作的底线就在于担当责任，当开始对自己的工作负责的时候，生活也会发生翻天覆地的变化。

每一名员工都应该尝试热爱自己的工作，即使这份工作不太尽如人意，也要竭尽所能去转变、去热爱它，并凭借这种热爱在工作中担负起责任、激发潜力、塑造自我。事实上，一名员工对自己的工作越热爱，工作越负责，工作效率就越高。这时你会发现工作不再是一件苦差事，而是变成了一种乐趣。

三分能力，七分责任

现代企业用人，不仅重视员工的知识与技能，也同样重视员工的责任感与使命感。责任与能力并存的员工才是企业真正需要的人才。只有那些勇于承担责任

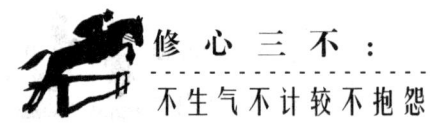
的人，才会得到公司与老板的认可，才会受到上司的赏识与重用，才会为同事所接纳与尊敬。责任与能力，共同打造一名员工在职场上的核心竞争力。

对于企业而言，员工的责任感比能力更加重要。一个员工能力再强，如果他不愿付出，或者疏忽大意，敷衍塞责，不但不能为企业创造价值，相反还会产生负面影响。而一个有责任意识的员工，即使在能力上稍逊一点，但他忠于职守，尽心尽力，每天比别人多做一点，久而久之也能够为企业创造价值。因此，评价一位员工，能力占三分，而责任要占到七分。

美国著名的将领巴顿将军在他的著名的战争回忆录《我所知道的战争》中曾提到这样一件事：

"我要提拔人时，常把所有的候选人排在一起，给他们提一个我想要他们解决的问题。我说：'伙计们，我要在仓库后面挖一条战壕，约2.5米长，0.9米宽，0.15米深。'我就告诉他们那么多。我有一个有窗户或有大节孔的仓库。候选人正在检查工具时，我走进仓库，能过窗户或节孔观察他们。我看到他们把锹和镐都放到仓库后面的地面上，休息几分钟后开始议论我为什么要他们挖这么浅的战壕。他们有的说0.15米深怎么能当火炮掩体，其他人争论说这样的战壕太热或太冷。如果伙计们是军官，他们会抱怨他们不该干挖战壕这么普通的体力劳动。最后，有个伙计对别人下命令：'让我们把战壕挖好后离开这里吧。那个老家伙想用战壕干什么都没关系。'"最后，巴顿告诉大家，正是这个伙计后来得到提拔。

挖这样一条战壕有什么用不是士兵考虑的事，把战壕尽快挖好才是自己的责任，那个士兵才是真正负责的人。

商场如战场，责任的观念在企业界同样适用。每一位员工都必须服从上级的安排，服从的人必须暂时放弃个人的一些考虑，全心全意去遵循所属机构的价值观念，这就是员工的责任。大到一个国家、军队，小到一个企业、部门，成员是否能够坚决地履行他们的责任将决定最终的成败。即使是细微的地方，一点责任感的缺失，都会给员工自己和公司造成意想不到的后果，因此三分能力、七分责任这样的说法不无道理。

　　卡尔先生是美国一家航运公司的总裁，他委任了一位非常有潜质的人到一个生产落后的船厂担任厂长试图扭转该厂的生产状况。可是半年过去了，这个船厂的生产状况依然不见起色。"怎么回事？"卡尔先生在听了厂长的汇报之后问道，"像你这样有能力的人才，为什么不能够拿出一个可行的办法，促使他们完成规定的生产指标呢？"

　　"我也没办法。"厂长无奈地回答说，"我也曾用加大奖金力度的方法引诱，也曾经尝试过用强迫压制的手段威逼，甚至以开除或责骂的方式来威胁他们。无论我采取什么方式，都改变不了工人们自由散漫的现状。他们就是不愿意干活，我看实在不行就招聘新人吧，让他们走人。"

　　这时恰逢太阳西沉，夜班工人已经陆陆续续向厂里走来。"给我一支粉笔，"卡尔先生说，然后他随口问离自己最近的一个白班工人，"你们今天完成了几个生产单位？"工人回答说是6个。卡尔先生在地板上写了一个大大的、醒目的"6"字以后，什么也没说就走开了。当夜班工人进到车间时，他们一看到这个"6"就问是什么意思。"卡尔先生今天来这里视察，"白班工人回答，"他问我们完成了几个单位的工作量，我们告诉他6个，他就在地板上写了这个6字。"

　　次日早晨卡尔先生又来到这个车间，夜班工作已经将原来的"6"字擦掉，换上了一个大大的"7"字。下一个早晨白班工人来上班的时候，他们看到一个大大的"7"字写在地板上。夜班工人以为他们比白班工人要强，是不是？好，要给夜班工人点颜色瞧瞧。他们竭尽全力地加紧工作，下班前，留下了一个十分扎眼的"10"字。生产状况就这样慢慢好起来了。不久，这个一度生产落后的厂子比公司别的工厂产出还要多。

　　卡尔先生就这样巧妙地达到了提升生产效率的目的，原因在于他用一个数字激起了员工的责任意识。而这种责任感使得员工充分发挥出他们的能力，使得业绩一再提升。

　　在现实社会中，责任常为人们所忽视，却片面地强调能力。诚然，工作中能力很重要，可关键在于，一个员工即使能力再强，如果他无心付出，甚至根本就不愿

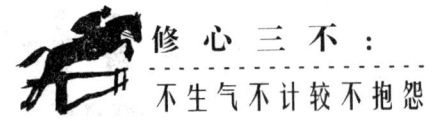

意付出,那么他是不可能为公司创造太大的价值的。而一个愿意为公司全身心付出,高度负责的员工,即使能力稍逊一筹,也能创造出价值来。更何况对企业而言,员工的责任和使命是无法用价值来衡量的宝贵的财富。

三分能力、七分责任,这种理念不是对能力的否定。一个富有责任然而毫无能力的人,同样是无用之人。能力、责任兼备的员工才是现代职场的完美员工。

明白自己的责任是什么

在一个企业里工作,首先你要清楚你在做什么。只有做好自己分内工作的人,才有可能再做一些别的事情,相反,一个连自己工作都做不好的人,怎么能让他担当更重的责任呢?总有一些人认为,别人能做的事自己也能做,实际情况是,越这样想的人越什么事也做不好。

如果我们明白自己的责任是什么,就会向目标更进一步,如果你每承担一项新的工作,或者担任一个新的职位,你能问自己,"我的责任是什么",相信你会一步步走向成功。

"明白自己的责任是什么"包括几层意思:

一是要弄清楚自己该承担的责任,而不是没有责任;

二是要明白自己该负有哪些责任。只有明白了,你才可能承担起属于自己的责任;

三是要明白自己的责任是什么,不要推卸责任;

四是弄清了自己的责任后,你才知道自己能承担起这份责任。

三国时,诸葛亮挥泪斩马谡后自降三级官职,是"明白自己的责任是什么"的著名案例。

公元228年春,诸葛亮正式出兵北伐。为了获取全胜,诸葛亮特别选中马谡来担任先锋。当诸葛亮的主力部队到达祁山时,打了曹魏军队一个措手不及,汉阳,南阳等地的吏民纷纷起兵反魏归蜀，战局对蜀军十分有利，但是，马谡这时在街亭(今甘肃秦安县东北)却出了问题。他率军进至街亭时，遇到了魏将张郃所率主力部队的抵抗。马谡违背了诸葛亮原先的部署，又不听从部将王平的建议，在寡不敌众的形势下，居然不下山据城，而舍水上山，结果被张郃军队切断水道，杀得大败。街亭失守，使诸葛亮十分被动，一场十分有利的战局顿时变成败局。尽管诸葛亮十分爱惜马谡的才华，但是，为了严明军纪，他毅然按照军法处斩了马谡，还上疏朝廷，自请贬官三级，追究个人"不能训章明法"、用人不当的责任。

事后，部下蒋琬认为诸葛亮在天下尚未平定时杀智谋之士，太可惜了。诸葛亮却认为：孙武、吴起之所以能够天下无敌，是由于执法严明；现在天下分裂，北伐战争刚刚开始，如果松弛法纪，还靠什么去讨伐敌人。所以，后人对此评价甚高，以"法加于人也，虽从死而无怨"来称赞诸葛亮赏罚分明、勇于负责的精神。

在第二次世界大战时期，同样也有一个非常著名的"首先明白自己的责任"的案例：

据英国《泰晤士报》报道，盟军最高司令艾森豪威尔将军的参谋长费雷德里克·摩根中将早在1942年年底和1943年年初就对诺曼底登陆行动进行了长时间的周密策划，但是，英国首相丘吉尔和艾森豪威尔将军都对这一计划能否取得成功表示怀疑。

当时，艾森豪威尔甚至用铅笔在草稿纸上写下了他将在登陆行动失败后宣读的文字。那段文字是："我们在瑟堡—阿费尔地区登陆时，未能找到令人满意的据点，我已下令撤回部队。我是依据我得到的最佳情报作出发动进攻的决定的。空军和海军部队表现出了英勇无畏和忠于职守的精神。如果这次登陆行动失败，责任由我一个人承担。"

在这一事件中，艾森豪威尔将军展现出了崇高的职业精神。他清楚自己的责任是什么，虽然，他完全可以将责任推给执行命令的将领，或者推给作战的士兵，但是他没有那么做。虽然他可以找出各种借口为自己开脱，诸如天气问题、装备问题、敌人太狡猾、消息泄露等，但他没有寻找任何借口。

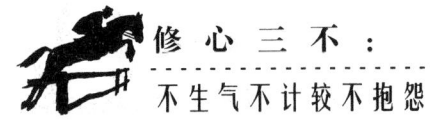
遗憾的是,在职场上,很多人不清楚自己的责任,却非常"清楚"他人的责任,当工作出了问题,他们不会在自己身上找问题,而总是说"这是某某的责任"。尤其是责任模棱两可或者在责任共担的情况下,他们总会想方设法地把自己的责任推得一干二净。

钟先生两年前担任某公司的财务总监。有一次,他下属的财务部在计算客户返利时,多计了5万元,而这5万元已经肯定是收不回来了。

老板知道这事后很生气,他把钟总监叫到办公室。"你手下的人出了这个问题,这么长时间,你竟然没有发现?"老板说。

"这些返利,通常是由营销部报到财务部,财务部签了字之后我再签,我事情太多,当时没有看明白。"钟经理说。

"没有看明白?难道你的事情比我还多吗?"老板没好气地说。他把钟经理叫来问话,实际上也并不是要钟经理承担损失,只是给他敲敲警钟,不要让类似的事情再发生,钟经理却以事情多为由推卸责任,首先从态度上就不过关,令他很失望。

钟经理自知话没说对,赶紧表示立即处理,但他出口的话更糟糕:"我立即去处罚财务部经理。"

"处罚财务部经理?"老板终于愤怒了,"难道你认为自己就没有责任?难道你认为处罚就能够解决问题?我本来不想处罚任何人,但我现在觉得你才最该受到处罚,你的责任意识差到让人非常失望的地步了,这事应该由你负全部责任!"

作为财务部总监,财务部出了问题,财务总监总是有责任的。钟经理在于没有明白自己的责任,而是一开始就为自己开脱,进而拿下属来垫背,这是让老板愤怒的根本原因。

工作中,谁都不希望出现失误,但一旦做错了事,就不要推卸责任了,否则你就会被炒鱿鱼。然而,生活中,为自己的错误竭力开脱的人却比比皆是,他们以为这样会把责任推得一干二净,可以保全自己"从不犯错"的良好形象,殊不知,上司能够容忍员工犯错,却无法宽恕一个人推脱责任。

　　在老板看来，一个员工对待错误的态度可以直接反映出他的敬业精神和道德品行。一个称职的员工，对于自己应该承担的责任就该负责，而不是随便找个理由推脱。

　　埃克森石油集团的副总裁爱德·休斯说："工作出现问题是自己的责任的话，应该勇于承认，并设法改善。慌忙推卸责任并置之度外，以为老板不会察觉，未免太低估老板了。我不愿意让那些热衷于推卸责任的员工来做我的部下，这会使我不踏实。"

　　对于任何人来说，推脱责任都是有害无益的，它会断送一个人的前途，并注定一个人平庸的结局。所以，要想成为一个优秀的员工，就要竭力避免推卸责任的言行，树立起主动承担责任的良好形象。

责任所在，不要推辞

　　"这是你的工作，责任所在，义不容辞！"每一位员工都应牢牢记住这句话。

　　对那些在工作中推三阻四，总是寻找借口为自己开脱的人；对那些缺乏工作激情，总是推卸责任，不知道自我批评的人；对那些不能按期完成工作任务的人；对那些总是挑肥拣瘦，对公司、对工作不满意的人，最好的救治良药就是大声而坚定地告诉他：这是你的工作，责任所在，义不容辞！

　　选择了这份工作，你就必须接受它的全部，担负起天经地义的责任，而不是仅仅享受它给你带来的益处和快乐。

　　有这样一个故事：在一列火车上，有一位妇女将要临产。列车员广播通知，紧急寻找一位妇产科医生。这个时候，有一位妇女站了出来，她说自己是妇产科的，列车长赶忙把她带入一间用床单隔开的病房。

　　毛巾、热水、剪刀、钳子什么都到位了，只等最关键的时刻到来。那位自称是妇产科的女子此刻非常着急，将列车长拉到产房外，说产妇的情况非常紧急，并

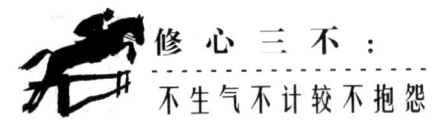
告诉列车长自己其实是妇产科的一名护士，并且由于一次医疗事故被医院开除了。今天这个产妇情况不好，人命关天，她自知能力不够，建议立即送往医院抢救。此时，产妇由于难产而非常痛苦地尖叫着，而列车行驶在京广线上，距最近的一站还要行驶一个多小时。列车长郑重地对她说："你虽然只是一名护士，但在这趟列车上，你就是医生，我们相信你！"

列车长的话感染了这名护士，她开始变得镇定，但走进产房时又问："如果在不得已时，是保小孩还是保大人？"

"我们相信你！"列车长又郑重地重复了一遍。护士点点头她坚定地走进产房。列车长轻轻地安慰产妇，说现在正由一名专家给她助产，请产妇安静下来好好配合。

经过漫长的等待，婴儿洪亮的啼哭声宣告了母子平安，人们悬着的心终于落下。那位妇女几乎单独完成了这个手术。这是她从业以来碰上的难度最大的手术，但同时也是她第一次独立完成并且成功了的手术，创造了这一奇迹的正是责任。

这个世界就像一个大机器，每一个人都是机器上的一个齿轮，一个齿轮的松动会引起其他齿轮的非正常运转，进而影响到整个机器。对于这个社会如此，对于社会的一个单元——企业，亦是如此。

你是否趁经理不注意时偷偷地开小差，或者煲与工作无关的电话粥，就像当年上课趁老师不注意时偷偷地摆弄新买的卷笔刀？又是否将本来属于自己的工作推托给其他同事？抑或当老板布置一项任务时，你不停地提出这项任务有多艰巨，暗示老板是否在你做成之后给你加薪或者你做不成也情有可原，因为这的确不是一项容易的工作？

这样的人不多但也不是少数，要不然有问题的企业为什么还那么多，顾客的满意率为什么还那么低？每一个老板都清楚他自己最需要什么样的员工，不要以为自己只是一名普通的员工，其实你能否担当起你的责任，对整个企业而言，同样有很大的意义。

对一名公司的职员来说,责任所在,义不容辞!意识到这一点,努力在工作中做到这一点,以它为动力去战胜困难、去完成任务,那么你就是公司真正放心的员工。

有一个城乡结合部正在大搞建设,工地一角突然坍塌,脚手架、钢筋、水泥、红砖无情地倒向正在吃午饭的民工,烟尘四起的工地顿时传来伤者痛苦的呻吟。

这一切都被路过的两辆旅游大客车上的人看在眼里。旅游车停在路口,从车里迅速下来几十名年过半百的老人,他们好像没听见领队"时间来不及了"的抱怨,马上开始有条不紊地抢救伤者。

现场没有夸张的呼喊,没有感人的誓言,只有训练有素的双手和默契的配合。没有手术刀就用瓷碗碎片打开腹腔,没有纱布就用换洗衬衣压住伤口。当急救车赶来的时候,已经是50分钟以后的事情,从一个外科医生的眼睛来看,这些老人至少保住了10个民工的生命。

在机场,这名医生又遇了这些老人们的领队,两个穿着时尚的年轻姑娘一边激烈地讨论这么多机票改签和当地陪游的费用结算问题,一边抱怨这些老人管了闲事却让她们俩为难。

老人们此时已换上了干净的衣服。他们身上穿的大多都是去掉了肩章的制服衬衣,陆海空都有,每个人都以平静祥和的神态四下张望候机厅的设施。其中一个老人面有歉疚地对两个年轻的姑娘说道:"年轻人,我们几个老人给你们添麻烦了,请不要再争执了。刚才的情形,我们不伸手帮一把,情理上说不过去啊。"

这个老人说得对,如果说责任可以逃避,但你的心能吗?一个人可以完全忘掉歉疚,或者带着歉疚生活一辈子,只要他觉得这份歉疚对自己不会有任何影响。可是,你要知道,任何经历过的歉疚都会像醋酸腐蚀铁制的容器一样慢慢侵蚀你的心灵,久而久之,让你再也无法用明亮清澈的眼睛和一颗坦然的心对待工作和生活。

一个人承担的责任越多越大,证明他的价值就越大。在公司里,只有勇于担责任的员工才会得到老板的信任,才会得到重用。

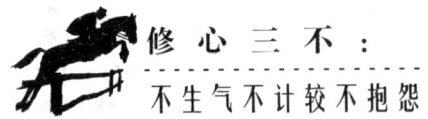
不抱怨的世界

　　你应该为所承担的一切感到自豪。想证明自己最好的方式就是去承担责任，如果你能担当起来，那么祝贺你，因为你不仅向自己证明了自己存在的价值，你还向老板证明了你能行，你很出色。

第十九章　常怀感恩，
赶走抱怨的恶魔

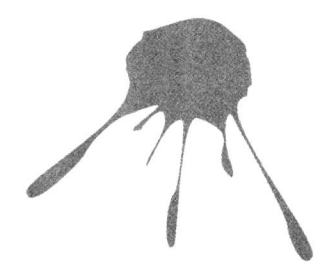

感恩心不是天生就有的，它是培养出来的，许多人从未真正感觉到它，因为我们只注意我们需要什么，很少注意这些东西是从哪里来的。如果你想拥有美好的生活，就不要抱怨，而要培养感恩的心。

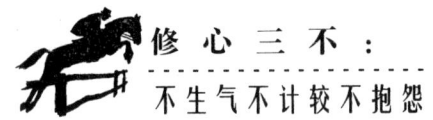

感恩沉淀在人的生命里

一次，古罗马众神决定举行一次欢迎会，邀请全体美德神参加。真、善、美、诚以及各位小美德神都应邀出席。他们和睦相处，友好地谈论着，玩得很痛快。

但是主神朱庇特注意到有两位客人互相回避，不肯接近。主神向信使神墨丘利述说了这一情况，要他去看看这是什么问题。信使神将这两位客人带到一起，并给他们介绍起来。

"你们两位以前从未见过面吗？"信使神说。

"没有，从来没有。"一位客人说，"我叫慷慨。"

"久仰，久仰。"另一位客人说，"我叫感恩。"

正如这个故事所揭示的：生活中慷慨的行为总是可以得到真诚的感恩。事实上，我们每个人每天的生活都在依赖着他人的奉献，只是很少有人会想到这一点。

成功人士提醒我们，不知感恩可能会导致以下两点：

第一，不能享受既有的事物。我们并不是时时刻刻感觉到我们的财富，对自己所拥有的都没有感觉，我们怎么会为它而感激？

第二，不知感恩，使我们无法得到更多我们想要的东西。你比较喜欢把东西给哪种人——不肯承认你给了他东西的人，还是表达了由衷感谢的人？老天爷的反应也无二致。"吱吱"叫的轮子可能最先得到润滑，却也会最先被换掉。

不知感恩妨碍我们成功——越不知感恩，妨碍越大。所以，我们做人要感恩。

有些人对恩义感觉迟钝，对怨恨却十分敏感。这类不知感恩喜欢怨天尤人的人，必定会走厄运，而且感觉人生充满不幸。这类人对别人的要求特别高，喜欢用自己的思考模式来规范他人,整天抱怨他人,却不知好好检讨自己,结果往往成为不受欢迎的人物。这种人有时会因有人撑腰、有人保护而威风一时,不过由于此类人多半专横、自私,只知从别人身上得到好处,却不知回馈,而不受欢迎。短视近利的后果,往往令帮助他的人感到失望,不再给予支持。这类人多半自以为是,从不考虑自己的责任,老是认为别人在算计他,对他不怀好意,想要陷害他。

消极的心态会使这类人离开对他有利的人,而和同类型的人在一起,然后逐渐深陷其中而无法自拔。

作家三毛曾说过这样一段话:"一个小女孩因为没有鞋子穿而哭泣,直到她看见一个没有腿的人。这个小故事虽然十分平凡,可是它常常在我的心中激励我。当我偶尔对人生失望,对自己过分关心的时候,我也会沮丧,也会悄悄地怨几句老天爷,可是一想起自己已有的一切,便马上纠正自己的心情,不再怨叹,高高兴兴地活下去。"

有的女孩总是不满意自己的容貌,也许是因为太希望自己十全十美了,以致把自己外形上不太理想的地方格外的注意与强调。在我们的生命之中,可以得到快乐的源泉很多。如果一位女子有得天独厚的美丽姿容,固然值得快乐,可是除此之外,我们可以从诗文、绘画等精神活动中找到快乐,我们可以从帮助别人、服务社会上找到快乐。一个平凡诚朴的朋友,一个温暖朴素的家,也是一种快乐。只要我们对人对己,都不苛求,在内心修养上多去磨炼,就可以摆脱一些围绕自己的平庸肤浅的看法,对人生的乐趣去寻求更深一层的了解,那时,外观的漂亮或不漂亮的影响都不太重要了。

我们生活在科学技术日新月异的今天,毫无疑问,只要我们有钱,任何有关我们衣食住行等方面的物质,我们都可以随心所欲地买到,并把它们搬运回家,尽情地享受。也许正是因为如此,人们对这些东西的感恩之情才变得日益淡薄,认为获得它们是理所当然的,因而也就不爱惜它们。正如德国大诗人海涅所说,"太容易得到的东西便不是珍贵的东西。"试想:如果我们生活中的各种东西全部消失,我们还能生存吗?

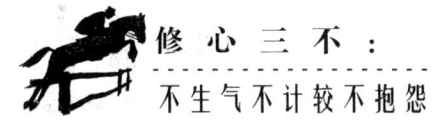
一个人的本事极有限。那种对一切东西都怀有感恩之心的人是有人性的人。请不要对自己目前的境遇抱怨，不要对自己所拥有的感到不满意。人呀，总是这样，得不到的就是最好的，得到的往往又不肯去珍惜，任由它像手中握着的沙子一样从指缝间滑过。当你懂得珍惜的时候，你已失去了它。

不重视现在的人，就不会有可以期待的未来。感谢生活的馈赠吧！当你有了感恩之情，生命会时时得到滋润。若你没得到什么，那是因为你本没有付出什么；若你觉得自己所得太少，其实你本可以付出更多。

感恩让所有人都快乐

懂得感恩的人，才是一个有完整个性的人，才会是一个快乐的人，也一定会是一个成功的人。顺境的感恩是美德，逆境的感恩更加能让你得到如溪水般长流的爱。说声谢谢是件很容易的事情，但很多时候，我们忘记了。

有这样一个故事：两人同时去见上帝，问上天堂的路怎么走？上帝见两人饥饿难忍，先给他们每人一份食物。一人接过食物，很是感激，连声说："谢谢，谢谢！"另一人接过食物，无动于衷，仿佛就该给他似的。之后上帝只让那个说"谢谢"的人上了天堂，另一个则被拒之门外。

被拒之门外的人不服，说："我不就是忘了说句'谢谢'吗？"上帝说："不是忘了。没有感恩的心，就说不出谢谢的话；不知感恩的人，就不知爱别人且也得不到别人的爱。"那人还是不服，说"那少说一句谢谢，差别也不能这么大呀？"上帝又说："这没有办法。因为上天堂的路是用感恩的心铺成的，上天堂的门只有用感恩的心才能打开，而下地狱则不用。"

既然是故事，真假自然不必追究，它只是想要向我们传达这个道理：感恩很重要。

"感恩"是个舶来词，不过我们的祖辈从来不乏感恩精神。牛津字典给出的定义是："乐于把得到好处的感激呈现出来且回馈他人"。回想一下，我们得到过哪些好处，都需要感激谁？生活在这个世界上，一切的一切，包括一草一木都对我们有恩情。岂能不感恩？

人这一生，小而言之，从出生，就领受了父母的养育之恩，等到上学，有老师的教育之恩，工作以后，又有领导、同事的关怀、帮助之恩，年纪大了之后，又免不了要接受晚辈的赡养、照顾之恩；大而言之，作为单个的社会成员，我们都生活在一个多层次的社会大环境之中，都首先从这个大环境里获得了一定的生存条件和发展机会，也就是说，社会这个大环境是有恩于我们每个人的。

感恩，说明一个人对自己与他人和社会的关系有着正确的认识；报恩，则是在这种正确认识之下产生的一种责任感。没有社会成员的感恩和报恩，很难想象一个社会能够正常发展下去。在感恩的空气中，人们对许多事情都可以平心静气；在感恩的空气中，人们可以认真、务实地从最细小的一件事做起；在感恩的空气中，人们自发地真正做到严于律己，宽以待人；在感恩的空气中，人们正视错误，互相帮助，将不会感到孤独……

人生道路，曲折坎坷，不知有多少艰难险阻，甚至遭遇挫折和失败。在危困时刻，有人向你伸出温暖的双手，解除生活的困顿；有人为你指点迷津，让你明确前进的方向；甚至有人用肩膀、身躯把你擎起来，让你攀上人生的高峰。你最终战胜了苦难，扬帆远航，驶向光明幸福的彼岸。那么，你能不心存感激吗？你能不思回报吗？

美国有一个感恩节，就是要在那一天感谢上帝赐予自己的一切，感谢你的家人、朋友、同事、老板……感谢你生命中的所有，用感恩的心感受世界，感受生活。

在水中放进一块小小的明矾，就能沉淀所有的渣滓；如果在我们的心中培植一种感恩的思想，则可以沉淀许多的浮躁、不安，消融许多的不满与不幸。

伟大的科学家霍金，只有3根能微弱活动的手指和一双不会说话的眼睛，他凭着坚强的意志做出了惊人的成就。然而，想想看，如果没有计算机，他怎么去表达他的思想，还能将他的智慧发挥出来吗？没有发达的医学，他仅仅能轻微活动

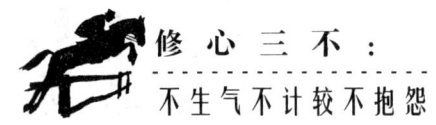
的3根手指如何总能动弹？没有强大的经济支持，他微弱的3根手指又如何能产生伟大的学问？成功的喜悦，胜利的光环，常常会令人忘乎所以，但是我们永远不应该忘记那些帮助过自己的人和事。所幸，霍金不愧是一位伟人，他在回答完记者关于自己何以能够成功的提问后，又艰难地打出了一句话："对了，我还有一颗感恩的心！"

心存感激，带着感恩的心去工作，竭力回报他人，无形中会增强你个人的魅力，可以顺利地开启神奇的力量之门，发掘自身无穷的潜能。感恩的心是双向的，施与受的双方都会享受身心的巨大愉悦，让我们的生活、工作向尽善尽美的方向前进。

一颗感恩之心，可以使我们在失败时看到差距，在不幸时得到慰藉、获得温暖，激发我们挑战困难的勇气，进而获取前进的动力。换一种角度去看待人生的失意与不幸，对生活时时怀有一份感恩的心情，则能使自己永远保持健康的心态、完美的人格和进取的信念。感恩不纯粹是一种心理安慰，也不是对现实的逃避，它是一种歌唱生活的方式，来自对生活的热爱与希望。它是一种处世哲学，更是一种人生智慧，试着用感恩之心来装点你的美丽人生吧。

对工作心怀感恩

有位父亲告诫刚踏入社会的儿子："若遇到一位好老板，便要忠心地为他工作；假如第一份工作就有很好的薪水，那算你的运气好，要努力工作以感恩惜福；万一薪水不理想，老板也不太好，就要懂得在工作中磨炼自己的技艺。"

这位父亲是睿智的，所有的年轻人都应将这些话牢牢地记在心底，始终秉持这个原则做事。即使起初位居他人之下，也不要计较。在工作中不管做任何事，都应将心态回归到零，学会感激工作中的一切：感谢工作环境，感谢你的老板，感谢每一次的工作机会。并积极地将每一次工作任务都视为一个新的开始，一段新的体验,一扇通往成功的机会之门。

或许每一份工作都无法尽善尽美,但每一份工作中都有宝贵的经验和资源,如失败的沮丧、成长的经验、老板的严苛、同事间的竞争等等,这些都是任何一个走向成功的工作者必须要体验的感受和必须要经历的锻造。

一种感恩的心态可以改变一个人的一生。如果你能每天怀着感恩的心情去工作,在工作中始终牢记"拥有一份工作,就要懂得感恩"的道理,你一定会收获很多。

当我们清楚地意识到无任何权力要求别人时,就会对周围的点滴关怀或任何工作机遇都怀有强烈的感恩之情。因为要竭力回报这个美好的世界,我们会竭力做好手中的工作,努力与周围的人快乐相处。结果,我们不仅心情会更加愉快,所获帮助也会更多,工作也会更加出色。

我们生而为人,并能顺利走到今天,要感谢父母的恩惠,感谢大众的恩惠,感谢师长的恩惠,感谢国家的恩惠;没有父母养育,没有大众助益,没有师长教诲,没有国家爱护,我们何能存于天地之间?

所以,感恩不但是美德,而且是一个人之所以为人的基本条件。感恩已经成为一种普遍的社会道德。然而,人们常常为一个陌路人的点滴帮助而感激不尽,却无视朝夕相处的老板的种种恩惠和工作中的种种机遇。这种心态总是导致他们轻视工作,并把公司、同事对自己的帮助视为理所当然,还时常牢骚满腹、抱怨不止,也就更谈不上恪守职责了。

其实,对工作心怀感恩的心情基于一种深刻的认识:工作为你展示了广阔的发展空间,工作为你提供了施展才华的平台。你对工作为你所带来的一切,都要心存感激,并力图通过努力工作以回报社会来表达自己的感激之情。

感恩既是一种良好的心态,又是一种奉献精神,当你以一种感恩图报的心情工作时,你会工作得更愉快,你会工作得更出色。

真正的感恩应该是真诚的、发自内心的感激,而不是为了某种目的,迎合他人而表现出的虚情假意。时常怀有感恩的心情,你会变得更谦和、可敬且高尚。每

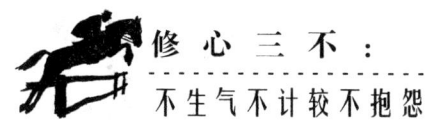
天都用几分钟时间，为自己能有幸拥有眼前的这份工作而感恩，为自己能进这样一家公司而感恩。

对工作心怀感激并不仅仅有利于公司和老板。"感激能带来更多值得感激的事情"，请相信，努力工作一定会带来更多更好的工作机会和成功机会。

此外，对于个人来说，感恩赋予我们富裕的人生。感恩是一种深刻的感受，能够增强个人的魅力，开启神奇的力量之门，发掘出无穷的智能。

一个人若失去感激之情，会马上陷入一种糟糕的境地，对许多客观存在的现象日益挑剔甚至不满。如果你的头脑被那些令你不满的现象所占据，你就会失去平和、宁静的心态，并开始习惯于注意那些琐碎、消极、猥琐、肮脏甚至卑鄙的事情。放任自己的思想关注阴暗的事情，会让自己也慢慢变得阴暗。相反，若你把注意力全部集中在光明的事情上，你将会变成一个积极向上的人，一个大有作为的人。

不要浪费时间去分析和抨击高高在上的公司领导，不要无休止地指责和厌恶在某些方面不如自己的部门主管。指责别人并不能提高自己，相反，抨击和指责他人只能破坏自己的进取心，给自己徒增烦恼和不满。请相信，市场永远是公平的，它会以自己的方式去实现公平。

那些牢骚满腹的年轻人，请将目光从别人的身上转移到自己手中的工作上，心怀对工作的感激之情，多花一些时间，想想自己还有哪些需要改进和提高的地方，看看自己的工作是否已经做得很完美了。如果你每天能怀着一颗感恩的心而不是抱怨的心态去工作，相信工作时的心情自然是愉快而积极的，工作的结果也将大不相同。

感谢老板的"折磨"

不抱怨的员工，都是努力工作、恪尽职守、不找任何借口的员工。在做好本职工作之外，他们还积极地为公司出谋划策，尽心尽力地做好每一件关乎公司利益的事。而且，在重要时刻，这种忠诚会显现出它更大的价值。

当然，忠诚需要经受考验。如何能证明一个员工是忠诚的呢？所谓患难见真情，忠诚也是如此。企业面临危机之际，正是检验员工忠诚度之时。但是，一个企业在发展时期如何来考验员工的忠诚度呢？老板们就会想方设法来制造危机的假象，来"折腾"员工。

一个员工在公司工作时，工作进度上不去、工作效率不高、工作不能保质保量完成、工作出现失误时都不可避免地会受到老板的批评、训斥；工作任务繁忙时，老板还会要求加班加点地工作并且没有商量的余地；从早到晚，老板像个监工一样，监督着员工们工作，稍有懈怠，老板就会给脸色；迟到、早退一会儿，苛刻的老板要扣薪水；不经意的一次失误，老板扣了这个月的所有奖金……林林总总，似乎说明员工在备受老板的"折磨"，其实正是老板的这种"折磨"锻造了员工。

温室里的花永远长不成参天大树，不经过折磨，员工就无法成长并成熟起来，折磨当然会给人带来痛苦，但也可以磨炼人的意志，激发人的斗志；可以使人学会思考，完善自我，以更佳的方式去实现自己的目标，成就自己的辉煌事业。科学家贝佛里奇说："人们的成就往往是在处于逆境的情况下作出的。"因此可以说，老板"折磨"你其实是造就你成才的一种特殊手段。

对于老板的折磨，如果你能以正确的心态去看待，不但不会成为负担，相反会成为你前进的动力。

麦迪逊是一位技术员，大学毕业参加工作时间不长，就因一件小事出错被老板毫不客气地训斥了一顿。"怎么搞的，这么一点事都做不好，这样下去工作怎么可能干好呢？"话语虽然不多，但语气很重，态度强硬。年轻气盛的麦迪逊听了老板这些话，自尊心受到了极大的伤害。但是他最终还是压住火气，低下了头。这次事后，麦迪逊发现虽然老板训斥他时十分严厉，但一些比较重要的工作每次都是安排自己去做，对自己的信任丝毫没有减弱的迹象。而且，老板在训斥麦迪逊的时候，也时不时地向他灌输不少专业方面的知识和方法。久而久之，被老板训斥，麦迪逊不像开始时那样愤慨了。每次受训之后，他都认真总结，不断提高自我，没

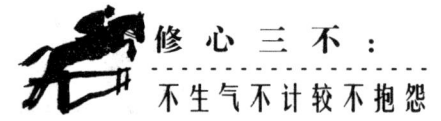

想到1年后，他成了公司最优秀的员工，年度总结大会上，还被评为了"明星员工"，并被老板提升为了部门经理。

员工在"折磨"中成长。有人戏称"折磨"是必须练就的一种能力。不知道"折磨"员工的老板，对员工听之任之，也许可能会一时赢得员工的好感，但对于公司和员工的发展都极为不利。一个公司的发展，人才是最终的决定性因素，而要培养人才，就必须"折磨"人才，刀不磨会生锈，人不磨就不可能成才。

而懂得折磨员工的老板，可能会被员工们误解，但到一定时候，员工们会感恩戴德。

查理到某大公司应聘部门经理，老板提出要有一个考察期，但出乎意料的是上班后被安排到基层商店去站柜台，做销售代表的工作，一开始查理难以接受，但查理还是耐着性子坚持了3个月，后来，他恍然大悟，自己对这个行业不熟悉，对这个公司也缺乏了解，的确需要从基层工作学起，才可能全面了解公司，逐渐熟悉业务，何况自己拿的还是部门经理的工资呢。

虽然实际情况与自己最初的设想有很大的差距，但是查理懂得这是老板对自己的一种考验方式，他坚持下来了，3个月以后他全面承担部门的职责，并且充分利用这3个月在基层的工作经验，带领团队取得了不错的业绩，6个月后，公司经理调走了，他得以提升；1年以后，公司总裁另有任命，他被提升为总裁，在谈往事时，他充满感慨地说："当时忍辱负重地工作，心中有很多怨言。但是我知道老板是在考验我的忠诚度，于是坚持了下来，这才最终赢得了老板的信任。"

但是也有很多人在表面上虽然接受了老板的"折磨"，可心底里却在为自己寻找理由。他们不懂得"善解人意"，不知道老板那么做一定会大有深意，暗藏玄机。所以，在具体的工作过程当中，他们会不情愿地依照老板的吩咐办，并可能会说："是老板让我这么办的，出了问题与我无关。"甚至有些人还会消极抵抗，应付工作。

如果一个员工抱着这样的想法，对老板的折磨耿耿于怀，甚至为报复他而对工作敷衍塞责，那么就别指望会获得升迁与加薪的机会了。在公司里，善于理解老板的真实意图，正确对待老板"折磨"的员工，才能认真完成工作。这样的人表现出了自己的忠诚与能力，会得到老板的认同和好感，进而受到重用，并获得加薪升职的机会。

要正确对待老板的"折磨"，就要求员工站在老板的角度上思考问题，而且经常这样换位思考，我们就更容易使自己的能力得到提高。一般人只会在自己的立场上与老板的"折磨"纠缠，怎么也想不通老板为什么会这么做。其实，只要能够站在老板的角度看问题，就能够更容易认清自己，接受老板的"折磨"，而不至于采取消极抵抗的态度。

感激同事帮助你成功

同事，顾名思义，就是一起做事的人。人之所以成为同事，就是为了完成共同的事。假如事情完成得不好，那叫事故；事情完成得好，就成为了事业。可见，同事对一个人是多么重要。对大部分职业人来说，世界上最好的东西是有一个好同事，比一个好同事更好的东西是有一群好同事。

如果大家不肯齐心协力共同做事，那结果就不太妙了。

一个生气的男孩向他妈妈大喊他恨她，然后他又害怕受到惩罚，就跑出家，来到山腰上对着山谷大喊："我恨你！我恨你！我恨你！"山谷传来回应："我恨你！我恨你！我恨你！"男孩吃了一惊，跑回家去告诉他妈妈说，在山谷里有个可恶的男孩对他说恨他。于是他妈妈就把他带回山腰并让他喊："我爱你！我爱你！"男孩按他妈妈说的做了，这回他发现有个可爱的小男孩在山谷里对他喊："我爱你！我爱你！"

生活就是这样，你对同事感恩，与他们友好相处，他们自然也会同样喜欢你，你们会组成一个强大的团队，共同获取成功。

每个人事业的成功都需要别人的帮助。刘备若没有诸葛亮，想三分天下无异

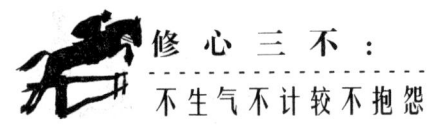
于白日做梦；约克在曼联威风得不行，因为他身后有贝克汉姆、吉格斯的强大火力支持。但在约克一回到特立尼达和多巴哥国家队就碌碌无为，没别的，就是因为孤掌难鸣。当天才遇到天才，互相切磋砥砺，就会放射出更耀眼的光芒。即使是庸才遇到庸才，只要互相取长补短，同样能如虎添翼，所谓"三个臭皮匠，顶个诸葛亮"。优秀的同事就像撑杆，让你跃过不可能的高度，让你事业的画面更加生动流畅。

因此，你要对你的同事感恩。他们的帮助绝不是可有可无的。"一个篱笆三个桩，一个好汉三个帮"，良好的同事关系是事业不可缺少的根据地。很难想象一个在同事中间孤立无援的人，能够把工作做得出色，得人心者得天下，得同事者得事业。

感谢一下身边的同事们，大家教会了你很多东西，让你不断地成长着，你们一起成长一起进步，这或许就是一个团队的力量吧。大家可以交流信息，大家可以共享经验，可以相互帮助。在这样的一个集体当中，你也有信心让自己变得更优秀，有信心做好自己的工作。

在你的错误发生之前，那些对你说很多话，给你很多分析和建议；在犯错误后，对你没有抱怨、指责的同事，你不该感谢他们吗？那些总是对任何事都怀着一颗理解的心的同事，对于他们来说，团队里快乐的气氛才是最重要的，而不是个人利益。对于这些同事，你不该感谢他们给了你一个良好的工作氛围吗？

周围的同事，他们在与你共事时，一直了解你、支持你。你需要大声说出你的感谢，让他们知道你感激他们的信任和帮助。

感激客户为你创造业绩

你对客户的贡献，决定了你的业绩，也决定了你的经济收益。所以，要时刻反省：我的工作为客户创造了多少价值。

一次，一对老夫妇选购彩电，他们看了几种品牌，始终拿不准主意。营业员通过交谈得知，两位老人是为将要出嫁的女儿买嫁妆。出于对女儿的怜爱，他们希望给女儿买一台功能全、价格贵一些的彩电。

营业员又从两位老人那里了解到，女儿、女婿因为科研工作忙，连挑选彩电的时间都挤不出来。营业员十分诚恳地说："买电视机，按需求去买才划算。买功能多的，如果平时不用，等于白花钱。您要是信得过，我建议买这种品牌的，不但实用，剩下的钱还可以添置一组书柜，也许女儿、女婿更需要。"

这番话让两位老人十分感动，他们说："难得你说出了这么中肯的话，我们完全相信你，你就帮忙选一台电视机吧。"

在这位营业员的热心帮助下，老人高高兴兴地买了一台彩电。如果这位营业员不考虑老人的利益，而是投其所好，引导他们选购价格贵的，即使眼前的生意做成了，但他们在实际的使用中，逐渐发觉了其中的不足之处，那么，再买东西时，他很可能就不再找你了。

你要感谢你的客户让你创造出了业绩。但同时你也要明白，如果企业只拥有一次交易的客户，那么是无法发展壮大的，要想使企业有所发展，企业就应该不断开发并留住客户，并与大客户建立有效的关系。

同理，你要想成为一个业绩卓著的职业人员，就要不仅仅和客户做一次生意，而是和客户做永久的生意。不仅仅要和客户做生意，更要和客户建立感情。只有这样，才能轻松自如地取得非凡的业绩，成为一名卓越的成功人士。这就需要你首先对客户有感恩的心态，然后真诚地对待他们，留住他们的心。

我们与客户合作一定要追求双赢，特别是要让客户也能漂亮地向上司交差。我们是为公司做事，希望自己作出业绩，别人也是为单位做事，他也希望自己的事情办得漂亮。因此，我们在合作时就要注意多为客户着想，尽量减少客户不必要的开支，那么，客户也会节省你的投入。

另外，你也可以做一些额外的事情来表达你的感激。比如客户需要某些资料又得不到时，你可以帮他找到。甚至，客户生活中碰到的一些困难，你也可以帮助

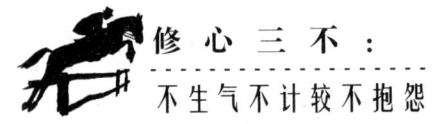

他们。这样，你与客户就不仅仅是合作的关系，更多的就是朋友关系了。这样，一旦有什么机会时，他们一定会先想到你。何乐而不为呢？

你还可以通过超值服务来表达你的感激，同时也留住客户的心。超值服务对客户而言，意味着厂家让利，超值服务可以提高客户的满足感，许多企业的发展长盛不衰，很大程度上便是得益于此。

比如，戴尔公司不仅仅是电脑供应商，它还是客户在制定科技策略时的顾问。戴尔公司的科技人员要抽出一定的时间与客户一同讨论未来的科技走向。这种讨论可以使客户事先针对科技的变化而规划适应措施，不只是被动地接招。戴尔公司所提供的这种超值服务，会使公司与客户的关系更加巩固，建立起最稳固的信任、诚实及伙伴关系。

同时你还应该对客户的反应作出及时的回应。客户可以看到你们公司细致的、个性化的服务，对公司的满意度自然会提高，成为你们公司的忠诚客户。

比如，英国航空公司就与客户建立了良好的互动关系。该公司在大厅里安装了录像间，不满意的客户可以马上走进录像间，通过录像直接向总裁提出投诉。同时，英国航空公司耗资670万美元安装了一套电脑系统，用来分析乘客的喜好，目的是永远留住这些乘客。通过这个录像间投诉系统，英国航空公司在很短的时间内对各类投诉个案提出处理意见。通过客户喜好的分析，尽量增加客户喜欢的服务，提供个性化的服务，这使得客户的满意率极度上升，客户流失率降低。

当你的客户提出某项要求，而你没有能力去为他解决问题时，不要轻易说不，要积极地去帮他寻找解决问题的方法。比如你可以告诉他："没问题，虽然我们没有这项业务，但我知道哪些企业有，这是他们的名称和电话，如果他们也没办法，请打电话给我，我会再帮你想办法的。"如果你不知道哪家公司能提供客户要求的服务，就对他说："我不知道，但让我查一查，我会免费为您找些名单。"客户看到你这么为他着想，心里肯定会感到受重视，以后需要合作伙伴的时候肯定首先就会想到你。

如果客户选中你，感激他，也感激你自己，因为你的贡献他认可。如果客户批评你,感激他,因为他还没有换掉你。如果客户苛求你,感激他,因为你节省了质量检查费、市场需求调研费和新产品试验费。你要特别感激挑剔的客户,是他们带给你新的市场、新的机会、新的水准和你自己在团队中的重要地位。

感激对手使你进步

一位动物学家在考查生活于非洲奥兰治河两岸的动物时,注意到河东岸和河西岸的羚羊大不一样,前者繁殖能力比后者强,而且奔跑速度每分钟要快13米。他感到十分奇怪,既然环境和食物都相同,差别何以如此之大?

为了解开谜团,动物学家和当地动物保护协会进行了一项实验:在河两岸分别捉10只羚羊,送到对岸去生活。结果送到西岸的羚羊繁殖到了14只,而送到东岸的羚羊只剩下3只,另外7只被狼吃掉了。

谜底终于被揭开,原来东岸的羚羊之所以身体强健,是因为它们附近居住着一个狼群,这使羚羊天天处在一个"竞争氛围"之中。为了生存下去,它们变得越来越有战斗力。而西岸的羚羊长得弱不禁风,恰恰就是因为缺少天敌,没有战斗力。

对于羚羊来说,狼是敌人。对于我们来说,竞争对手并不是敌人,你与他之间有着更多的相似之处而不是差异。比如,麦当劳和肯德基,百事可乐与可口可乐,戴尔与惠普,蒙牛与伊利……正是由于有相互竞争的格局,才使得双方都有了快速发展的动力。

1999年成立的"蒙牛乳业",是中国最近几年连续增长最快的民营企业之一,成了家喻户晓的明星品牌,可谓"牛气"十足。

可是蒙牛在创建初期,并非一帆风顺。牛根生本来是在乳业巨头伊利工作,可因为志不同,道不合而被迫从伊利出走,只能白手起家另谋出路。生性倔强的牛根生偏偏想要在乳业另起炉灶,用业绩来证明自己的实力。

面对强劲的对手,蒙牛既没有被吓倒,也没有屈服,而是选择了向伊利挑战,勇敢地与伊利展开了竞争。在一片"向伊利学习"的口号声中,蒙牛以低姿态的行为方式进入,没有被伊利当做"敌人"。经过几年的励精图治,终于,蒙牛发展成了可以与伊利相抗衡的乳业大户。正是与伊利的竞争,才造就了今天蒙牛的"牛气冲天"。

要感谢你的对手,正是他让你成长得更加强大。当今世界,就业竞争激烈,如果我们能直面对手,在不断磨砺中锋利自己,你自然也会获得很强的就业力与竞争力。如果动物没有了天敌,会变得死气沉沉,萎靡不振。同样的道理,一个人没有对手,也就没有进步的方向。我们应当对对手心存感激。

在日本北海道,有一种鳗鱼,它被捕以后很容易死掉。但有一个渔夫能够使它活得更久,就是在鳗鱼中放进他的对手——狗鱼。鳗鱼因为有了对手狗鱼,其求生意志被最大限度地激活,因而活了更长时间。

人总是有惰性的,也容易自满。所以我们更要感谢对手,正是因为他让我们有了危机感,我们才会不断地进取,以获取最大的成功。没有他,你可能不会意识到原来自己可以做到这么多,做得这么好。没有他,你就不会不断进步,你也不会有今天如此大的成就。

杰奎斯·罗格成为萨马兰奇的接班人,这位外表质朴、和善的58岁老人当选国际奥委会第8任主席。罗格在当选后表示:"首先,我要感谢我在国际奥委会的所有同事,我要感谢他们对我的信任。其次,我要感谢我的所有竞争对手,这次竞选我们都是通过正当途径展现个人的才华,我认为虽然竞争都有赢有输,但这次竞选IOC主席我们都是赢家,其他几位候选人也是虽败犹荣。"

要学会感激和欣赏对手。取人之长,补己之短,以谋求共同进步、共同发展。欣赏、理解、包容自己的对手,看淡结果的得与失,那么你的心也会因为这份平和而充满宁静和宽容。由此,在面对竞争对手的时候,你可以微笑着、气定神闲地迎接挑战。胜利了,赢得辉煌;失败了,同样美丽。

竞争对手是位老师,他教会你成功失败的各种经验,让你知道自己的工作该如何做。他也迫使你进步。因为竞争对手每天都在思考如何战胜你，你不愿被打败，就必须不断进步。同时他也是面镜子，毫不留情地指出并利用你的缺点加以进攻，这就帮助你改正缺点，完善自我。竞争对手会时时刻刻提醒你，无论你取得多大进步，都绝不能自满。

对手给予我们的，不仅仅是危机和斗争，同时还是激发我们求生机和求胜之心的动力。在职场中奋斗的人，当你学会了感激和欣赏对手的时候，也就是人格走向成熟的时候。

感激家人对工作的支持

人的成长离不开家人的支持。只有取得家人全力的支持，你的事业才会更上一层楼。

日本的推销大师原一平就把他的成功归根于他的太太久惠。他认为，推销工作是夫妻共同的事业。所以每当有了一点成绩，他总会打电话给久惠，向她道喜。

"是久惠吗？我是一平啊。向你报告一个好消息，刚才某先生投保了1 000万元，已经签约了。"

"哦，太好了。"

"是啊，这都是你的功劳，应该好好谢谢你啊！"

"你真会开玩笑，哪有人向自己的太太道谢的？"

"哎哟，得了，得了。我还得去访问另外一位先生，有关今天投保的详细情形，晚上再谈，再见。"

学会分享成功的果实，是取得家人支持的一个妙方。只是花了几毛钱，就能把夫妻的两颗心紧紧地联系在一起，这是任何人都做得到的事，只是大部分人没去做罢了。

不管做什么，你都要得到家人的理解和支持，否则你做得再好也没人认同，

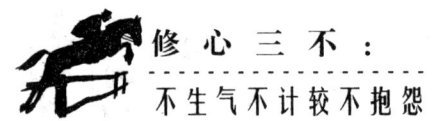

受了委屈也没人理解，那种感觉是最难受的。

一位犹太教的长老，酷爱打高尔夫球。在一个安息日，他觉得手痒，很想去挥杆，但犹太教义规定，信徒在安息日必须休息，什么事都不能做。

这位长老却终于忍不住，决定偷偷去高尔夫球场，想着打9个洞就好了。由于安息日犹太教徒都不会出门，球场上一个人也没有，因此长老觉得不会有人知道他违反规定。

然而，当长老在打第2洞时，却被天使发现了，天使生气地到上帝面前告状，说某某长老不守教义，居然在安息日出门打高尔夫球。上帝听了，就跟天使说，他会好好惩罚这个长老。

第3个洞开始，长老打出超完美的成绩，几乎都是一杆进洞。长老莫名兴奋，打到第7个洞时，天使又跑去找上帝："上帝呀，你不是要惩罚长老吗？为何还不见有惩罚？"上帝说："我已经在惩罚他了。"

直到打完第9个洞，长老都是一杆进洞。因为打得太神乎其技了，于是长老决定再打9个洞。天使又去找上帝了："到底惩罚在哪里？"上帝只是笑而不答。

打完18个洞，成绩比任何一位世界级的高尔夫球手都优秀，把长老乐坏了。

天使很生气地问上帝："这就是你对长老的惩罚吗？"

上帝说："正是，你想想，他有这么惊人的成绩，以及这么兴奋的心情，却不能跟任何人说，这不是最好的惩罚吗？"

故事想要说明的道理是，不能分享是痛苦的。在你的职业生涯中，总会遇到让你开心或是不开心的事情，你非常需要有人分享你的快乐和痛苦。没有人分享的人生，无论面对的是快乐还是痛苦，都是一种惩罚。

感谢你的家人，当你牺牲与他们相处的时间加班或者充电的时候，他们毫无怨言地支持你，一如既往地鼓励你。他们把你的家照顾得好好的，让你没有后顾之忧。当你成功时，他们分享你的快乐；当你失意时，他们陪你走过人生的低迷。

当大威廉姆斯获得温网女单冠军时，在感谢词中，她表示："我要感谢我的爸爸、妈妈、姐姐和其他所有人，你们一直与我在一起，让我感受到了温暖，给了我许多支持。"了解威氏家族的人都知道这绝对不是客套之辞。

20世纪80年代，非常有远见的理查德·威廉姆斯已经注意到网球将是一个有利可图的职业，于是他下定决心，倾尽全力要把自己的孩子们培养成为威廉姆斯家的赚钱机器。不过，威廉姆斯家族根本雇不起专职的网球教练。为此，已近中年的老威廉姆斯自学起了打网球，他购买了各种网球教练图书，并亲自担任了姐妹俩的教练员。

老威廉姆斯总是告诉女儿说："你最棒。"在女儿们比赛的时候，老威廉姆斯成为赛场上一道独特的风景——他总是在脖子上挂一个长焦的相机，拍下两个女儿在场地中的一举一动。

大威廉姆斯曾经说过："刚开始比赛的时候我总是很不自信，爸爸会用他拍的照片告诉我'你是最棒的'，他会说'你这个球打的落点相当好'，或者'这样的击球姿势完全正确'……你知道吗？有家人在场，你在打比赛的时候会感到很有力量。"

妈妈为女儿设计发型。每逢姐妹俩参加重大的国际比赛，她们的母亲奥拉西恩都会不离左右，她不仅需要照顾姐妹俩的日常起居、订旅馆而且还充当姐妹俩的公关、通信和保安工作。而且在每场重要的比赛之前，奥拉西恩和几个女儿经常举行"学术"讨论会，一块商量如何打比赛和如何发挥技术水平，甚至包括为大小威廉姆斯设计比赛发型。

即使是在离婚之后，父母还是共同出现在赛场观看女儿的比赛，而这给了大威廉姆斯无比的勇气。"你绝不会知道生活会怎么对待你，那段时间我甚至一度灰心到只盼望太阳每天晚点升起来，家人的鼓励是我能够坚持走到现在的最大动力。"

感谢家人的支持，不论今天有多少挫折，可你仍会勇敢地活下去。感谢不离不弃的家人，让你知道有人如此爱你。作为你最亲密的人，家人的理解和支持是你成功的最大保障，他们总会给你无比的信心。工作也许很辛苦，但是为了让你

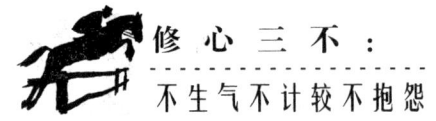
深爱的家人过得更好，你会拥有不断前进的动力。感谢他们为你所付出的一切吧，可口的饭菜、干净的衣服、温馨的环境、欣慰的笑容、担忧的泪水……

感谢家人的爱和支持，他们让你的成功变得有意义。

感谢曾经的失败和错误

某著名大公司要招聘一位职业经理人，因待遇优厚所以前来应聘的人特别多，那些手拿高学历、多证书的应聘者很多，有相关工作经验的人也不在少数，这预示着公司招聘的过程，将会激烈和精彩。

经过初试、笔试等前四轮的淘汰后，只剩下了6名优胜者，但是公司只招收1人，所以，第五轮由老板亲自进行面试，由他来决定哪一个人有资格进入公司，接下来的角逐将会更加残酷。

面试的日期到了，在主考官面前却出现了7名面试者。主考官看到这种情况，就面向7名考生问道："今天来面试的人应该是6名，你们中间谁不是被通知来参加面试的？"话音刚落，坐在最后面的一个男子站了起来，他从容不迫地说："报告，那个人是我。我在第一轮就被淘汰掉了，但是，我想参加最后的面试，所以就来了。"

招聘者与另外来应聘的6名人员听他如此讲，都笑了起来，就连站在门口为主考官倒水的那个不起眼的老头子，也忍俊不禁。主考官看着那个不请自来的人，不以为然地问道："你连考试的第一关都没有通过，现在过来又有什么必要呢？"这位男子自信地答道："因为我不但掌握了别人没有的财富，并且我自己本人也是一大财富。"大家又一次哈哈大笑，认为面前这个人，要么狂妄自大，要么头脑就有问题。

这个男子不理会那些人的嘲笑，接着说道："我虽然没有太高的学历，仅是一个本科毕业生，也只有一个中级的职称，但我却有着10年的工作经验，在这10年时间里,我曾在12家公司任过职……"这个男子还要继续说下去,这时主考官马上插话说:"你的学历和职称都不高,这还不算是什么大问题,工作10年的经验应该收获不小,但是你在10年的时间内,先后跳槽到12家公司去工作,这可不是一种令企业欣赏的行为。"

"您误会了,我没有跳过一次槽,是那12家公司由于经营不善先后倒闭了。"男子接过主考官的话说。话音刚落,所有在场的人们又都大笑起来。旁边的一个考生对那个男子说:"你曾就职12家企业,都先后倒闭了,你真算得上是一个地地道道的失败者了。"

这个男子听后也笑了,他说:"不,你弄错了,是那些公司的失败,而不是我个人的失败,因为在挽救那些公司的过程中,正是公司的那些失败积累成了我自己的财富。"

这时候,一直站在门口的那个老头走了进来,他上前给主考官倒了一杯茶。这个男子继续不紧不慢地说道:"我很了解这12家公司,在每一个公司面临倒闭时,我都曾与同事们想尽办法去挽救,虽然最后没能成功,但我知道了公司之所以倒闭的原因,了解到了公司存在的错误及失败的每一个细节,不仅如此,我还从这些失败中学到了许多东西,这是其他人在没有倒闭过的公司无法学到的,就是在倒闭公司待过,如果不用心的话也得不到那些经验。大多数人只是追求成功的经验,但成功的经验大抵相似,容易模仿,所以没有什么实用价值;但是失败的原因各有不同,我又从那些不同的失败中吸取了很多知识,有能力和经验避免错误与失败,这才是最重要的财富。"

男子说到这里,停顿了一会儿,他看了看那个倒水的老头接着说:"如果一个人用10年的时间去学习成功的经验,那样他几乎是一无所得,但如果用同样的时间去经历错误与失败,这样收获就很大,所学的东西不但多,而且更加深刻。因为我们大家都知道,别人的成功经历很难成为我们的财富,但别人的失败过程,却能使我们引以为戒,给我们以警示,使我们的事业少走弯路,因而能成为自己的一笔财富。"

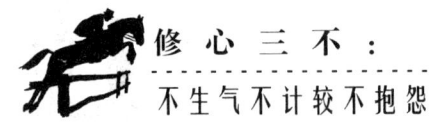
边上的人都听着男子说话，旁边的老头也没有出去，看样子好像比别人更加用心地听着。这名男子嘴里说着，身子开始离开了座位，他作出转身要出门的样子，但又忽然把头转了回来继续说："这10年经历的12家公司，时间虽然有些长，但是很值得。因为它不仅使我得到了经验，同时也培养并锻炼了我对人事和未来的敏锐洞察力。"他看着主考官继续说道，"举个小的例子吧——今天真正的考官，不是您。"他把头转向了那个倒水的老头说，"而是这位倒茶的老人……"

这一下，在场的所有人都惊愕住了，特别是那前来应聘的6名人员，不约而同地把目光转向倒茶的那位老头。那个老头听过男子的话也有稍微惊诧，但他很快又恢复了镇静，笑着对男子说道："很好。你所说的一切话我都听到了，没有问题，经理就是你了。但我很想知道——我的演技哪儿没有过关，你是如何知道我是真正的主考官的呢？"

日本三泽屋的三泽千代治社长曾经说过："我更信任那些有失败经验的人，一次都不失败的人，我从来不敢委以重任。"我们身上的种种毛病其实就像这些失败一样，往往是映射成功的镜子。愚蠢的人面对毛病就像面对失败一样，就只知道骂它们为毛病，怪它们是失败；只有聪明智慧的人把毛病和失败看成通往成功的必经之路，并对失败真诚感恩。

建议你这样做：

(1)在每天的生活中不断吸收新知识，保证每天至少阅读30分钟与工作有关的书籍。

(2)针对某个问题，集中火力专攻约2个小时的时间，然后停下来休息或做别的事，过一阵子再面对问题时，你会发觉问题变得简单多了。

(3)训练自己有建设性的思考习惯，把潜意识沉浸在富于创造性的行动中。

(4)排除会导致失败的消极观念及怨恨、嫉妒等不好的感情，树立正确有益的积极观念，你便可获得成功所需要的积极人生态度。

感谢踹你一脚的人

真正想成功的人,不会老是怨天尤人,埋怨运气不佳,他会检讨自己,心怀感恩,再接再厉。他们的成功有着深厚的基础,就算风急雨骤、地动山摇,也不会倾倒。

提起中国民办教育家,人们都会想到新东方教育科技集团CEO俞敏洪。《时代周刊》称俞敏洪是一个"偶像级的,就像小熊维尼或米奇之于迪斯尼"式的人物,其主要原因是:俞敏洪拥有"留学教父"、"中国最富有的老师"等多个头衔,他创办的"新东方"是中国目前最大的英语培训机构,中国70%的留学生都出自这里,很多国际金融机构里都有他的学生。

新东方的事业,确切地说,是被"踹"出来的。多年后,俞敏洪谈起新东方的起源,对"踹"了他一脚的北京大学充满感激。

北大是我最喜欢的地方,北大改变了我的命运。如果我没有经历在北大的挫折和自卑,我今天就不会有这么稳定的自信状态。如果不是北大的文化氛围,也没有我今天的这种理念,也不会成功创建新东方。所以,走过了风风雨雨,北大对我来说意味着我的精神生命,非常重要。

1990年秋天的一个傍晚,俞敏洪正在宿舍里和朋友一起喝酒,这时,学校的高音喇叭开始广播一条针对某位英语系老师的处分,理由是该名老师打着学校的名义私自办学,影响了学校教学秩序。这是北大建校以来第一次公开点名批评学校老师,仔细一听,这名被处分的老师竟然是俞敏洪。

20世纪90年代,正是出国留学潮最热火的时候,俞敏洪周围的同事、昔日的好友都出国留学去了。俞敏洪也想出国,可是出国需要一大笔费用,虽然美国的一所大学已经答应给他提供3/4的奖学金,但这也意味着他必须自己筹备剩余的1/4的学费,这可是相当于4万多元人民币,按照他当时120元的月薪来计算,不吃

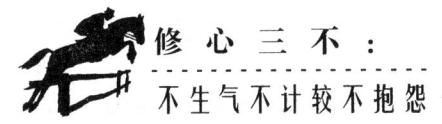
不喝都要10年才能攒足。俞敏洪不得不另想他法。由于他本人也经历过TOFFL（托福）考试，深知社会上TOFFL英语培训这块市场需求大，于是他想出了一个办法，就是在学校外办TOFFL班，赚取出国所需的费用。

在留学潮最热的那几年，很多高校的老师纷纷出国留学，有的人学费不够，就在学校外兼课，或者办补习班，这种情形在当时相当普遍，自然引起了校方和社会上一些人士的极度反感。北大对俞敏洪的处分，由于是出于一种"杀鸡儆猴"的目的，不可谓不重，除了高音喇叭通报批评外，还在北大有线电视连播了好几天，同时处分布告也贴到了北大著名的"三角地"宣传栏里。北大对俞敏洪的这一"踹"，将俞敏洪作为一个知识分子的颜面毫不留情地击碎在地。

事实上，北大曾有这样一条规定：对老师的处分不对外公开。因为考虑到老师要给学生上课，要树立起师道尊严。但是，到了俞敏洪这里却顾不上这点，可见北大对学校老师在校外兼职办班是多么敏感和反感，以至于不惜牺牲掉一个老师的面子，甚至是他的教学生命。

对于俞敏洪来说，在这次处分前，他在学校一直都很普通，而这次他终于在北大校园一举成名，靠的却是这种方式。事隔多年，俞敏洪再提到这段被"踹"的往事时，语气中仍然充满着苦涩，可以想象当时当地，他心中那股不能倾诉、不能宣泄的怨气有多深重。

16年后的又一个秋天，新东方在世界上最大的证券交易市场——美国纽约证券交易所上市，俞敏洪的身价大增，成为华尔街新宠，有评论界人士将这次出名与16年前那一场出名相比，说他是从一种黑色的出名走向了一种光明正大的出名，说他作为一个商人、一个企业家的价值其实是从他走出北大校门办英语培训班开始得以展现。

人们无从知道这些赞誉在俞敏洪的心里搅起了什么样的浪花。但是有一点可以肯定，已经成为"中国最富有的老师"的俞敏洪其实并不关心他财富的增或减，他甚至并不关心每天的股值的长落，而10多年前的那场"处分风波"也随着时过境迁，在他的心中碾磨出了另外一份不同的感悟。

"北大'踹'了我一脚。当时我充满了怨恨，现在则充满了感激。因为如果一直混下去，我现在可能只是北大英语系的一个副教授。"

在回顾新东方创办历程时，俞敏洪也将北大对自己的影响归结为新东方之所以能获得成功的重要原因之一。

"我(在北大)学到的东西要比英语多得多。而这些东西，不是从某个人和某个老师身上学到的，而是在北大的氛围里面能够感染到、感知到的。在北大的6年教书训练，使我锻炼出了自己的教学模式和教学理念，养成了我跟学生良好的交流习惯，使我懂得了中国大学生到底在想什么。这也是新东方成功的保证。

我对北大的感情是非常深刻的，坦率地说，没有北大就没有新东方，原因是现在新东方的一些精神，或者是一些做事的方法，都融入了北大的精神。"

或许，俞敏洪之所以能够坦然地面对当年的"处分风波"，是因为他终于明白，生命中的每件事或人，都可能给我们一个清理能量、演进自己、向更高更远处提升的机会。如果不是因为北大的处分，俞敏洪也不可能愤而辞职，不可能将错就错，创办起一个对中国学生乃至中国教育影响深远的新东方学校。

正如罗曼·罗兰所说："只有把抱怨别人和环境的心情，化为上进的力量，才是成功的保证。"

的确，你只有感谢曾经折磨过自己的人或事，才能体会出那实际上短暂而有风险的生命的意义；你只有懂得宽容自己不可能宽容的人，才能看见自己心中的远阔，才能重新认识自己……

不抱怨的世界

天下只有三种事：我的事，他的事，老天的事。抱怨自己的人，应该试着学习接纳自己；抱怨他人的人，应该试着把抱怨转成请求；抱怨老天的人，请试着用祈祷的方式来诉求你的愿望。这样一来，你的生活会有想象不到的大转变，你的人生也会更加地美好、圆满。